计算机信息技术基础

李爱军 李佳 主编

清华大学出版社
北京

内容简介

本书全面介绍了计算机应用知识。本书共 6 章,第 1 章计算机文化概述;第 2 章 Windows 7 操作系统基础;第 3 章 Word 2010 应用基础,主要讲述 Word 2010 文档格式设置、排版等功能;第 4 章 Excel 2010 应用基础,主要讲述 Excel 2010 工作表的基本操作、图标的创建和修改、公式和函数的应用等;第 5 章 PowerPoint 2010 应用基础,主要讲述 PowerPoint 2010 幻灯片的制作、设计及应用,幻灯片动画的制作及幻灯片放映等;第 6 章 Internet 应用基础。

本书适合作为大专院校和高等职业院校的教材,也可作为广大计算机办公人员的学习参考书。

图书在版编目(CIP)数据

计算机信息技术基础/李爱军,李佳主编.—北京:清华大学出版社,2020.8
ISBN 978-7-302-55460-8

Ⅰ.①计…　Ⅱ.①李…　②李…　Ⅲ.①电子计算机—基本知识　Ⅳ.①TP3

中国版本图书馆 CIP 数据核字(2020)第 083949 号

责任编辑:谢　琛　常建丽
封面设计:常雪影
责任校对:李建庄
责任印制:宋　林

出版发行:清华大学出版社
　　网　　址:http://www.tup.com.cn, http://www.wqbook.com
　　地　　址:北京清华大学学研大厦 A 座　　**邮　　编**:100084
　　社 总 机:010-62770175　　**邮　　购**:010-83470235
　　投稿与读者服务:010-62776969, c-service@tup.tsinghua.edu.cn
　　质量反馈:010-62772015, zhiliang@tup.tsinghua.edu.cn
　　课件下载:http://www.tup.com.cn,010-83470236
印 装 者:三河市金元印装有限公司
经　　销:全国新华书店
开　　本:185mm×260mm　　**印　　张**:17.5　　**字　　数**:403 千字
版　　次:2020 年 8 月第 1 版　　**印　　次**:2020 年 8 月第1 次印刷
定　　价:49.00 元

产品编号:081645-01

前言

随着计算机技术的飞速发展和我国高等教育体制的不断变革，社会对高层次计算机应用人才的需求更紧迫，在大数据、云计算、物联网及人工智能火热的今天，熟练掌握计算机基础知识、具备熟练操作计算机的能力显得尤为重要。因此，培养学生熟练操作计算机的能力也成为高等职业教育中的重要内容。为了达到全国高职院校应用型和技能型人才的培养目标，现在需要出版一批适合高职学生学习的计算机信息技术系列教材，强化学生的知识，提升教学水平，计算机信息技术基础作为我校各个专业的一门必修公共基础课，越来越凸显出其重要性。

本书作为计算机信息技术基础类教材，能使学生通过学习熟练掌握计算机信息技术的基础知识，具备熟练的计算机应用能力。另外，本书也是根据教育部考试中心制定的《全国计算机等级考试一级 MS Office 考试大纲》的要求，结合国家示范性高等职业院校和双高建设示范校的要求编写的。本书注重对计算机实际操作能力的培养，通过具体实例循序渐进地指导读者，提高读者的计算机应用能力。

本书在第一部分融入了近两年的一些新技术，让读者有更好的学习体验。书中采用了案例讲解的形式，这些案例都来源于学生的日常学习和生活，因此，对于学生来说，实用性更强，更能激发学生的学习兴趣和动力，锻炼学生的动手能力。

本书共 6 章，内容是编者多年从事教学的经验总结。全书由天津职业大学李爱军和李佳编写，其中李爱军负责编写第 2、5、6 章；李佳负责编写第 1、3、4 章。

由于编者水平有限，时间仓促，虽经过反复修改，书中难免会有疏漏之处，恳请专家、读者提出宝贵意见。

编　者

2020 年 6 月

目录

第 1 章 计算机文化概述

知识目标	能力目标
1. 计算机的基本概念 2. 计算机的发展历程 3. 计算机的应用领域 4. 计算机数据处理 5. 微型计算机系统组成 6. 计算机的安全与维护	1. 计算机能帮助我们做什么事情 2. 查尔斯·巴贝奇、冯·诺依曼、艾伦·图灵对计算机的发展所做的贡献 3. 数据在计算机中的处理 4. 能自行配置一套微型机 5. 能保证使用的计算机安全

1.1 计算机基础知识

1946 年，世界上第一台全电子计算机 ENIAC 在美国宾夕法尼亚大学问世(见图 1-1)。半个多世纪以来，人类在计算机领域的探索从未停歇。作为 20 世纪最伟大的发明之一，计算机从单纯的快速计算机器发展成为现代化的信息处理工具。计算机不仅改变人类的工作方式和生活方式，而且促使人类社会发生了深刻变革。

图 1-1 美国宾夕法尼亚大学纪念 ENIAC 诞生的标志

人们习惯于将 20 世纪称为计算机时代，21 世纪称为信息时代，计算机——这个以微电子学为基础的半导体器件会以如此的魅力在两个时代占主导地位，主要归功于计算机科学技术的进步和计算机应用领域的不断扩大。计算机技术与其他科学技术的融合促使人类的科学技术手段达到前所未有的境界，从而推动了计算机产业的迅猛发展。因此，计算机、计算机科学技术、计算机产业三者构成了计算机文化。

ENIAC Electronic Numerical Integrator and Computer，电子数值积分计算机，称为埃尼阿克

1.1.1 计算机的定义

计算机的出现源于人类对快速、准确计算的需求。“计算机”一词 Computer 在英文辞典中最早被定义为执行计算任务的人。随着 17 世纪西方开始寻找计算工具，其含义变为执行计算任务的机器，即计算器。由于科学技术的限制，那时的计算机都基于机械运行方式。1906 年，美国 Lee De Forest 发明了电子管，计算机开始了由机械向电子时代的迈进。1940 年后，计算机的研制有了实质性的进展，人们开始使用现代意义的“计算机”一词。

1945 年 6 月，著名的数学家冯·诺依曼(见图 1-2)在一篇题为“关于离散变量自动电子计算机(EDVAC)的草案”的报告中使用了“自动计算系统”。这篇长达 101 页的总结报告被称为“计算机科学史上最具影响力的论文”，报告中广泛而具体地介绍了制造电子计算机和程序设计的新思想，它向世界宣告：现代电子计算机的时代开始。因此，“冯·诺依曼结构”成为现代计算机的结构模型，基于这种思想，“计算机”可定义为一种可接收输入、处理数据、存储数据并产生输出的装置。

“如果一个人和一台机器对话，对于提出和回答的问题，这个人不能区别到底对话的是机器，还是人，那么这台机器就具有了人的智能。”人和机器的对话，判断计算机是否具有智能，这就是著名的“图灵测试”。1950 年，英国数学家艾伦·图灵在论文“计算机器和智能”(Computing Machinery and Intelligence)中展开了“计算机能思考”的讨论。随着电子技术的发展和数字电子计算机功能的进一步增强，人们尝试让计算机模仿人类的思维方式，像人脑一样能够分析和解决问题。计算机逐渐从计算工具发展成为增强人们执行智能任务的“智力工具”。1997 年 5 月，IBM 的“深蓝”超级计算机战胜了当时被誉为“有史以来最伟大的国际象棋棋手”卡斯帕罗夫，这一“人机对弈”(见图 1-3)的历史性事件是人类利用计算机扩展自己智能的例证。

图 1-2 冯·诺依曼在 EDVAC 计算机前

图 1-3 “深蓝”与卡斯帕罗夫对弈

今天，计算机已成为科技进步必不可少的工具。计算机在数据处理、辅助设计、远程通信、人工智能、多媒体等方面具有越来越重要的作用。计算机强大的信息处理功能，使之成为信息产业的基础和支柱。因此，从计算机的应用角度，可将“计算机”定义为按程序控制自动执行信息加工处理的通用工具。

1.1.2 计算机的种类

由于受到电子技术发展的限制，电子数值积分计算机(ENIAC)使用了 18 800 个真空管，占地面积为 170m^2，重量为 30t。1971 年，Intel 公司的霍夫等研制成功世界上第一枚 4 位微处理器芯片 Intel 4004，标志着第一代微处理器问世，微处理器和微机时代从此开始，计算机逐渐走出了大型机和小型机领域。特别是从 1973 年霍夫等研制出 8 位微处理器 Intel 8080 第二代微处理器后，计算机功能更强，体积更小，计算机开始了个人计算机时代。

传统意义上，计算机从技术、功能、体积大小、价格和性能方面分类。目前计算机种类繁多，并表现出各自不同的特点，因此可从不同的角度对计算机进行分类。

按计算机信息的表示形式和对信息的处理方式分为数字计算机、模拟计算机和混合计算机。数字计算机处理的数据都是以 0 和 1 表示的二进制数字，是不连续的离散数字，具有运算速度快、准确、存储量大等优点，因此适宜科学计算、信息处理、过程控制和人工智能等，具有最广泛的用途。模拟计算机处理的数据是连续的，称为模拟量。模拟量以电信号的幅值模拟数值或某物理量的大小，如电压、电流、温度等都是模拟量。模拟计算机解题速度快，适于解高阶微分方程，在模拟计算和控制系统中应用较多。混合计算机则是集数字计算机和模拟计算机的优点于一身。

按计算机的用途分为通用计算机和专用计算机。通用计算机具有功能多、配置全、用途广、通用性强的特点。专用计算机是为适应某种特殊需要而设计的计算机，具有高速度、高效率地解决特定问题的特点。模拟计算机通常都是专用计算机，在军事控制系统中被广泛使用。

计算机按其运算速度的快慢、存储数据量的大小、功能的强弱，以及软硬件的配套规模等又分为巨型机、大中型机、小型机、微型机、工作站与服务器等。

巨型机又称超级计算机，是指运算速度超过每秒 1 亿次的高性能计算机，主要用于解决诸如气象、太空、能源、医药等尖端科学研究和战略武器研制中的复杂计算。它目前是功能最强、速度最快、软硬件配套齐备、价格最贵的计算机，它的研制开发是一个国家综合国力和国防实力的体现。2010 年年初，由中国国防科学技术大学研制，部署在国家超级计算天津中心的“天河一号”(见图 1-4)雄居全球超级计算机榜首，其实测运算速度可以

图 1-4 “天河一号”超级计算机

达到每秒2570万亿次。

大中型机也具有很高的运算速度和很大的存储量,并允许相当多的用户同时使用。大中型机相对巨型机结构趋于简单,价格更低,适用于事务处理、商业处理、信息管理、大型数据库和数据通信等方面。

小型机具有体积小、价格低、性能价格比高等优点,适合中小企业、事业单位用于工业控制、数据采集、分析计算、企业管理以及科学计算等。

微型机简称微机,是当今使用最普及、产量最大的一类计算机,因体积小、功耗低、成本少、灵活性大,性能价格比明显优于其他类型计算机而得到广泛应用。微型机可以按结构和性能划分为单片机、单板机、个人计算机等几种类型。

单片机是将微处理器、存储器以及输入输出接口电路集成在一个芯片上,具有计算机功能的微型计算机,简称单片机。单片机体积小、功耗低、使用方便,但存储容量较小,主要用于控制系统,所以又称为微控制器(MCU),控制高级仪表、家用电器等。

将微处理器、存储器、输入输出接口电路安装在一块印制电路板上,就成为单板计算机。一般这块板上还有简易键盘、液晶和数码管显示器以及外存储器接口等。单板机价格低廉且易于扩展,广泛用于工业控制、微型机教学和实验,或作为计算机控制网络的前端执行机。

个人计算机主要面向家庭和个人用户,是当今使用最普及、产量最大的一类微型计算机。目前主要的微机平台有IBM-PC系列,Apple公司的Macintosh系列,其中PC占主流地位。个人计算机又可分为台式机和便携式计算机。笔记本电脑、袖珍计算机以及个人数字助理(PDA)均属于便携式计算机。

工作站是介于PC和小型机之间的高档微型计算机,具有大型机或小型机的多任务和多用户功能,同时兼有微型计算机操作便利和人机界面友好的特点,在工程设计领域得到广泛使用。

服务器是一种可供网络用户共享的高性能计算机,通过网络操作系统为网络用户提供丰富的资源共享服务。常见的资源服务器有DNS(Domain Name Server,域名服务器)、E-mail(电子邮件)服务器、Web(网页)服务器、BBS(Bulletin Board System,电子公告板系统)服务器等。

数字计算机 digital computer　　模拟计算机 analogue computer
通用计算机 general purpose computer
专用计算机 special purpose computer
巨型机 giant computer　　超级计算机 super computer
大中型计算机 large-scale computer and medium-scale computer
小型机 minicomputer　　微型计算机 microcomputer
单片机 single chip computer　　单板机 single board computer
个人计算机 personal computer,简称 PC
个人数字助理 Personal Digital Assistant,PDA
工作站 workstation　　服务器 server

1.1.3　计算机的特点

计算机是一种可以进行自动控制、具有记忆功能的现代化计算工具和信息处理工具。它有以下 5 个方面的特点。

1. 运算速度快

电子计算机的工作基于电子脉冲电路原理，其高速、大量的计算能力是人类无法比拟的。现代的超级计算机每秒能进行千万亿次以上的运算。大量的复杂计算过去人工完成需要几年、甚至花费科学家毕生的精力，而现在在几小时或几分钟就可以完成。

2. 运算精度高

计算机采用二进制进行运算。电子计算机的计算精度通过增加表示数字的设备等技术手段，可以满足任何精度要求。例如，计算圆周率 π，若是人工计算，花 15 年时间才能算到第 707 位，而使用计算机几小时就可计算到 200 万位。

3. 可靠性、通用性强

由于采用了大规模和超大规模集成电路，现在的计算机具有非常高的可靠性。现代计算机不仅可用于数值计算，还可用于数据处理、工业控制、辅助设计、辅助制造和办公自动化等，具有很强的通用性。

4. 具有记忆和逻辑判断功能

计算机通过内部的存储单元记忆信息。计算机在执行运算时，先将数据输入内部的存储单元中，运算时直接从存储单元中获得数据，从而大大提高了运算速度。随着存储容量的不断增大，计算机存储记忆的信息量也越来越大。

计算机在程序的执行过程中，会根据上一步的执行结果，运用逻辑判断方法自动确定下一步的执行命令。正是因为计算机具有这种逻辑判断能力，使得计算机不仅能解决数值计算问题，而且能解决非数值计算问题，如信息检索、图像识别等。例如，数学中的“四色问题”，由两位美国数学家在 1976 年使用计算机进行了非常复杂的逻辑推理，才验证了这个著名的猜想。

5. 具有自动控制能力

计算机执行工作的方式是将任何复杂的处理任务分解成一系列基本算术和逻辑操作，按照一定的先后次序组织成各种不同的程序存入存储器中。在计算机的工作过程中，利用存储程序指挥和控制计算机自动、快速地进行信息处理，不需要人工干预，实现了操作的自动化。

1.1.4 计算机的应用

计算机的高速运算、逻辑判断、大容量存储和快速存取等特点，使得它成为人类发展科学技术必不可少的工具。计算机科学技术的发展以及与其他技术的融合，使计算机的应用领域已渗透到社会的各行各业，它不仅改变了传统的工作、学习和生活方式，也推动着人类社会的进步和发展。

1. 科学计算(数值计算)

科学计算是指利用计算机完成科学研究和工程技术中提出的数学问题的计算，是计算机应用的一个重要领域。利用计算机的高速计算、大存储容量和连续运算的能力，可以解决现代科学技术工作中大量和复杂的科学计算问题，如高能物理、工程设计、地震预测、气象预报、航天技术等，实现人工无法解决的各种科学计算问题。

2. 数据处理(信息处理)

数据处理是指对各种数据进行收集、存储、整理、分类、统计、加工、利用、传播等一系列活动的统称。数据处理也是计算机应用最广泛的一个领域，利用计算机加工、管理与操作任何形式的数据资料。数据处理已广泛应用于办公自动化、企事业计算机辅助管理与决策、情报检索、图书管理、电影电视动画设计、会计电算化等行业。

3. 过程控制(实时控制)

过程控制是利用计算机及时采集检测数据，按最优值迅速地对控制对象进行自动调节或自动控制。采用计算机进行过程控制，不仅可以大大提高控制的自动化水平，而且可以提高控制的及时性和准确性，从而改善劳动条件、提高产品质量及合格率。特别是仪器仪表引进计算机技术后构成的智能化仪器仪表，将工业自动化推向一个更高的水平。因此，计算机过程控制已在机械、冶金、石油、化工、纺织、水电、航天等部门得到广泛的应用。

4. 计算机辅助系统

1) 计算机辅助设计

计算机辅助设计(CAD)是指利用计算机帮助设计人员进行工程设计，以实现最佳设计效果的一种技术，不仅可以提高设计速度，而且大大提高了设计质量。它已广泛应用于飞机、汽车、机械、电子、建筑和轻工等设计领域。

2) 计算机辅助制造

计算机辅助制造(CAM)是指利用计算机进行生产设备的管理、控制与操作。例如，在产品的制造过程中，用计算机控制机器的运行，处理生产过程中所需的数据，控制和处理材料的流动以及对产品进行检测等。使用 CAM 技术可以提高产品质量，降低成本，缩短生产周期，提高生产率和改善劳动条件。

将 CAD 和 CAM 技术集成，实现设计生产自动化，这种技术被称为计算机集成制造系统(CIMS)。它的实现将真正做到无人化工厂(或车间)。

3) 计算机辅助测试

计算机辅助测试(CAT)是指利用计算机进行复杂而大量的测试工作。例如,在大规模和超大规模集成电路的生产过程中,由于逻辑电路十分庞大复杂,必须利用计算机进行各种参数的自动测试,并对产品进行分类和筛选。

4) 计算机辅助教育

计算机辅助教育(CAE)是利用计算机对学生进行教学、训练和对教学事务进行管理。计算机辅助教育包括计算机辅助教学(CAI)和计算机管理教学(CMI)。利用计算机系统使用课件进行教学,帮助教师讲授和帮助学生学习的自动化系统,称为计算机辅助教学。利用计算机帮助教师指导教学的过程称为计算机管理教学。

计算机辅助设计	computer aided design,CAD
计算机辅助制造	computer aided manufacturing,CAM
计算机辅助测试	computer aided test,CAT
计算机辅助教育	computer aided education,CAE
计算机辅助教学	computer aided instruction,CAI
计算机管理教学	computer management instruction,CMI

5. 人工智能(智能模拟)

人工智能是计算机模拟人类的智能活动,如感知、判断、理解、学习、问题求解和图像识别等。它是在计算机科学、控制论等基础上发展起来的边缘科学,包括知识工程、专家系统、机器翻译、机器学习、自然语言理解、模式识别、机器定理证明、神经网络、人工视觉及智能机器人等。现在人工智能的研究已取得不少成果,有些已开始走向实用阶段。例如,能模拟高水平医学专家进行疾病诊疗的专家系统,具有一定思维能力的智能机器人等。

6. 通信与网络应用

计算机技术与现代通信技术的结合构成了计算机网络。计算机网络是指将有独立功能的多台计算机,通过通信设备线路连接起来,在网络软件的支持下,实现彼此之间资源共享和数据通信的整个系统。

7. 电子商务与电子政务

电子商务是指利用计算机硬件、软件和网络技术通过互联网实现商务及运作管理,实现消费者的网上购物、商户之间的网上交易和在线电子支付以及各种商务活动、交易活动、金融活动和相关的综合服务活动的一种新型的商业运营模式。电子政务是指在现代计算机、网络通信等技术支撑下,政府机构日常办公、信息收集与发布、公共管理等事务在数字化、网络化的环境下进行的国家行政管理形式，通过互联网实现政府办公电子化、自动化、网络化。

1.2 计算机的发展历程

计算机的发展历程可分为 3 个阶段：早期、近代、现代。

电子计算机是在 20 世纪 40 年代问世的，其实计算机的出现可追溯到我国春秋战国时期的“算筹”，公元前 3 世纪得到普遍的采用，一直沿用了 2000 年。公元前 5 世纪，我国发明了算盘，广泛应用于商业贸易中。算盘被认为是最早的计算机，并一直使用至今。西方在 17 世纪开始寻找计算工具。欧洲中世纪的文艺复兴大大促进了自然科学技术的发展。当时航海和天文学非常盛行，由于当时常量数学的局限性，人们要花费很多精力计算那些繁杂的天文数字，而且错误百出。于是人们迸发了制造能进行计算的机器的思想火花，由此掀开了机械计算机时代的序幕。

1.2.1 现代电子计算机的发展

现代电子计算机的里程碑——ENIAC。

20 世纪初，电子管的出现为电子计算机的发展奠定了基础。随着电子技术的飞速发展，计算机开始由机械向电子时代迈进。

1935 年，IBM 推出 IBM 601 机，这是一种能在一秒钟算出乘法的穿孔卡片的计算机。这种计算机无论在自然科学，还是在商业意义上都具有重要的地位，总共制造了 1500 台。

1936 年，英国数学家艾伦·图灵(见图 1-5)发表了一篇著名的论文“论数字计算在决断难题中的应用”。在这篇论文中，图灵提出了“通用机器”(universal machine)的构想，即被后人称为“图灵机”的数学模型。这一理想的计算装置结构十分简单，但运算能力极强，可计算所有的计算函数，能够阅读和执行程序。虽然是理想中的计算机，但是正如飞

图 1-5　艾伦·图灵

机的真正成功得力于空气动力学一样，图灵的这一思想奠定了整个现代计算机的理论基础。图灵在计算方面的思想超越了他所在的时代，他不仅是现代计算机设计思想的创始人，还被称为“人工智能之父”。为了纪念他在计算机领域建立的开创性功绩，美国计算机协会于1966年设立了“图灵奖”，表彰对计算机事业做出重要贡献的人。

1942年，美国爱荷华州立学院数学系教授文森特·阿特纳索夫和他的学生贝利设计了“阿特纳索夫-贝利计算机”。当时，ABC计算机只是一个样机，有300个电子管，能做加法和减法运算，以鼓状电容器存储300个数字，15秒能进行一次运算。1942年，太平洋战争爆发，阿塔那索夫应征入伍，ABC的研制工作被迫中断。但是，ABC计算机的逻辑结构和电子电路的设计思想却为后来电子计算机的研制工作提供了极大的启发。

1946年2月，美国陆军军械部和宾夕法尼亚大学莫尔学院联合向世界宣布ENIAC（见图1-6）的诞生，它由18 000个电子管、70 000个电阻、10 000个电容、1500个继电器、6000多个开关构成，占地面积170m²，重30t，耗电量150kW，造价48万美元，每秒执行5000次加法或400次乘法，是继电器计算机的1000倍、手工计算的20万倍，它的问世从此揭开了电子计算机发展的序幕。ENIAC以真空管取代继电器，采用了更多的电子管，提高运算能力，但是它的设计思想基本来源于ABC，只是它的负责人莫克利和艾克特在制造ENIAC后立刻申请了美国专利，这个专利导致了历史事件——ABC和ENIAC之间长期的“世界第一台电子计算机”之争。1973年，美国明尼苏达地区法院给出正式宣判，从法律上认定了阿塔那索夫是真正的现代计算机的发明人。虽然莫克利失去了专利，但是他们完整地制造出了真正意义上的电子数字计算机。

冯·诺依曼在参与ENIAC的研制过程中，发现了许多问题。1945年6月，冯·诺依曼与戈德斯坦、勃克斯等联名发表了EDVAC草案。报告中提出EDVAC机器（见图1-7）由运算器、逻辑控制器、存储器、输入和输出设备5部分组成，并用二进制替代十进制运算，基本工作原理是存储程序和程序控制。这种体系结构一直延续至今，成为现代计算机的通用结构。EDVAC是第一台现代意义的通用计算机，因此将此类计算机称为冯·诺依曼结构计算机。直到1951年，在极端保密情况下，冯·诺依曼主持的EDVAC计算机才宣告完成，它不仅可应用于科学计算，还可用于信息检索等领域。

图1-6 ENIAC

图1-7 EDVAC

从此，现代计算机开始了以电子器件为标志的发展阶段。

第一代电子管计算机(1946—1957年)

该阶段的计算机以电子管作为基本电子元件，使用真空电子管和磁鼓存储数据，主要用于数值计算。其体积大、耗电量多、价格贵，而且运行速度和可靠性都不高，使计算机的应用受到了很大限制。该阶段的代表机器有EDVAC、EDSAC、UNIVAC、IBM650、IBM709等。

第二代晶体管计算机(1957—1964年)

该阶段的计算机以晶体管作为基本电子元件，以磁芯作为主存储元件。1948年，晶体管发明代替了体积庞大的电子管，使得晶体管计算机体积小、速度快、功耗低、性能更稳定，成功地用于商业用途。这一时期出现了更高级的COBOL和FORTRAN等语言，使计算机编程更容易，随之软件产业由此诞生。该阶段的代表机器有UNIVACII、IBM-7094机、CDC7600机等。

第三代集成电路计算机(1964—1972年)

该阶段的计算机采用中小规模集成电路(SSI、MSI)。1958年，德州仪器的工程师Jack Kilby发明了集成电路(IC)，将更多的元件集成到单一的半导体芯片上，使计算机变得更小，功耗更低，速度更快。集成电路计算机采用半导体存储器作为主存储器，系统采用微程序技术与虚拟存储技术，并开始使用多种高级语言和操作系统。由于其电路集成度高、功能增强、价格合理，计算机在应用方面出现了质的飞跃。该阶段的代表机器有IBM-360系列、Honeywell6000系列、富士通F230系列。

第四代大规模、超大规模集成电路计算机(1972年至今)

该阶段的计算机以大规模、超大规模集成电路作为基本电子元件。从大规模集成电路LSI可以在一个芯片上容纳几百个元件，到20世纪80年代超大规模集成电路VLSI可容纳几十万个元件，至后来极大规模集成电路ULSI将数字扩充到百万级，主存储器都采用高集成度半导体存储器，运算速度可达每秒几百万次，甚至上亿次基本运算。软件方面，出现了数据库系统、分布式操作系统等，网络软件大量涌现，计算机网络进入普及时代，计算机应用软件的开发异军突起。

第五代计算机

第五代计算机是为适应未来社会信息化的要求而提出的，与前四代计算机有本质的区别，是计算机发展史上的一次重要变革。随着计算机应用领域的不断扩大，以电子器件标志计算机的发展阶段，这种划分已不能反映计算机的发展现状。1981年10月，日本首先向世界宣告开始研制第五代计算机。第五代计算机是指把信息采集、存储、处理、通信同人工智能结合在一起的智能计算机系统，达到人-机之间可以直接通过自然语言(声音、文字)或图形图像交换信息的状态。

目前，计算机还是以半导体集成电路为基础，科学家们正在努力研究基于其他材料的计算机，如量子计算机、光子计算机、分子计算机等。

1.2.2 微型计算机的发展

计算机的第二次飞跃——微型计算机。

以电子器件为发展标志的第四代计算机中有一个重要分支，就是以大规模、超大规模集成电路为基础的微处理器和微型计算机的发展。微型计算机的性能主要取决于它的核心器件——微处理器(CPU)的性能，因此微型计算机的发展以微处理器为标志，大致经历了以下5个阶段。

第一阶段：1971—1973年

4位和8位低档微处理器，典型产品是Intel 4004和Intel 8008微处理器。

第二阶段：1973—1977年

8位中高档微处理器，微型计算机进入发展和改进阶段，典型产品是Intel 8080/8085、Motorola公司的MC6800、Zilog公司的Z80等，以及8位单片机，如Intel公司的8048、Motorola公司的MC6801、Zilog公司的Z8等。软件方面除汇编语言外，有BASIC、FORTRAN等高级语言和相应的解释程序和编译程序，后期还出现了操作系统，如当时流行的CM/P操作系统。

第三阶段：1978—1983年

16位微处理器，典型产品是Intel公司的8086/8088、80286、Motorola公司的M6800、Zilog公司的Z8000等微处理器，集成度和运算速度比第二代提高了一个数量级，并配置了软件系统。这一时期的著名微机产品有1981年IBM公司的PC采用8088 CPU；1982年推出的扩展型个人计算机IBMPC/XT，扩充了内存，增加了一个硬磁盘驱动器；1984年IBM公司推出了以80286处理器为核心的16位增强型个人计算机IBMPC/AT，PC开始风靡世界。

第四阶段：1983—1992年

32位微处理器，典型产品是Intel公司的80386/8048、Motorola公司的M68030和M68040等，集成度高达100万晶体管/片，具有32位地址线和32位数据总线，每秒钟可完成600万条指令。其功能已经达到，甚至超过超级小型计算机，可执行多任务、多用户的作业。同期，其他一些微处理器生产厂商(如AMD、TEXAS)等也推出了80386/80486系列的芯片。1984年，APPLE公司推出了Macintosh系列，提供了友好的图形界面，用户可以用鼠标方便地操作。从此，IBMPC系列和Macintosh系列成为微型机的主流。

第五阶段：1993年以后

奔腾Pentium系列微处理器，典型产品是Intel公司的奔腾系列芯片及与之兼容的AMD的K6系列微处理器芯片。其内部采用了超标量指令流水线结构，并具有相互独立的指令和数据高速缓存。MMX(MultiMedia eXtended，多媒体扩展)微处理器的出现，使微机朝着网络化、多媒体化和智能化等方面发展。2000年3月，AMD与Intel分别推出了时钟频率达1GHz的Athlon和PentiumⅢ；2000年11月，Intel公司推出了Pentium 4微处理器，集成度高达每片 4200 万个晶体管，主频 1.5GHz，400MHz 的前端总线，使用全新 SSE2 指令集。2002 年 11 月，Intel 公司推出 Pentium 4 微处理器的时钟频率达 3.06GHz，而且微处理器还在不断发展，性能也在不断提升。

以上记述的仅是微型计算机发展的前期。进入 21 世纪后，随着微电子技术和集成电路技术的发展，微处理器已从最初的 4 位发展到 64 位，从奔腾发展到基于全新 Nehalem 架构的新一代桌面处理器——Intel Core i7（酷睿）处理器，微处理器的飞速发展使得计算机性能不断达到新的水平。

1.2.3 计算机的发展趋势

什么是新型计算机？

20 世纪的信息化革命，推动了计算机技术和计算机产业的发展，计算机逐渐走向巨型化、微型化、网络化、智能化的发展道路。21 世纪，传统计算机的性能受到挑战，计算机将趋向超高速、超小型、平行处理和智能化，开发量子、光子、分子和纳米新型计算机成为新一轮计算机技术革命，是未来计算机的发展方向。

1. 巨型化

巨型化是指计算机的运算速度的提高和存储容量的扩大以及功能的进一步增强。巨型计算机代表了一个国家科学技术和工业发展的水平，科学技术的发展和社会信息化对巨型计算机的计算能力不断提出要求，每秒千万亿次运算能力的巨型计算机已经实现。巨型计算机主要应用于大范围天气预报、洲际导弹、宇宙飞船、能源、医药等尖端科学研究中的复杂计算。

2. 微型化

微型化主要是指计算机的体积进一步缩小和价格进一步降低。目前，各种便携式计算机和掌上电脑均是计算机的微型化。

3. 网络化

网络化主要是利用计算机技术和网络技术实现不同主体间的资源共享和信息交换。网络化是社会信息化的基础，全球性的网络互联使人类的生活方式发生了巨大的变革。

4. 智能化

智能化是指使计算机具有模拟人的感知、思考、判断、学习以及一定的自然语言能力，使计算机进入人工智能时代。

5. 多媒体计算机

多媒体计算机是利用计算机技术、通信技术和大众传播技术等综合处理多种媒体信息，使计算机具有综合处理声音、文字、图像和视频信息的能力。多媒体计算机丰富的声、文、图信息和方便的交互性与实时性，改善了计算机的使用方式，为计算机进入人类生活的各个领域打开了大门。

6. 智能化的超级计算机

超级计算机是指由数百数千，甚至更多的处理器(机)组成，能完成普通计算机和服务器不能计算的大型复杂任务的计算机。最大的超级计算机接近复制人类大脑的能力，具备更多的智能，方便人们的生活、学习和工作。世界上最受欢迎的动画片、高成本电影中的特技效果都是在超级计算机上完成的。日本、美国、以色列、中国和印度首先成为世界上拥有每秒运算万亿次的超级计算机的国家，超级计算机推动了各个领域高精尖项目的研究与开发。

7. 新型高性能计算机

新型高性能计算机有量子计算机、光子计算机、分子计算机、纳米计算机等，它们会在21世纪中期遍布人们生活的各个领域。

1) 量子计算机

量子计算机是遵循量子力学规律进行高速数学和逻辑运算、存储及处理量子信息的计算机。量子计算机是基于量子效应基础上开发的。量子计算机的存储量比通常计算机大许多，同时量子计算机能够实行量子并行计算，其运算速度会比目前计算机的 Pentium DI 晶片快 10 亿倍。量子计算机将对现有的保密体系、国家安全意识产生重大的冲击。

2) 光子计算机

光子计算机也称为全光数字计算机，利用光子取代电子进行数据运算、传输和存储，以光子代替电子，光互连代替导线互连，光硬件代替计算机中的电子硬件，光运算代替电运算。光子计算机可以对复杂度高、计算量大的任务实现快速地并行处理，会使运算速度在目前基础上呈指数上升。

3) 分子计算机

分子计算机体积小、耗电少、运算快、存储量大。分子计算机的运行是吸收分子晶体上以电荷形式存在的信息，并以更有效的方式进行组织排列。分子计算机的运算过程就是蛋白质分子与周围物理、化学介质的相互作用过程，因此它将在医疗诊治、遗传追踪和仿生工程中发挥无法替代的作用。目前正在研究的主要有生物分子或超分子芯片、自动机模型、仿生算法、分子化学反应算法等几种类型。美国已研制出分子计算机分子电路的基础元器件，以色列科学家已经研制出一种由 DNA 分子和酶分子构成的微型分子计算机。预计 20 年后，分子计算机将进入实用阶段。

4) 纳米计算机

纳米计算机是用纳米技术研发的新型高性能计算机。应用纳米技术研制的计算机内存芯片，其体积相当于人的头发丝直径的千分之一。纳米计算机不仅几乎不需要耗费任何能源，而且具有体积小、造价低、存量大、性能好的特点，将逐渐取代芯片计算机。

1.3 计算机中的数据处理

计算机是信息处理的工具。在人类社会中,信息以字符、数字、图像、声音等各种表现形式存在。数据是指可以由人工或自动化手段加以处理的那些事实、概念、场景和指示的表示形式,包括字符、符号、表格、声音和图形等。因此,从计算机的角度,通常把要处理的信息称为数据。数据作为计算机处理的对象,是在物理介质上记录或传输后通过外围设备被计算机接收,经过处理而得到结果,再由计算机对数据进行解释并赋予一定意义后,成为人们所能接受的信息。

1.3.1 数制

日常生活中采用的计数方法——十进制。

数制又称计数制,是人们利用一组固定的符号和统一的规则表示数值的方法。在人类历史发展的长河中,先后出现过多种不同的记数方法,其中的进位计数制沿用至今。进位计数制又分为二进制、八进制、十进制和十六进制。十进制是人类在社会活动中采用最普遍、最通用的计数方法。

通常,人们计数的习惯是从 0,1,2,3,…,9,10,11,…到百位、千位或更多,其中的 0,1,2,3,…,9 在数学中被称为自然数,为什么 10 不被称为自然数呢?因为 10 是按照进位计数制得出的,即十进制。

进位计数制是指按进位的方法进行计数。

例如:

十进制	0,1,2,3,4,5,6,7,8,9	基数为 10
二进制	0,1	基数为 2
八进制	0,1,2,3,4,5,6,7	基数为 8
十六进制	0,1,…,8,9,A,B,C,D,E,F	基数为 16

在进位计数制中,每种数制都包含 3 个要素。

(1) 用不同的数字符号表示一种数制的数值。

(2) 每种计数制都有一个固定的基数 K。基数指计数制中用到的数字符号的个数,如十进制的基数为 10。

(3) 每种计数制都遵循"逢 K 进一"原则。

各种进位计数制可统一用"位权"表示为

$$\Sigma S_i \times K_i$$

其中,K 为某种数制的基数;i 为数位的编号(从 0 位开始);S_i 为第 i 位上的数码;K_i 为第 i 位上的位权。位权是指一个数字符号处在某个位上代表的数值是其本身的数值乘上所处数位的一个固定常数。

例如,十进制数 123.45,数码 1 处于小数点左边第三位,它代表 $1\times10^2=100$,即 1 所

处的位置具有 10^2 权;2 处于小数点左边第二位,它代表 $2\times10^1=20$,即 2 所处的位置具有 10^1 权;3 代表 $3\times10^0=3$;而 4 处于小数点后第一位,代表 $4\times10^{-1}=0.4$;最低位 5 处于小数点后第二位,代表 $5\times10^{-2}=0.05$。该式可表示为如下形式:

$$(123.45)_{10}=1\times10^2+2\times10^1+3\times10^0+4\times10^{-1}+5\times10^{-2}$$

1.3.2 计算机中的常用数制

计算机中常用的数制只有二进制吗?

在现代电子计算机中,数据是用 0 和 1 表示的,即二进制。这主要有以下 4 方面的原因。

1. 电路简单,易于实现

计算机是由逻辑电路组成的,逻辑电路通常只有两个状态,如开关的接通与断开、晶体管的饱和与截止、电压的高与低等。这两种状态正好用来表示二进制的两个数码 0 和 1。若采用十进制,则需要有 10 种状态表示 10 个数码,实现起来比较困难。

2. 可靠性高

两种状态表示两个数码,数码在传输和处理中不容易出错,因而电路更加可靠。

3. 运算简单

二进制数用来表示的二进制数的编码、计数、加减运算规则简单,从而简化了运算器等物理器件的设计。

4. 逻辑性强

计算机不仅进行数值运算,还进行逻辑运算。二进制数的两个符号"1"和"0"恰好代表逻辑代数中的"真"(True)和"假"(False),为计算机实现逻辑运算和程序中的逻辑判断提供了便利的条件。

在计算机中,除常用的二进制,还涉及十进制、八进制、十六进制。

1. 十进制数

十进制数(decimal notation)的基数为 10,用 10 个数码 0,1,2,3,4,5,6,7,8,9 表示,逢十进一。对于一个十进制数,各位的位权是以 10 为底的幂。

例如,$(2836.52)_{10}=2\times10^3+8\times10^2+3\times10^1+6\times10^0+5\times10^{-1}+2\times10^{-2}$,这个式子称为十进制数 2836.52 的按位权展开式。

2. 八进制数

八进制数(octal notation)的基数为 8,用 8 个数码 0,1,2,3,4,5,6,7 表示,逢八进一。对于一个八进制数,各位的位权是以 8 为底的幂。

例如：八进制数$(16.24)_8$可以表示为$(16.24)_8=1\times8^1+6\times8^0+2\times8^{-1}+4\times8^{-2}$。

3. 十六进制数

十六进制数(hexadecimal notation)的基数为16，用0,1,2,3,4,5,6,7,8,9,A,B,C,D,E,F 16个数字符号表示，逢16进一。对于一个十六进制数，各位的位权是以16为底的幂。

例如：十六进制数$(5E.A7)_{16}$可以表示为$(5E.A7)_{16}=5\times16^1+E\times16^0+A\times16^{-1}+7\times16^{-2}$。

扩展到一般形式，一个R进制数，基数为R，用0,1,…,$R-1$共R个数字符号表示，且逢R进一，因此，各位的位权是以R为底的幂。

一个R进制数的按位权展开式为

$$(N)_R=k_n\times R^n+k_{n-1}\times R^{n-1}+\cdots+k_0\times R^0+k_{-1}\times R^{-1}+k_{-2}\times R^{-2}+\cdots+k_{-m}\times R^{-m}$$

数制的书写规则：

(1) 在数字的后面加上下标(2)、(8)、(10)、(16)。

(2) 将一串数用括号括起来，再加下标2、8、10、16。

(3) 用大写字母B(二进制)、O(八进制)、D(十进制)、H(十六进制)表示。

例如：

二进制$1101111_{(2)}=(1101111)_2=1101111B$

八进制$562.7_{(8)}=(562.7)_8=562.7O$

1.3.3 数制之间的转换

二进制、八进制、十进制和十六进制之间如何相互转换？

在日常行为中，人们习惯采用十进制，但计算机内部一律采用二进制表示各种信息，而在编程中又经常使用十进制。二进制数的书写冗长、易错、难记，而且十进制数与二进制数之间的转换过程复杂，所以一般用十六进制数或八进制数作为二进制数的缩写。因此，有必要了解不同数制及其相互转换。

1. *R*进制数转换为十进制数

根据R进制数的按位权展开式，可以很方便地将R进制数转换为10进制数。

例如：将$(1101.0101)_2$、$(16.24)_8$、$(1BC3.A)_{16}$转换为十进制数。

$$(1101.0101)_2=1\times2^3+1\times2^2+0\times2^1+1\times2^0+0\times2^{-1}+1\times2^{-2}+0\times2^{-3}+1\times2^{-4}$$
$$=13.3125$$

$$(16.24)_8=1\times8^1+6\times8^0+2\times8^{-1}+4\times8^{-2}=14.3125$$

$$(1BC3.A)_{16}=1\times16^3+11\times16^2+12\times16^1+3\times16^0+10\times16^{-1}$$

2. 十进制数转换为*R*进制数

将十进制数转换为R进制数，只要对其整数部分采用除以R取余，而对其小数部分，

采用乘以 R 取整。

1）十进制数转换为二进制数

例如：$(179.48)_{10}$转换为二进制数。

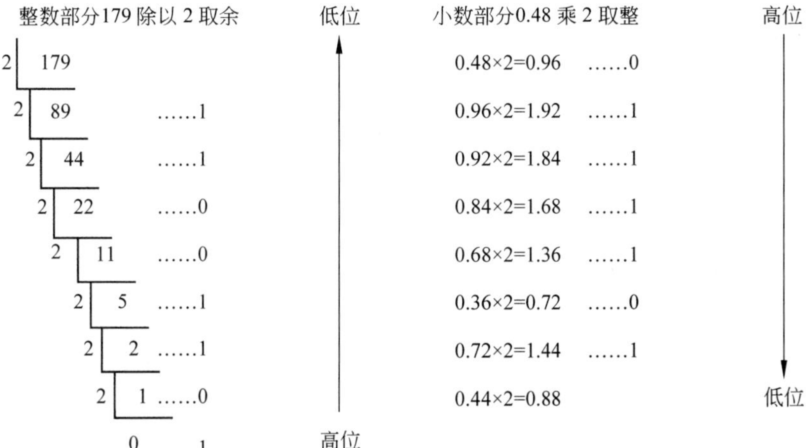

结果为

$(179)_{10}=(10110011)_2$　$(0.48)_{10}=(0.0111101)_2$（近似取 7 位）

$(179.48)_{10}=(10110011.0111101)_2$

注意，一个十进制整数可以精确转换为一个二进制整数，但是一个十进制小数并不一定能够精确地转换为一个二进制小数。

2）十进制数转换为八进制数

例如：$(179.48)_{10}$转换为八进制数。

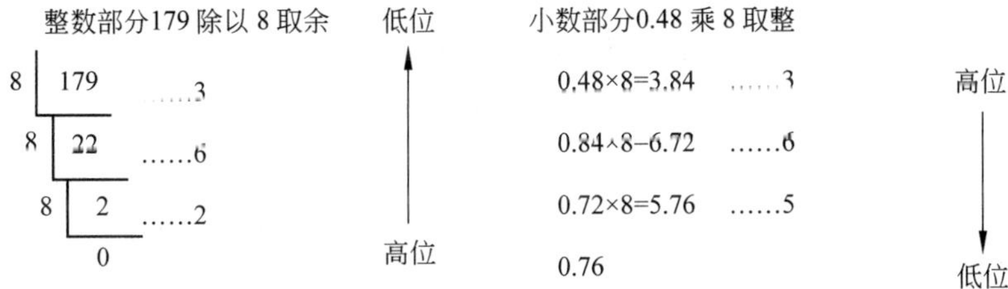

结果为

$(179)_{10}=(263)_8$，$(0.48)_{10}=(0.365)_8$（近似取 3 位）

$(179.48)_{10}=(263.365)_8$

3）十进制数转换为十六进制数

例如：$(179.48)_{10}$转换为十六进制数。

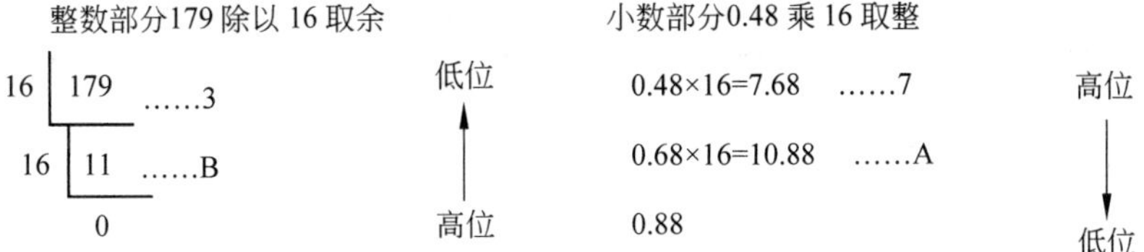

结果为

$$(179)_{10}=(\text{B3})_{16}，(0.48)_{10}=(0.7\text{A})_{16}\text{（近似取 2 位）}$$

$$(179.48)_{10}=(\text{B3.7A})_{16}$$

3. 二进制、八进制、十六进制之间的转换

由于一位八（十六）进制数相当于三（四）位二进制数，因此，要将八（十六）进制数转换成二进制数时，只需以小数点为界，向左或每一位八（十六）进制数用相应的三（四）位二进制数取代即可，若不足三（四）位，用零补足；反之，二进制数转换成相应的八（十六）进制数，只是上述方法的逆过程，即小数点为界，向左或向右每三（四）位二进制数用相应的一位八（十六）进制数取代即可。

1）二进制数和八进制数之间的转换

二进制数转换成八进制数时，以小数点为中心向左、右两边延伸，每三位一组，小数点前不足三位时，前面添 0 补足三位；小数后不足三位时，后面添 0 补足三位。然后将各组二进制数转换成八进制数。

例如：将$(10110011.011110101)_2$ 转换成八进制。

$$(10110011.011110101)_2=010\ 110\ 011.011\ 110\ 101=(263.365)_8$$

例如：将$(1234)_8$ 转换成二进制数。

$$(1234)_8=\underline{1}\ \underline{2}\ \underline{3}\ \underline{4}=\underline{001}\ \underline{010}\ \underline{011}\ \underline{100}=(1010011100)_2$$

2）二进制数和十六进制数之间的转换

类似于二进制数转换成八进制数。二进制数转换成十六进制数时，也是以小数点为中心向左、右两边延伸，每四位一组，小数点前不足四位时，前面添 0 补足四位；小数点后不足四位时，后面添 0 补足四位。然后，将各组的四位二进制数转换成十六进制数。

例如：$(10110101011.011101)_2$转换成十六进制数。

$$(10110101011.011101)_2=\underline{0101}\ \underline{1010}\ \underline{1011}.\underline{0111}\ \underline{0100}=(\text{5AB.74})_{16}$$

例如：$(\text{3CD})_{16}$转换成二进制数。

$$(\text{3CD})_{16}=\underline{3}\ \underline{\text{C}}\ \underline{\text{D}}=\underline{0011}\ \underline{1100}\ \underline{1101}=(1111001101)_2$$

3）八进制数与十六进制数的转换

八进制数与十六进制数之间的转换，通常先转换为二进制数作为过渡，再用上面讲的方法进行转换。

例如：$(\text{3CD})_{16}$转换成八进制数。

$$(\text{3CD})_{16}=\underline{3}\ \underline{\text{C}}\ \underline{\text{D}}=\underline{0011}\ \underline{1100}\ \underline{1101}=(1111001101)_2=\underline{001}\ \underline{111}\ \underline{001}\ \underline{101}=(1715)_8$$

十进制、二进制、八进制、十六进制数之间的转换见表 1-1。

表 1-1　十进制、二进制、八进制、十六进制数之间的转换

十进制	二进制	八进制	十六进制	十进制	二进制	八进制	十六进制
0	0000	0	0	2	0010	2	2
1	0001	1	1	3	0011	3	3

续表

十进制	二进制	八进制	十六进制	十进制	二进制	八进制	十六进制
4	0100	4	4	10	1010	12	A
5	0101	5	5	11	1011	13	B
6	0110	6	6	12	1100	14	C
7	0111	7	7	13	1101	15	D
8	1000	10	8	14	1110	16	E
9	1001	11	9	15	1111	17	F

1.3.4 二进制的运算

二进制的运算有两种：算术运算和逻辑运算。

1. 二进制数的算术运算

二进制数的算术运算包括：加、减、乘、除基本运算。

1）二进制数的加法

根据“逢二进一”规则，二进制数加法的运算规则为

$$0+0=0$$
$$0+1=1+0=1$$
$$1+1=0(\text{进位为 }1)$$
$$1+1+1=1(\text{进位为 }1)$$

例如：$(1101)_2+(1011)_2$。

计算过程为

$$\begin{array}{rrl} & 1\ 1\ 0\ 1 & \text{被加数} \\ +) & 1\ 0\ 1\ 1 & \text{加数} \\ \hline & 1\ 1\ 0\ 0\ 0 & \text{和} \end{array}$$

从加法的执行过程可以看出，两个二进制数相加时，每一位最多有 3 个数相加，即本位被加数、加数和从低位的进位（进位可能为 0 或 1）。按加法运算法则可得到本位加法的和以及向高位的进位。

2）二进制数的减法

根据“借一有二”的规则，二进制数减法的运算规则为

$$0-0=0$$
$$1-1=0$$
$$1-0=1$$
$$0-1=1(\text{借位为 }1)$$

例如：$(1101)_2-(1011)_2$。

计算过程为

$$\begin{array}{rrl} & 1101 & \text{被减数} \\ -) & 1011 & \text{减数} \\ \hline & 0010 & \text{差} \end{array}$$

从减法的执行过程可以看出，两个二进制数相减时，每一位最多有 3 个数相减，即本位被减数、减数和向高位的借位，借 1 有 2。减法运算除每位相减外，还要考虑借位的情况。

3）二进制数的乘法

二进制数乘法的运算规则为

$$0\times0=0$$
$$0\times1=1\times0=0$$
$$1\times1=1$$

例如：$(1001)_2$ 和$(1010)_2$。

计算过程为

$$\begin{array}{rrl} & 1001 & \text{被乘数} \\ \times) & 1010 & \text{乘数} \\ \hline & 0000 & \\ & 1001 & \text{部分积} \\ & 0000 & \\ & 1001 & \\ \hline & 1011010 & \text{乘积} \end{array}$$

从乘法的执行过程可以看出，两个二进制数相乘时，每个部分积取决于乘数相应位是 0，还是 1。若乘数的相应位为 0，则部分积为 0；若乘数的相应位为 1，则部分积就是被乘数。乘数有几位，就有几个部分积。每次的部分积一次要左移一位，然后将各部分积累加起来即得到最终的乘积。

需要指出的是，在计算机中实现二进制数的乘法运算，通常采用移位相加的方法。

4）二进制数的除法

二进制数除法的运算规则为

$$0\div0=0$$
$$0\div1=0 \quad 1\div0\ \text{无意义}$$
$$1\div1=1$$

例如：$(100110)_2\div(110)_2$。

计算过程为

```
      000110     商
110)100110
     110
     0111
      110
        10     余数
```

结果为 100110÷110=110 余 10。

从减法的执行过程可以看出，两个二进制数相除时，与十进制数除法类似。

需要指出的是，计算机中实现二进制数的除法运算，通常采用移位相减的方法。

2. 二进制数的逻辑运算

二进制数的 0 和 1 具有逻辑含义，可以表示“是”与“否”、“真”与“假”、“存在”与“不存在”等变量，这种变量称为逻辑变量。描述逻辑变量关系的函数称为逻辑函数。实现逻辑函数的电路称为逻辑电路。分析逻辑电路的数学工具是逻辑代数。逻辑变量之间的运算称为逻辑运算。

在逻辑代数中，变量的数值只代表事物的两个不同性质。计算机的逻辑运算与算术运算的主要区别是：逻辑运算的操作数和结果都是单个数位的操作，值与位之间没有进位和借位的关系。

二进制数的逻辑运算主要有 4 种：逻辑加运算（“或”运算）、逻辑乘运算（“与”运算）、逻辑否定（“非”运算）和逻辑“异或”运算。

1）逻辑加运算

逻辑加运算又称为逻辑“或”运算，可用符号“+”或“∨”表示。如逻辑变量 A 和 B 之间的“或”运算可表示为 A+B=C，或 A∨B=C，读作“A 或 B 等于 C”。

逻辑“或”运算的运算规则为

$$0+0=0 \text{ 或 } 0\vee 0=0$$
$$0+1=1 \text{ 或 } 0\vee 1=1$$
$$1+0=1 \text{ 或 } 1\vee 0=1$$
$$1+1=1 \text{ 或 } 1\vee 1=1$$

从上述的运算规则可以看出，两个相“或”的逻辑变量中，只要有一个为 1，“或”运算的结果就为 1。仅当两个变量都为 0 时，或运算的结果才为 0。计算时，要特别注意与算术运算的加法区别。

2）逻辑乘运算

逻辑乘运算又称为逻辑“与”运算，常用符号“×”或“·”，或“∧”表示。如 A 和 B 之间的“与”运算可表示为 A×B=C，或 A·B=C，或 A∧B=C，读作“A 与 B 等于 C”。

逻辑“与”运算的运算规则为

$$0\times 1=0 \text{ 或 } 0\cdot 1=0\text{，或 } 0\wedge 1=0$$
$$1\times 0=0 \text{ 或 } 1\cdot 0=0\text{，或 } 1\wedge 0=0$$

$$1\times1=1 \text{ 或 } 1\cdot1=1\text{，或 } 1\wedge1=1$$

从上述的运算规则可以看出，两个相“与”的逻辑变量中，只要有一个为 0，“与”运算的结果就为 0。仅当两个变量都为 1 时，“与”运算的结果才为 1。

3）逻辑否定

逻辑否定又称为逻辑“非”运算，实际上就是将原逻辑变量的状态求反。运算符号为在逻辑变量上方画一横线，如 $\overline{A}$ 表示“非 A”。

逻辑“非”运算的运算规则为

$$\overline{0}=1$$

$$\overline{1}=0$$

4）逻辑“异或”运算

“异或”运算常用符号“⊕”表示，其运算规则为

$$0\oplus0=0$$

$$0\oplus1=1$$

$$1\oplus0=1$$

$$1\oplus1=0$$

从上述的运算规则可以看出，两个相“异或”的逻辑运算变量取值相同时，“异或”的结果为 0。取值相异时，“异或”的结果为 1。

需要指出的是，所有的逻辑运算都是按位进行的，位与位之间不发生关系，即不存在算术运算过程中的进位或借位关系。当逻辑变量为多位时，只在两个逻辑变量对应位之间按规则进行运算。

例如：二进制数 00001111 和 10101001 之间的或、与、异或逻辑运算。

逻辑“或”运算：

$$\begin{array}{r} 00001111 \\ \vee\quad 10101001 \\ \hline 10101111 \end{array}$$

结果为 $00001111\vee10101001=10101111$。

逻辑“与”运算：

$$\begin{array}{r} 00001111 \\ \wedge\quad 10101001 \\ \hline 00001001 \end{array}$$

结果为 $00001111\wedge10101001=00001001$。

逻辑“异或”运算：

$$\begin{array}{r} 00001111 \\ \oplus\quad 10101001 \\ \hline 10100110 \end{array}$$

结果为：00001111⊕10101001＝10100110。

1.3.5 计算机中的数值表示

数值型数据是以二进制形式直接在计算机中进行计算吗？

数值型数据由数字组成，表示数量，用于算术操作中。数值在计算机中的表示形式称为机器数。表示机器数的码制有原码、反码和补码 3 种。数值型的数据在计算机中又有两种表示方法：一种叫作定点数；另一种叫作浮点数。

数据本身的值并不发生变化。下面讨论这 3 种码制的表示方法。

1. 数值数据的编码

不论用什么码制表示，机器数对应的数据本身的值都叫作真值。

1）原码

原码的表示方法为：机器数的最高位（最左边的位）为符号位，如果真值是正数，则最高位为 0，其他位保持不变；如果真值是负数，则最高位为 1，其他位保持不变。数值部分为真值的绝对值。

例如：写出 12 和－12 的原码（用 1B 表示）。

解：12＝$(1100)_2$，12 的原码是 00001100，－12 的原码是 10001100。

原码的优点是：转换非常简单，只要根据正负号将最高位置 0 或 1 即可；缺点是：不便于进行加减运算，符号位不能参与运算，并且 0 的原码有两种表示方法，＋0 的原码是 00000000，－0 的原码是 10000000。

2）反码

反码的表示方法为：如果真值是正数，则最高位为 0，其他位保持不变；如果真值是负数，则最高位为 1，其他位按位求反。

反码的优点是：符号位可以作为数值参与运算，但计算完后，仍需根据符号位调整。0 的反码同样有两种表示方法。为了克服原码和反码的上述缺点，又引进了补码表示法。

3）补码

补码的作用在于能把减法运算化成加法运算，现代计算机中一般采用补码表示定点数。

补码的表示方法为：若真值是正数，则最高位为 0，其他位保持不变；若真值是负数，则最高位为 1，其他位按位求反后再加 1。

补码的优点是：符号可以作为数值参与运算，且计算完后，不需要根据符号位进行调整。另外，0 的补码表示方法也是唯一的，即 00000000。

真值、原码、反码、补码示例见表 1-2。

表 1-2　真值、原码、反码、补码示例

码　制	12	－12	0	－0
真值	＋0001100	－0001100	＋0	－0
原码	0 0001100	1 0001100	0 0000000	1 0000000

续表

码　　制	12	−12	0	−0
反码	0 0001100	1 1110011	0 0000000	0 0000000
补码	0 0001100	1 1110100	0 0000000	0 0000000

2. 数值在计算机中的表示

在计算机中，数值型的数据有两种表示方法：一种叫作定点数；另一种叫作浮点数。

1）定点数

定点数就是在计算机中所有数的小数点位置固定不变。定点数有两种：定点小数和定点整数。

（1）定点小数：将小数点固定在最高数据位的左边，只能表示小于1的纯小数。

例如，机器数原码11010000的定点小数的表示

小数点位.	11010000

$(.11010000)_2=(-0.625)_{10}$

（2）定点整数：将小数点固定在最低数据位的右边，只能表示纯整数。

11010000	.小数点位

$(11010000.)_2=(-80)_{10}$

2）浮点数

由于定点数表示数的范围较小，为了扩大计算机中数值数据的表示范围，采用浮点数表示法。浮点表示法类似于科学计数法，任一数均可通过改变其指数部分，使小数点发生移动，如数12.34用科学计数法可表示为1.234×10^1。

浮点数的一般形式：

$$N=\text{尾数}\times2^{\text{阶码}}$$

阶符	阶码	数符	尾数

例如，0.110011_2^{+11}在机器中的浮点表示

0	11	0	0.110011

其中，阶码须写成二进制的整数，尾数和阶码的符号分别看数符和阶符的值。尾数的位数决定数的精度，阶码的位数确定小数点的位置，决定数的范围。

1.3.6　计算机中的字符表示

字符在计算机中是如何用二进制表示的？

在计算机中，对非数值的文字和其他符号进行处理时，要对文字和符号进行数字化，

即用二进制编码表示文字和符号。其中西文字符最常用到的编码方案有 ASCII 编码和 EBCDIC 编码。对于汉字,我国也制定了相应的编码方案。

1. ASCII 编码

微机和小型计算机中普遍采用 ASCII 码(American Standard Code for Information Interchange,美国信息交换标准代码)表示字符数据,该编码被 ISO(国际化标准组织)采纳,作为国际上通用的信息交换代码,见表 1-3。

表 1-3　ASCII 代码表

低 4 位码 ($d_3d_2d_1d_0$)	高 3 位码($d_6d_5d_4$)							
	000	001	010	011	100	101	110	111
0000	NUL	DEL	SP	0	@	P	`	p
0001	SOH	DC1	!	1	A	Q	a	q
0010	STX	DC2	“	2	B	R	b	r
0011	ETX	DC3	#	3	C	S	c	s
0100	EOT	DC4	$	4	D	T	d	t
0101	ENQ	NAK	%	5	E	U	e	u
0110	ACK	SYN	&	6	F	V	f	v
0111	DEL	ETB	‘	7	G	W	g	w
1000	BS	CAN	(	8	H	X	h	x
1001	HT	EM	)	9	I	Y	i	y
1010	LF	SUB	*	:	J	Z	j	z
1011	VT	ESC	+	;	K	[	k	{
1100	FF	FS	,	<	L	\	l	|
1101	CR	GS	-	=	M	]	m	}
1110	SO	RS	.	>	N	^	n	~
1111	SI	US	/	?	O	_	o	DEL

ASCII 码是 7 位二进制编码,由于 $2^7=128$,所以能够表示 128 个字符。

参照表 1-3 所示的 ASCII 代码表,可以看出 ASCII 代码有以下特点:

(1) 表中前 32 个字符和最后一个字符为控制字符。

(2) 10 个数字字符和 26 个英文字母由小到大排列,数字在前,大写字母次之,小写字母最后,这个特点可用于字符数据的比较大小。

(3) 数字 0~9 由小到大排列,ASCII 码分别为 48~57,ASCII 码与数值恰好相差 48。

(4) 英文的大小写字母相差 32,利用这个特点完成大小字母之间的转换。A 的 ASCII 码值为 65,a 的 ASCII 码值为 97,且由小到大依次排列。因此,只要知道了 A 和 a

的 ASCII 码,也就知道了其他字母的 ASCII 码。

通常用一个字节存储一个 ASCII 码,也就是说,一个字节可以存储一个字符。ASCII 码是 7 位编码,为了便于处理,在 ASCII 码的最高位前增加 1 位 0,凑成 8 位的一个字节。ASCII 码是使用最广泛的字符编码,数据使用 ASCII 码的文件称为 ASCII 文件。

2. ANSI 编码

ANSI(美国国家标准学会)编码是一种扩展的 ASCII 码,使用 8 位表示一个符号,能表示出 256 个信息单元,即 256 个字符进行编码。ANSI 码前 128 个字符的编码和 ASCII 码定义的一样,只是在最左边加了一个 0。例如:在 ASCII 编码中,字符"a"用 1100001 表示,而在 ANSI 编码中则用 01100001 表示。除了 ASCII 码表示的 128 个字符外,ANSI 码还表示另外的 128 个符号,如版权符号、英镑符号、希腊字符等。

除了 ANSI 编码外,世界上还存在另外一些对 ASCII 码进行扩展的编码方案。ASCII 码通过扩展甚至可以编码中文、日文和韩文字符。

3. 汉字编码

计算机对汉字信息的处理远比处理西文信息复杂。计算机对汉字的处理要分为 3 个步骤:使用输入码处理输入的汉字;通过机内码完成计算机的内部处理;通过字型码输出汉字。

1) 输入码

输入汉字时使用的编码称为汉字输入码,包括数字编码、拼音编码和字形编码等。

(1) 数字编码:用若干汉字作为汉字的输入编码。例如,区位码用 4 位十进制数代表一个汉字。

(2) 拼音编码:以汉字读音为基础的一种编码。例如,全拼、智能 ABC、微软拼音输入法等。

(3) 字型编码:根据汉字的字型进行编码。例如,五笔字型码等。

2) 机内码

汉字机内码(也称为汉字内码)是在计算机系统内部处理和存储汉字时使用的代码。

(1) 国家标准汉字编码(GB 2312—1980):国家标准汉字编码简称国标码,全称是"信息交换用汉字编码字符集—基本集",中文信息处理的国家标准(GB 2312—1980)。GB 2312—1980 标准含有 6763 个汉字,其中一级汉字(最常用)3755 个,按汉语拼音顺序排列;二级汉字 3008 个,按部首和笔画排列;另外还包括 682 个西文字符、图符。

GB 2312—1980 标准将汉字分成 94 个区,每个区又包含 94 个位,每位存放一个汉字。在微机中,汉字内码一般都采用两字节表示,每个字节只用前 7 位,最高位均未作定义。前一字节由区号与十六进制数 A0 相加,后一字节由位号与十六进制数 A0 相加,因此,汉字编码两字节的最高位都是 1,这种形式避免了国标码与标准 ASCII 码的二义性(用最高位区别),即汉字内码=汉字国标码+$(8080)_{16}$。

例如:

汉字	国标码	汉字内码
保	3123H	B1A3H
	00110001 00100011B	10110001 10100011B

在计算机系统中，由于机内码的存在，输入汉字时就允许用户根据自己的习惯使用不同的输入码，进入计算机系统后再统一转换成机内码存储。

(2) GBK码：1995年，我国公布了新的中文编码扩展国家标准——GBK码。该编码兼容GB 2312—1980，共收录汉字21 003个、符号883个，提供了1894个造字码位，并且将简体、繁体字融于一库。Windows 95(中文版)及其以后的版本都是以GBK码为基本汉字编码，并且兼容GB码。

(3) Big5汉字编码：Big5汉字编码是我国香港、台湾地区使用的一种繁体汉字编码，这种编码不同于国标码，它包括一级汉字5401个、二级汉字7652个、440个符号，共计13 493个。

随着Internet的发展，全球汉字信息编码的标准化已成为社会发展的必然趋势。

3) 字型码

汉字字型码是汉字字符的形状表示，为了显示或打印输出汉字，一般用点阵或矢量形式表示。汉字字型点阵有16×16点阵、24×24点阵、32×32点阵、64×64点阵等。由于汉字的书写格式(也就是字体)非常丰富，因此用字模表示汉字字体。按字体分为宋体字模、仿宋体字模、楷体字模、黑体字模等，按点阵大小分为16×16点阵、24×24点阵、32×32点阵、64×64点阵、96×96点阵等。点阵数越大，字型质量越高。

各种汉字编码的关系表示为

汉字输入⟶输入码⟶国标码⟶内码⟶字型码⟶输出汉字

1.3.7 计算机中数据的表示单位

数据的存储在计算机中是如何表示的？

计算机中数据的常用单位有位(bit)、字节(Byte)和字(Word)。

1. 位

计算机中最小的数据单位是二进制的一个数位，简称位(bit，比特)，通常用小写字母b表示。计算机中最直接、最基本的操作就是对二进制位的操作。一个二进制位可以表示两种状态(0或1)，两个二进制位可以表示4种状态00、01、10、11，位越多，表示的状态越多。

2. 字节

字节是计算机中数据处理和数据存储的基本单位。一个字节由8个二进制位组成，即1Byte=8bits。例如，计算机内存的存储容量、磁盘的存储容量等都是以字节为单位进行表示的。除了用字节为单位表示存储容量外，还可以用千字节(KB)、兆字节(MB)以及十亿字节(GB)等表示存储容量。它们之间的换算关系为

1B=8bits

1KB=2^{10}B=1024B

1MB=2^{10}KB=2^{20}B=1024×1024B=1 048 576B

1GB=2^{10}MB=2^{30}B=1024×1024KB=1024×1024×1024B=1 073 741 824B

3. 字

字和计算机中字长的概念有关。字长是指计算机在进行处理时一次作为一个整体进行处理的二进制数的位数，具有这一长度的二进制数被称为该计算机中的一个字。字通常取字节的整数倍，是计算机进行数据存储和处理的运算单位。

字长是计算机性能的重要标志。计算机按照字长进行分类，可分为 8 位机、16 位机、32 位机和 64 位机等。字长越长，计算机所表示数的范围越大，处理能力越强，运算精度也就越高。在不同字长的计算机中，字的长度也不相同。例如，在 8 位机中，一个字含有 8 个二进制位，而在 64 位机中，一个字则含有 64 个二进制位。

1.4 计算机系统的组成

人们通常说的“计算机”一词应称为“计算机系统”。计算机作为按程序控制自动进行信息加工处理的通用工具，是一项系统工程。计算机系统由硬件系统和软件系统组成，硬件系统是一个由无数逻辑器件和电子线路组成的电子器件，严格地说，硬件系统是物理实体——计算机。由于单纯的电子器件无法为人们工作，因此要让它像人脑一样思考，还要有软件系统。人们语言上的简化造成“计算机”和“计算机系统”两个概念的混淆。

1.4.1 计算机体系结构

计算机体系结构着重研究计算机系统的物理或硬件结构、各组成部分的属性以及这些部分的相互联系。它可分为系统体系结构和实现体系结构两个方面。系统体系结构着重从系统软件开发人员的角度看计算机系统的功能行为和概念结构；实现体系结构从计算机系统的价格和性能特征出发，考虑系统的结构和实现，包括中央处理器、存储器等部件的结构和实现。

1. 冯·诺依曼结构计算机

虽然计算机科学技术从计算机的出现到今天已经发生了极大的变化，但从计算机体系结构上看，计算机系统有基于冯·诺依曼结构的传统计算机和非传统计算机。冯·诺依曼结构计算机有 3 个主要特征。

(1) 采用二进制形式表示数据和指令。

(2) 存储程序：数据和指令预先存入内存，计算机能自动取出并执行。

(3) 五大基本部件：运算器、存储器、控制器、输入设备和输出设备。

冯·诺依曼在参与EDVAC计算机设计时提出电子计算机应具备上述3个特征，由于这一思想是现代计算机体系结构的基础，因此有人将冯·诺依曼称为“现代计算机之父”。后来，人们把凡是具备这3个特征的计算机统称为“冯·诺依曼结构计算机”。微型计算机也是个人计算机，就是一个典型的冯·诺依曼结构计算机。

冯·诺依曼计算机的系统结构可用图1-8所示。输入设备把用户的信息(程序和数据)输入计算机中；输出设备负责将计算机中的信息传送到外部媒介，供用户查看或保存；存储器负责存储数据和程序，并根据控制命令读取这些数据和程序。它包括内存储器和外存储器；运算器负责对数据进行算术运算和逻辑运算(数据加工处理)；控制器负责对程序规定的指令进行分析、控制并协调输入、输出操作或内存的访问。

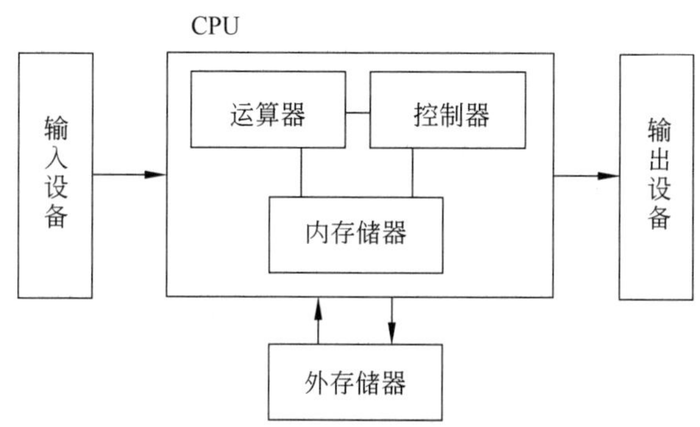

图1-8　冯·诺依曼计算机的系统结构

2. 计算机软件

计算机软件是指计算机系统中的程序及文档。计算机软件有3个作用：一是用作计算机用户与硬件之间的接口界面；二是在计算机系统中起指挥作用；三是计算机体系结构设计的重要依据。软件的发展过程大致分为3个阶段：第一个阶段是20世纪40年代至50年代中期，程序用机器语言和汇编语言编写，计算机主要用于科学计算，实用的高级语言还没有出现；第二个阶段是20世纪50年代中期至60年代后期，由于计算机在金融、商业领域的应用，出现了大量的高级语言；第三个阶段是60年代后期，计算机应用领域不断扩大，推动了软件产业的发展，软件工程开始出现。今天，软件产业已经成为许多国家的支柱产业，我国也把大力发展软件产业作为一个重要的发展战略。

3. 计算机系统的组成

计算机系统由硬件系统和软件系统组成。图1-9可以清晰地表示计算机的系统结构。对于微型计算机，其系统组成也如图1-9所示。

1.4.2　计算机硬件系统的组成

计算机的硬件是由运算器、控制器、存储器、输入设备和输出设备5个基本部件组成的。运算器和控制器组成中央处理单元(Central Processing Unit，CPU)，是计算机的核

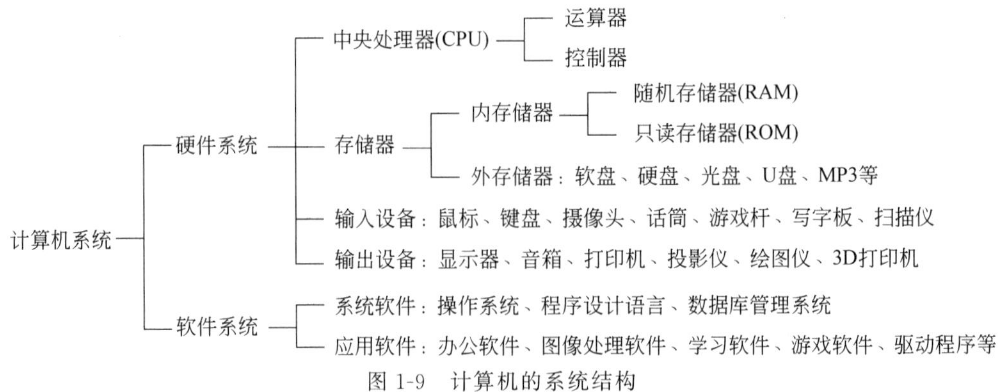

图 1-9 计算机的系统结构

心部分。

1. 计算机的 5 个基本硬件

1）运算器

计算机中最主要的工作是运算，大量的数据运算任务是在运算器中进行的。运算器的主要功能是进行算术运算和逻辑运算。算术运算是指加、减、乘、除等基本运算。逻辑运算是指逻辑判断、逻辑比较以及其他的基本逻辑运算。因此，运算器又称算术逻辑单元（Arithmetic and Logic Unit，ALU）。运算器中的数据取自内存，运算的结果又送回内存。运算器对内存的读写操作是在控制器的控制之下进行的。

2）控制器

控制器是计算机的神经中枢，只有在它的控制之下，整个计算机才能有条不紊地工作，并自动执行程序。控制器的工作过程：首先从内存中取出指令，并对指令进行分析，然后根据指令的功能向有关部件发出控制命令，控制它们执行这条指令规定的操作。各部件执行完控制器发来的命令后，会向控制器反馈执行的情况。这样逐一执行一系列指令，使计算机能够按照由这一系列指令组成的程序的要求自动完成各项任务。

在 CPU 中，寄存器作为临时存储单元保存在运算和控制过程中产生的临时数据。

3）存储器

存储器是计算机的记忆部件，主要存放程序和数据，并根据控制命令提供这些程序和数据。存储器分两大类：一类和计算机的运算器、控制器直接相连，称为主存储器（内部存储器），简称主存（内存）；另一类存储设备称为辅助存储器（外部存储器），简称辅存（外存）。内存的存取速度快，但价格较贵，容量小。外存的存储容量大，但存取速度慢。

（1）内部存储器。

内部存储器也称内存，由大规模集成电路存储器芯片组成，用来存储计算机运行中的各种数据。内存分为 RAM、ROM 及 Cache。

① RAM(Random Access Memory)

RAM 叫作“随机读写存储器”，既可从其中读取信息，也可向其中写入信息。开机之前，RAM 中没有信息，开机后操作系统对其管理。关机后其中的信息都将消失。RAM

中的信息可随时改变。

应当说明的是，计算机断电后，RAM 中的数据将丢失。因此，用户在结束计算机操作时，应将新建或修改过的程序及相应文件保存到外存中。

② ROM(Read Only Memory)

ROM 叫作“只读存储器”，只可从其中读取信息，不可向其中写入信息。开机前 ROM 中已经存有信息，关机后其中的信息不会消失，ROM 中的信息一成不变。

③ CMOS 与 Cache

CMOS(Complementary Metal Oxide Semiconductor)是系统主板上的一块 RAM 形式的存储器，用于保存不需要频繁变化，而需要时又能更新的一些计算机配置信息，如系统日期、时间、硬盘参数、启动顺序和口令设置等。

利用 ROM BIOS 中的 CMOS 设置程序可以显示和修改 CMOS 中的数据。计算机断电时，CMOS 靠主板上的充电电池维持其中的数据。

Cache 叫作“高速缓冲存储器”，位于内存和 CPU 之间，存取速度高于内存。Cache 的容量是微型计算机硬件的一个重要技术指标。

Cache 可以解决 CPU 与内存之间的速度匹配问题，当 CPU 从内存中读取数据时，把后读的一批数据先读入 Cache，CPU 再需要数据时，首先从 Cache 中读取，如果数据不存在，再从内存中读取，这样可以大大降低 CPU 直接读取内存的次数，减少 CPU 等待从内存读取数据的现象，从而提高计算机的运行速度。

Cache 分为集成在 CPU 内部的一级 Cache 和 CPU 外部主板上的二级 Cache。

(2) 外部存储器。

外部存储器也叫外存，用作内存的后备与补充。其特点是容量大、价格低、可长期保存信息。常用的外存有软磁盘、硬盘及光盘等。

就存储速度而言，Cache＞内存＞硬盘＞光盘＞软盘。

4) 输入设备

输入设备用来接受用户输入的原始数据和程序，并将它们转变为计算机可以识别的二进制形式存放到内存中。常用的输入设备有键盘、鼠标、扫描仪、光笔、数字化仪、麦克风等。

5) 输出设备

输出设备用于将存放在内存中由计算机处理的结果转变为人们所能接受的形式。常用的输出设备有显示器、打印机、绘图仪、音箱等。

2. 微型计算机的硬件系统

微型计算机硬件主要包括主机箱、显示器、鼠标、键盘。如果使用计算机看电影，或网上聊天，通常还要配置音箱、麦克风，如图 1-10 所示。还有可能你是一位设计师，需要配置打印机、扫描仪等设备。微型计算机的重要硬件设备都装在主机箱里，如图 1-11 所示，有主板、硬盘、光驱、软驱、各种板卡、电源及各种连线等。

图 1-10　一套计算机

1）主板

主板又称主机板(mainboard)，是微机最基本的，也是最重要的部件之一。主板是一块电路板，有 CPU、内存条、适配器、扩展槽等，如图 1-12 所示。主板是整个计算机内部结构的基础，无论是 CPU、内存、显卡，还是鼠标、键盘、声卡、网卡，都是靠主板协调工作的。因此，主板的好坏直接影响计算机的性能。主板的主要品牌有国外的英特尔、菱钻、蓝宝石等，国内的华硕、技嘉、微星 MSI 主板、精英 ECS 等。

图 1-11　主机箱内部

图 1-12　主板

2）CPU

微型计算机的 CPU 又称为微处理器，是计算机的核心部件，如图 1-13 所示。CPU 的性能关系到计算机的性能。衡量 CPU 的主要性能指标是时钟频率和字长。CPU 目前的主要生产厂商有美国的 Intel(英特尔)、AMD(超微)公司等。

图 1-13　微处理器产品

3）内存条

内存条即内部存储器，安装在主板上，是具有“记忆”功能的物理部件，由一组高集成度的 COMS 半导体集成电路组成，用来存放数据和程序。内存分为 DRAM 和 ROM 两种。DRAM 又叫动态随机存储器，它的一个主要特征是断电后数据会丢失，就是所指的内存条。评价内存条的性能指标主要是存储容量，即一根内存条可以容纳的二进制信息量，如目前常用的 168 线内存条的存储容量一般为 32MB、64MB 和 128MB。

4）总线

总线是 CPU、内存储器和外部设备(I/O 设备)之间传输信息的公共通道。在总线上传送数据、地址和控制 3 种信号，按传输信息的类型分为数据总线(Data Bus，DB)、地址总线(Address Bus，AB)、控制总线(Control Bus，CB)。一次传输信息的位数称为总线宽度。

(1) 地址总线：专门用来传送地址的，由于地址只能从 CPU 传向外部存储器或输入输出接口，所以地址总线是单向的，这与数据总线不同。地址总线的位数决定了 CPU 可直接寻址的内存空间大小，如 16 位微型机的地址总线为 20 位，其可寻址空间为 $2^{20}=1\text{MB}$。

(2) 数据总线：用于传送数据信息。数据总线是双向传输，既可以把 CPU 的数据传送到存储器或输入输出接口等其他部件，也可以将其他部件的数据传送到 CPU。数据总线的位数是微型计算机的一个重要指标，通常与微处理的字长一致。例如，Intel 8086 微处理器的字长为 16 位，其数据总线宽度也是 16 位。

(3) 控制总线：用来传送控制信号和时序信号。控制信号中，有的是微处理器送往存储器和输入输出接口电路的，如读/写信号、片选信号、中断响应信号等；也有的是其他部件反馈给 CPU 的，如中断申请信号、复位信号、总线请求信号、设备就绪信号等。因此，控制总线的传送方向由具体控制信号决定，一般是双向的。控制总线的位数主要取决于 CPU。

微型计算机常用的总线有以下几种：

ISA(Industry Standard Architecture) 总线，工业标准体系结构总线，是一种 16 位总线，用于 80286 微机。

EISA(Extension Industry Standard Architecture)总线，扩展工业标准体系结构总线，是 ISA 总线的扩展，是一种 32 位总线，用于服务器系统板上。

VESA(Video Electronics Standard Architecture)总线，是一种 32 位总线。

PCI(Peripheral Component Interconnect)总线，是一种 32 位总线，也支持 64 位数据传送。这种总线具有一个管理层，用来协调数据传输，可以支持 3～4 个扩展槽，数据传送率较高，目前主要用在服务器和 Pentium 微型机系统板上。

AGP(Accelerated Graphics Port)总线，用于图形加速器通信端口。

USB(Universal Serial Bus)总线，它是由 Intel 公司提出的一种新型接口标准。利用它可以将一些低速设备(如键盘、鼠标、扫描仪等)连接在一起。USB 总线支持多个并行操作，能为设备提供电源。

5) 输入输出接口

输入输出接口也简称 I/O 接口，是 CPU 与外部设备之间交换信息的通道，它们通过总线与 CPU 相连。它有两个功能：完成数字信号与模拟信号的转换；解决主板与外部设备之间数据传输速度不匹配的问题，使之能同步地工作。常用的输入输出接口如图 1-14 所示。

图 1-14　常用的输入输出接口

6）外存储器（外存）

外存储器也叫辅存储器。外存储器存储的信息不会因计算机关机而消失，而且外存储器的存储容量大。外存包括存储介质和相应的驱动器。微型计算机常用的外存有软盘、硬盘、光盘、USB 移动存储器等。其中软盘目前的微型机已不再使用。

（1）硬盘。

硬盘是计算机的主要存储媒介之一，由读写磁头、电动机以及外部覆盖有铁磁性材料的多个铝制或者玻璃制的碟片密封在一起组成，如图 1-15 所示。一般硬盘都固定在主机箱内，若配置在机箱外，一般称为移动硬盘。硬盘具有容量大和存储快的优点，可靠性高，使用寿命长。计算机的操作系统、大量的应用软件和数据都存放在硬盘中。

图 1-15　硬盘

硬盘的存储容量是以磁头数、柱面数、扇区数计算的。磁头数表示硬盘总共有几个磁头，也就是有几面盘片，最大为 255；柱面数表示硬盘每面盘片上有几条磁道，最大为 1023；扇区数表示每条磁道上有几个扇区，最大为 63；每个扇区一般是 512B。

磁盘的最大容量为

$$255\times1023\times63\times512/1\ 048\ 576\approx8.025\text{GB}$$

（2）光盘。

光盘存储器也称为光驱，是利用光学方式进行信息存储的设备，由光盘和光盘驱动器组成。光盘存储容量大，价格便宜，保存时间长，适宜保存大量的数据，如声音、图像、动画、视频信息、电影等多媒体信息，是多媒体计算机不可缺少的硬件配置。光驱最基本的指标是数据传输率，也就是倍速。

光驱的类型：

光驱按所能读取的光盘类型分为 CD（Compact-Disc）/VCD 光驱和 DVD 光驱。DVD 光驱既可以读取 DVD 光盘，也可以读取 CD/VCD 光盘，但 CD/VCD 光驱只能读取 CD/VCD 光盘，不能读 DVD 光盘。

光驱按其数据传输率分为单倍数、4 倍速、8 倍速、16 倍数、24 倍数、40 倍数、48 倍数、52 倍数、56 倍数光驱等。

光盘以光信息作为存储物的载体，是高密度光盘，分不可擦写光盘，如 CD-ROM、DVD-ROM 等；可擦写光盘，如 CD-RW、DVD-RAM 等。其中，DVD 又称数字多用光盘（Digital-Versatile-Disk），是 CD-ROM 的替代品，可存储 133 分钟的高分辨率全动态影视节目，是多媒体不可缺少的存储介质。

（3）USB 移动硬盘。

USB 移动硬盘通过 USB 接口与计算机相连，具有容量大、即插即用、读写速度快等特点。USB 移动硬盘的体积小，携带方便。

USB 的英文 Universal Serial BUS 即通用串行总线，是一个外部总线标准，用于规范计算机与外部设备的连接和通信。USB 接口支持设备的即插即用和热插拔功能，是在 1994 年底由英特尔、康柏、IBM、Microsoft 等多家公司联合推出的。USB 接口可用于连接多达 127 个外设。USB 自从 1996 年推出后，已成功替代串口和并口，现在的鼠标、调制解调器和键盘等均采用 USB 接口。

(4) 闪存。

闪存 Flash Memory 是电子可擦除只读存储器(EEPROM)的变种,具有断电时数据能保存、功耗低、密度高、体积小、可靠性高、可擦写、可重复编程等优点。闪存通常用来保存设置信息,如在计算机的 BIOS(基本输入输出系统)、PDA(个人数字助理)、数码相机中保存资料等。

7) 输入设备

输入设备是外界向计算机传送信息的装置。微型计算机上常用的输入设备有键盘、鼠标、图形扫描仪、数字化仪、图形码读入仪、光笔和触摸屏等,如图 1-16 所示。

图 1-16　输入设备

8) 输出设备

输出设备是将计算机中的二进制信息转变为用户需要的并能识别的信息形式的设备。微型计算机中常用的输出设备有显示器、打印机和绘图仪等其他输出设备。

(1) 显示器。

显示器又称监视器,是计算机最基本的输出设备,它通过显示屏向用户提供各种应用软件安的操作界面,用户可以通过这些界面输入数据、选择各种功能、获知程序运行结果等。

显示器按采用的显示器件可分为阴极射线管(CRT)显示器、液晶显示器(LCD)、等离子显示器等。

显示器的性能指标主要如下。

分辨率:显示器的水平和垂直方向所能识别的最大光点数,如 VGA(视频图像阵列)和 Super 640 像素×480 像素,800 像素×600 像素,1024 像素×768 像素,1280 像素×1024 像素等。

颜色数:16,256,24 位真彩色(16.7M 色),36 位等。

还有点距、防辐射(TCO 标准)、刷新频率等性能指标。

(2) 打印机。

打印机也是常用的输出设备,用于打印主机发送的信息,可以在纸或胶片上打印文字和图像信息。

打印机可分为两大类:击打式与非击打式。击打式的有针式打印机;非击打式的有热敏式、静电式、喷墨打印机和激光打印机等,如图 1-17 所示。

针式打印机靠打印头上的打印针撞击色带而在纸上留下字迹。其优点是:造价低,

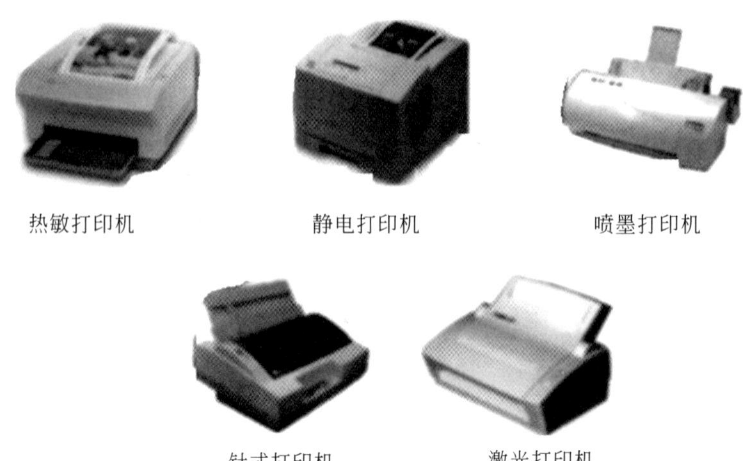

热敏打印机　　静电打印机　　喷墨打印机

针式打印机　　激光打印机

图 1-17　打印机

耐用，可以打蜡纸和多层压感纸等。其缺点是：精度低，噪声大，体积也较大，不易携带。LQ-1600K 是常用的针式打印机。

喷墨打印机的打印头没有打印针，而是一些打印孔。从这些孔中喷出墨水，在纸上印上字迹。喷墨打印机的优点是：宁静无噪声，精度比针式打印机高（一般为 360DPI、720DPI、1200DPI 等）。它的价格在针式打印机与激光打印机之间。其缺点是：不能打印蜡纸和压感纸。常见的喷墨打印机有 HP Desk Jet Plus、Canon BJ10e 等。

激光打印机脱胎于激光照排技术，它是将激光扫描技术和电子照相技术相结合的打印输出设备。其工作原理与复印机相似，是将计算机传来的二进制数据信息通过视频控制器转换成视频信号，再由视频接口/控制系统把视频信号转换为激光驱动信号，然后由激光扫描系统产生载有字符信息的激光束，最后由电子照相系统使激光束成像并转印到纸上。激光打印机的优点是：打印速度快、成像质量高，但使用成本相对高昂。

（3）其他输出设备。

常见的输出设备还有绘图仪、音频输出设备、投影仪和终端等。

绘图仪是一种主要用来输出图形的设备，通常用在工程设计和计算机辅助设计等领域。

音频输出设备包括扬声器和耳机，能够播放音乐、语音或其他声音。

投影机可以将计算机屏幕显示的内容同时投射到屏幕上。投影机主要通过 3 种显示技术实现，即 CRT 投影技术、LCD 投影技术以及近些年发展起来的 DLP 投影技术。常见的投影机有液晶显示投影机和数字光处理投影机两种类型。

终端是一种至少包含键盘、显示器和视频卡，兼有输入和输出功能的设备，分为非智能终端、智能终端和专用终端 3 类。例如，银行设置的柜员机就属于专用终端。

1.4.3　计算机软件系统的组成

软件是计算机系统的重要组成部分。一台没有安装任何软件的计算机称为裸机，只是一个电子设备，为了使这样的电子设备能为人们所应用，要人为地为机器装配一些“思想”，只有给计算机安装了软件之后，才能为人们所应用。计算机可以对信息进行存储、处理和检索，可以显示多媒体文档、搜索 Internet 并完成其他工作。

计算机软件是指在计算机硬件之上运行的各种程序和有关文档。这里所说的程序是指用某种特定的符号系统（计算机语言）对被处理的数据和实现算法的过程进行的描述，也就是用于指挥计算机执行各种动作，以便完成制定任务的指令的集合。一个完整的计算机软件还必须以文档的形式对程序做必要的说明。

在计算机技术的发展过程中，计算机软件是伴随计算机硬件的发展而发展的。反过来，计算机软件的发展又促进了计算机硬件的发展。实际上，计算机硬件的某些功能是由软件实现的，而软件的功能又是以硬件为基础的。

1. 指令和指令系统

计算机之所以能够自动完成工作，是依靠人们把事先编好程序放在存储器中，然后顺序执行。而程序是指令的集合，指令是一组二进制代码。一种计算机所能识别并执行的全部指令的集合称为该计算机的指令系统。指令和指令系统与计算机的硬件密切相关，每种计算机都有各自的指令系统。

1）指令的格式

通常，一条指令包括两个基本部分：操作码和地址码。操作码提供操作控制信息，指明计算机应执行什么性质的操作。地址码指出参与操作的数存放在存储器中的地址。

每种计算机都规定了一定数量的基本指令，并为它设计好实现一批基本操作的电子线路。这种机器指令的集合即计算机的指令系统。不同机器的指令系统具有的指令种类和数目不同。无论指令系统差异有多大，它都必须具备基本功能。

2）基本功能指令

一般的计算机指令系统应具备下列的功能指令。

（1）数据传送指令。

这类指令的任务主要是将存放在存储器中的数据取出来，或把运算结果送到存储器中保存起来，或在各存储器和寄存器之间传送数据。

（2）算术运算和逻辑运算指令。

最基本的指令有加法指令、移位指令、比较指令、字符串处理指令、位处理指令等。功能强的计算机可有几十条这类指令。

（3）程序控制指令。

这类指令的功能是根据指令中给定的条件改变程序执行的顺序，使计算机具有逻辑判断功能，通常包括无条件转移指令、条件转移指令、中断指令、子程序调用及返回指令等。

（4）系统控制指令。

这类指令通常包括系统寄存器加载、检查、保护属性等指令以及停机、启动、复位、暂停、清楚等指令。

（5）输入输出指令。

这类指令的功能是完成由外部设备把数据送到计算机内部，或把计算机的运算结构数据送到外部设备上。

上述 5 类指令是各种计算机都必须具备的。计算机指令系统的功能越强，人们编制程序越方便，但随之计算机的系统结构就越复杂。

3）指令的功能

指令是向计算机硬件各部件发出指令，协调它们工作。图 1-18 可以表示指令对硬件的控制。

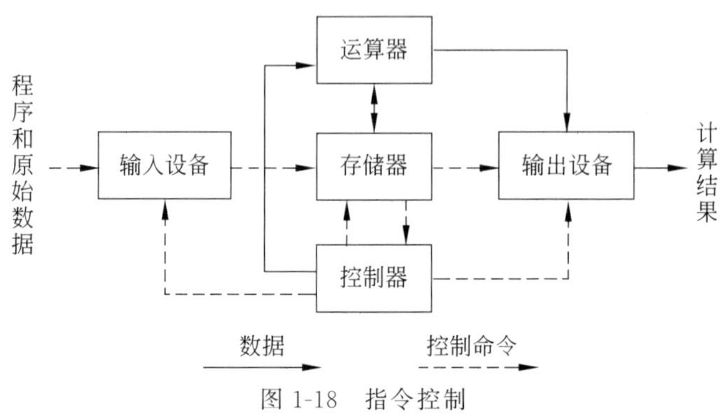

图 1-18 指令控制

图 1-18 中，实线代表数流，虚线代表指令流（控制信号），计算机各部件之间的联系就是通过这两股信息流动实现的。原始数据和程序通过输入设备送入存储器，在运算过程中，数据从存储器读入运算器进行运算，运算的结果存入存储器，必要时再经输出设备输出。指令也以数据的形式存入存储器中，运算时指令由存储器送入控制器，由控制器控制各部件的工作。

2. 计算机语言及语言处理程序

1）计算机语言

计算机语言是人们根据描述实际问题的需要设计的，用于书写计算机程序的语言。语言的基础是一组记号和规则。根据规则由记号构成的记号串的总体就是语言。在计算机语言中，这些记号串就是程序。每种语言都有它自己的特性和功能。

按照语言对机器的依赖程度，计算机语言可分为机器语言、汇编语言和高级语言。计算机语言的发展历程为从机器语言到汇编语言，最后到高级语言。

由于机器语言是计算机硬件系统唯一能理解的语言，除机器语言可直接被计算机理解外，不论是汇编语言，还是高级语言，要让计算机理解执行，必须经过“翻译”。这种“翻译”要依靠语言处理程序完成。

（1）机器语言。

机器语言是特定的计算机“自然语言”，与计算机硬件的设计密切相关。机器语言由机器指令组成，通常是指示计算机一次完成一个基本操作的数值串（这些值最终要转换为若干个 1 和 0），是计算机硬件系统所能识别的、不需要翻译的、可直接为机器接受的语言。机器语言是与机器相关的，即特定的机器语言只能用在特定的一类计算机上。

虽然计算机技术迅猛发展，但计算机硬件仍然只能识别机器自己的语言，即机器指令，这是因为机器指令通过电子线路对寄存器中取值为0或1的位进行操作。

（2）汇编语言。

随着计算机越来越受到人们欢迎，对大多数程序员来说，用机器语言设计程序显然太慢，并且非常枯燥。为了取代计算机能够直接理解的数值串，程序员开始使用代表计算机基本操作的类英语缩写编写程序。这些类英语缩写构成了汇编语言的基础。汇编语言是一种面向机器的程序设计语言，在汇编语言中用助记符代替操作码，用地址符号代替地址码，正是这种替代使得汇编语言变得“符号化”，所以也称汇编语言是符号语言。

汇编语言比机器语言程序易读、易检查和修改，同时也保持了机器语言编程质量高，执行速度快、占有空间小的优点。但是，汇编语言的语句与机器指令是一一对应的，程序的语句数仍然很多，编程序仍然是一件十分庞大、困难的工作，而且用汇编语言编写程序必须对机器的指令系统十分熟悉，即不能脱离具体的机器（语言程序依赖于具体的机型），故不具备通用性和可移植性。

由于机器只可识别机器码，所以用汇编语言写的源程序（source program）在机器中必须经过翻译，变成用机器码表示的目标程序（object program），机器才能识别和执行，这一过程称为“汇编”。早期，这种翻译工作是程序员手工完成的。逐渐地，人们开始编写程序让机器完成上述的翻译工作，为了把汇编源程序转换为机器语言，人们开发出了称为“汇编程序”（assembler program）的“翻译程序”。

（3）高级语言。

随着汇编语言的出现，计算机的用途迅速扩大，但是即使完成最简单的任务，仍然需要编写许多指令。为了使用户编程序更容易，程序中所用的语句与实际问题更接近，而且使用户可以不必了解具体的机器，加速程序开发的进程，人们开发出了一条语句能够完成一定意义的任务的高级语言。用高级语言编写的指令非常类似于日常英语，并且包含常用的数字符号。FORTRAN语言是最早的高级语言。

高级语言的指令（或语句）是面向问题，而不是面向机器的，这使得对问题及其求解的表述比汇编语言容易得多，并且大大简化了程序的编制和调试，使编程效率大大提高。高级语言的另一个显著特点是独立于具体的机器系统，因而较汇编语言程序而言，通用性和可移植性大大提高。C语言曾是功能最强大的、使用范围最广的高级语言之一。

用高级语言编写的程序在执行时最终还要转换为机器语言，才能被计算机执行，即将用高级语言编写的源程序（source program）用各种解释程序（Interpreter）翻译成为用机器指令表示的目标程序（object program）。这种把高级语言程序转换为机器语言的翻译程序称为“编译”（compiler）。

目前常用的高级语言还有BASIC、C、C++、VB、Java、C#语言等。

2）语言处理程序

用程序设计语言编写的程序称为源程序。可以把一种语言编写的程序翻译成与之等价的用另一种语言表示的程序，具有这种翻译功能的程序称为语言处理程序。源程序通过语言处理程序生成用目标语言表示的程序称为目标程序。常见的语言处理程序有汇编程序、编译程序和解释程序。

汇编程序又称为汇编系统，其功能是将汇编语言编写的源程序翻译成与之等价的机器语言程序。

编译程序又称编译系统，其功能是将用高级语言编写的源程序翻译成目标程序。目标程序可以是机器语言程序或汇编语言程序。若为汇编语言程序，则需再经汇编程序处理，最终成为机器语言程序。

解释程序又称解释系统，其功能是逐句分析用高级语言编写的源程序并立即执行取得结果。解释程序与编译程序的区别是，前者不是在程序执行前先把整个源程序翻译成机器语言形式的目标程序，而是将源程序的每条语句的翻译和执行结合在一起进行，不产生机器语言形式的目标程序。

3. 微型计算机的软件系统

软件系统一般是指为计算机运行工作服务的全部技术和各种程序。软件系统由系统软件和应用软件两部分组成。系统软件管理计算机本身及应用程序，应用软件执行用户最终需要的功能。最基本的系统软件是操作系统（operating system），它控制计算机的所有资源，并提供开发应用程序的基础。

1）系统软件

系统软件是控制、管理和协调计算机及外部设备，支持应用软件开发和运行的软件的总称。系统软件包括操作系统、语言处理程序、数据库管理程序以及网络通信管理程序等。

（1）操作系统。

操作系统是直接控制和管理计算机的系统基本资源，并使用户充分、有效地使用计算机资源的程序集合。操作系统是系统软件的核心和基础，它负责组织和管理整个计算机系统的软、硬件资源，协调系统各部分之间、系统与用户之间、用户与用户之间的关系，使整个计算机系统高效地运转，并为系统用户提供一个开发和运行软件的良好环境。

① 操作系统的功能。

从资源管理的角度看，操作系统的主要功能是进行 CPU 管理、存储管理、设备管理、文件管理、作业管理等。若从用户的角度看，操作系统是用户与计算机之间的接口，有了操作系统，用户可以方便地使用计算机；同时，操作系统又是支持其他软件运行的平台。

② 操作系统的类型。

根据不同的用途和使用方式，操作系统可分为以下 7 种类型。

- 单用户操作系统。同一时间只运行一个用户作业，系统的全部软、硬件资源由该用户作业占用，这种操作系统统称为单用户操作系统。

单用户操作系统根据管理的作业数量，又分为单用户单任务操作系统和单用户多任务操作系统。

单用户单任务操作系统。一台计算机同时只允许一个用户使用，该用户一次只能提交一个任务。DOS 是以前微机上广泛使用的单用户单任务操作系统。

单用户多任务操作系统。一台计算机同时只允许一个用户使用，但允许提交多项任务。主要代表有 DOS 及 Windows 9x。

- 多用户操作系统。在一台计算机系统上同时有多个用户使用,这些用户共享计算机系统的硬、软件资源。该操作系统的主要特点是:实现网络通信,资源共享和保护,提供网络服务和网络接口等。
- 分时系统。分时系统又称为多用户操作系统,它支持多个用户同时使用计算机系统。各终端用户在自己的终端上输入命令请示操作系统服务,操作系统把每次服务的情况在终端上显示给用户,以交互方式进行人机对话。因此,用户能够直接控制程序的执行。多个用户同时使用计算机系统时,操作系统把 CPU 分为"时间片",轮流分给各终端用户,保证各用户彼此独立,互不干扰。分时操作系统侧重及时性和交互性,使用户的请示能在较短的时间内得到响应,并提供较强的交互能力。比较典型的分时操作系统如 UNIX、Linux、Windows NT 等。
- 多道批处理系统。支持多个用户程序同时执行,属于多任务作业流处理系统。将若干用户作业按一定顺序排列,统一交给计算机系统,由计算机自动完成这些作业,这样的系统称为批处理系统。用户一般不直接操作计算机,而是把作业提交给系统操作员,由系统操作员将用户作业成批装入计算机系统的辅助存储器,然后由操作系统按照一定策略让这批作业按一定组合和次序进入主存储器执行,最后,由操作员将作业运行结果提交给用户。这种操作系统一般用于大型计算机系统。
- 实时系统。在严格的时间范围内完成对该事件的处理。这个"时间范围"对不同的应用有不同的限制,可分为实时控制系统和实时信息处理系统,该实时操作系统及时响应、可靠性高。
- 网络操作系统。提供网络通信和网络资源共享功能的操作系统称为网络操作系统。网络操作系统除了应具有通常操作系统的功能外,还应具有高效可靠的通信能力和网络资源共享的能力。流行的网络操作系统产品有微软公司的 Windows 2000 等。
- 分布式操作系统。通过通信网络将物理上分散的具有自治功能的数据处理系统或计算机系统互连起来,提供特定功能,以实现信息交换和资源共享,协作完成一个共同任务。分布式操作系统是在物理上分散的计算机上实现逻辑上集中的操作系统,它更强调分布式计算和处理,对多机合作和系统重构、兼容性及容错能力有更高的要求。

(2) 语言处理程序。

语言处理程序是用来对各种程序设计语言源程序进行翻译和产生计算机可直接执行的目标程序的各种程序的集合。

(3) 数据库管理程序。

数据库管理系统(database management system)是一种管理数据库的软件,用于建立、使用和维护数据库。主要功能有数据定义、数据操作、数据库的运行管理、数据组织、存储与管理、数据库的保护、数据库的维护以及通信等。

(4) 网络通信管理程序。

网络通信管理程序用于计算机网络系统中的通信管理软件,主要作用是控制网络中信息的传送和接收。

2）应用软件

为解决计算机各种不同的具体问题而编写的程序称为应用软件。应用软件可分为套装软件、专用软件、共享软件和自由软件。

（1）套装软件是指将多个应用软件包装在一起作为一个整体销售的软件，如微软的Office办公软件就是典型的套装软件。

（2）专用软件是针对用户的要求开发的，如杀毒软件、财会软件、人事管理软件等。

（3）共享软件指的是公开发布，并在试用期内免费使用的软件。当超过试用期时，需缴纳一定费用，获得有关帮助和升级服务等。

（4）自由软件是由公司或个人无偿提供给用户使用的软件。

应用软件可以协助人们使用计算机完成一项特定工作，因此应用软件涉及领域广泛。

1.4.4 多媒体技术与多媒体计算机

媒体有两种含义：存储信息的物理实体，如磁带、磁盘、光盘、打印纸等；信息的表现形式和传播的载体，如文字、声音、图形和图像等。多媒体（multimedia）是指把集文、图、声、像等多种媒体组合起来的有机整体。随着计算机技术不断提高和应用领域的扩大，人们开始考虑用计算机将文字、图形、影像、动画、声音及视频等媒体信息数字化，并将其整合在一定的交互式界面上，使计算机具有交互展示不同媒体形态的能力，从而极大地改变人们获取信息的传统方式。多媒体技术和多媒体计算机成为又一门高新技术。今天，数字声、像数据的使用与高速传输已成为一个国家技术水平和经济实力的象征。

1. 多媒体技术

多媒体技术是对多种媒体进行综合的技术，是利用计算机、通信和广播电视技术，使它们建立逻辑联系，通过计算机进行数字化采集、获取、压缩/解压缩、编辑、存储等加工处理，再以单独或合成形式表现出的一体化技术。多媒体技术是一种综合的技术，包括数字化信息的处理技术、音频和视频技术、计算机软件和硬件技术、人工智能和模式识别技术、通信和图像技术等。

1）多媒体技术的起源

多媒体技术起源于两个方面：一方面是计算机自身的发展。1984年，Apple公司推出的Macintosh机首先引用了位图的概念和用图符作为交互界面。在此基础上的进一步发展，特别是在1987年引入超级卡之后，形成了使用方便、能处理多种媒体信息的计算机。另一方面是视听技术的发展，1986年推出的交互式紧凑光盘（CDI）系统，用户可以把各种多媒体信息以数字化的形式存放在650MB的只读光盘上，并通过交互的方式播放光盘中的内容。

2）多媒体技术的特点

（1）数字化、集成化：媒体以数字形式存在，采用数字信号可以综合处理文字、声音、图形、动画、图像、视频等多种信息，并将这些不同类型的信息有机地结合在一起。

(2) 实时性：信息处理和传递具有很强的时间性。

(3) 交互性：人与计算机的多种信息媒体进行交互操作，从而为用户提供更加有效的控制和使用信息的手段，这是多媒体技术最重要的特征。

(4) 智能性：提供了易于操作、十分友好的界面，使计算机更直观，更方便，更亲切，更人性化。

(5) 易扩展性：可方便地与各种外部设备挂接，实现数据交换，监视控制等多种功能。

2. 多媒体计算机

集具有高质量的视频、音频、图像等多种媒体的信息处理为一体，具有大容量存储器的个人计算机系统称为多媒体计算机(简称 MPC)。MPC 是一个综合的系统，它利用计算机的交互性，使人机之间具有更好的交互能力，给用户提供的人机界面更多、更方便。多媒体计算机的主要特点在于集成性、交互性和数字化特性。

多媒体计算机的主要关键技术如下。

(1) 数字音频和视频技术：主要解决音频和视频信息的数字化及压缩、解压缩等问题，以便对音频和视频信息做到实时或准实时处理。

数字音频是采用每隔一定时间间隔获取一次声音信号的幅度值，并记录下来。这个过程称为采样。经过采样、量化后，进行编码。编码是将量化的结果用二进制数表示。

最终产生的音频数据量按以下公式计算：

音频数据量(B)＝采样时间(S)×采样频率(Hz)×量化位数(b)×声道数/8

常用的存储声音信息的文件格式有 WAV、MP3、VOC 等。

多媒体数据的压缩可分为无损压缩和有损压缩两种类型。无损压缩是利用数据的统计冗余进行压缩。无损压缩能够确保解压后的数据不失真，但其压缩比比较低，一般为 2∶1～5∶1。有损压缩是指压缩后的数据不能完全还原成压缩前的数据，与原始数据不同，但非常接近的压缩方法。有损压缩也称为破坏性压缩，它以损失文件中某些信息为代价换取较高的压缩比，因此其压缩比比较高，一般为几十比一到几百比一，常用于音频、图像和视频的压缩。

(2) 多媒体软件平台技术：主要有多媒体操作系统和多媒体著作工具等。多媒体操作系统是指控制多媒体设备，处理多媒体信息的计算机操作系统和视窗软件环境；多媒体著作工具是指一种高级的多媒体应用程序开发平台，它支持应用人员方便地创作多媒体应用系统和应用软件。

(3) 多媒体通信技术：是指实现多种媒体信息的传输和交互技术。

(4) 多媒体数据库技术：除包含一般数据库技术外，还应支持图形、图像、声音、动态视频、文字等多种媒体字段类型及用户定义的特殊类型；支持定长数据和非定长数据的集成管理；多媒体数据的巨额数据量存储；支持多媒体操作的用户界面等。

从 1991 年开始，Microsoft 公司联合主要的 PC 厂商组成的 MPC 市场委员会制定了 MPC 标准，按照这个标准，MPC 应当包含个人计算机、CD-ROM 驱动器、音频卡、操作系统、音响 5 个部分。对个人计算机来说，其 CPU、内存、硬盘等都有相应的要求，以满足处理多媒体信息的需要。

现代 MPC 的主要硬件配置必须包含 CD-ROM、音频卡和视频卡，这 3 项是衡量一台 MPC 功能强弱的基本标志。

(1) 只读光盘(CD-ROM)和驱动器。

光盘存储器是在 20 世纪 90 年代出现的大容量存储器。CD-ROM 光盘驱动器有单速、倍速、8 速，目前已有 50 倍速的光驱出现。

(2) 音频卡。

音频卡从硬件上实施声音信号的数字化、压缩、存储、解压和回放等功能，并提供了各种音乐设备(如收录机、录放机、CD、合成器等)的接口(MIDI)与集成能力。

(3) 视频卡。

视频卡(在 MPC 规格中没有规定)也是以硬件的方式快速、有效地解决活动图像的数字化、压缩、存储、解压和回放等功能，并提供各种视频设备的接口(如摄像机、录像机、影碟机、电视等)与集成能力。

多媒体计算机软件系统是以操作系统为基础的，还应包括多媒体数据库管理系统、多媒体压缩、解压缩软件、多媒体声像同步软件、多媒体通信软件等。多媒体系统在不同领域中的应用需要多种开发工具，而多媒体开发和创作工具为多媒体系统提供了更方便直观的创作途径。一些多媒体开发软件包提供了图形、色彩板、声音、动画、图像以及各种多媒体文件的转换与编辑手段。

3. 多媒体技术的应用领域

(1) 教育与培训。

多媒体技术为丰富多彩的教学方式增添了一种新手段，通过形象教学、模拟展示等激发学生的学习兴趣。例如，制作电子教案、形象教学、模拟交互过程、网络多媒体教学、仿真工艺过程。

(2) 商业领域。

利用多媒体技术进行特技合成、大型演示，如应用于影视商业广告、公共招贴广告、大型显示屏广告、平面印刷广告。

(3) 娱乐与服务。

多媒体技术用于计算机后，使声音、图像、文字融为一体，用计算机既能听音乐，又能看影视节目，使家庭文化进入一个更加美妙的境地。

(4) 信息领域。

利用 CD-ROM 大容量的存储与多媒体声像功能结合，可提供大量的信息产品，如电子出版物、多媒体电子邮件、多媒体会议、电子商务等，都是多媒体在信息领域中的应用。

(5) 生物、人类智能模拟：生物形态模拟、生物智能模拟、人类行为智能模拟。

1.5　计算机安全与维护

随着计算机应用领域的不断扩大，计算机已成为现代社会必不可少的工具。在工作中，人们需要计算机帮助提高工作效率；在生活中，计算机又是一个不可多得的娱乐工具。计算机的使用改变了人们的活动方式，但就像任何事物的出现，在带来诸多好处的同时，又带来很多问题一样，计算机常常令人陷入糟糕的境地。虽然你不是一位计算机工程师，但每天要使用计算机处理文档或收发信息。可是，一次掉电会让你刚才的工作化为零；一次误操作让你把旧版本覆盖了新版本；最令人头痛的是，刚上班计算机就“罢工”。计算机用户需要了解计算机的安全常识，做好计算机的日常维护工作，让计算机成为自己的“好帮手”。

1.5.1　计算机安全的基本概念

计算机安全的定义。

国际标准化委员对计算机安全的定义是：“为数据处理系统和采取的技术的和管理的安全保护，保护计算机硬件、软件、数据不因偶然的或恶意的原因而遭到破坏、更改、泄露”。我国公安部对计算机安全的定义是：“计算机信息系统资源和信息资源不受自然和人为有害因素的威胁和危害”。

计算机安全大致分为计算机系统实体安全、网络与信息安全和应用安全 3 类。

1. 计算机系统实体安全

计算机系统实体安全包括计算机的运行安全、计算机系统个体安全等。计算机作为一个电子器件，对其环境的设置有较高的要求，尤其是大型计算机系统、计算机机房等规模化的计算机使用场所，对计算机都有安全管理规定，保证计算机的安全运行。计算机机房要远离有害气体、强震动源和噪声源、强电磁干扰源，要考虑防震、防潮、防尘、防磁等因素，计算机机房内部的装修要做到防潮、防静电、洁净等。除此之外，机房线路、主机安全也在考虑范围。

随着计算机的普及，保证计算机系统个体安全是个人用户面临的问题。个人计算机安全除包括计算机系统的硬件安全外，还要保证计算机系统不受计算机病毒、黑客入侵等。随着 Internet 的普及，如何保证计算机不被病毒侵害和不做计算机病毒的传播者，是当前计算机安全面临的重要课题。

2. 网络与信息安全

网络与信息安全是指网络系统的硬件、软件及其系统中的数据受到保护，不受偶然的或者恶意的原因而遭到破坏、更改、泄露，系统连续、可靠、正常地运行，网络服务不中断。Internet 的应用和普及作为全球信息化的标志，对网络信息安全提出了挑战，如政务系统、电子商务、金融和证券系统，其网络安全性首要考虑的问题包括网络的畅通、准确及其网上的信息安全。

3. 应用安全

应用安全包括程序开发运行、输入输出、数据库等的安全。

1.5.2 计算机病毒与计算机犯罪

计算机病毒的概念。

计算机病毒是计算机安全的首要威胁。自从 1987 年发现全世界首例计算机病毒以来，病毒的数量早已超过 1 万种，并且还在以每年 2000 种新病毒的速度递增，计算机病毒的危害给涉及计算机领域的各个行业造成无法估量的损失。

1. 计算机病毒

计算机病毒(computer virus)指编制或者在计算机程序中插入的破坏计算机功能或者破坏数据，影响计算机使用并且能够自我复制的一组计算机指令或者程序代码。

计算机病毒是一种人为制造的程序。计算机病毒的传播方式基本上有两种：一种是以磁盘、磁带和网络等为媒介传播扩散，“传染”其他程序的程序；另一种是通过不同的途径潜伏或寄生在存储媒体(如磁盘、内存等)或程序里，当条件或时机成熟时，进行自生复制并传播，使计算机的资源受到不同程度的破坏。由于同医学上的生物病毒有相似之处，因此将这类程序称为计算机病毒。

2. 计算机犯罪

计算机病毒不是天然存在的，是某些人利用计算机软、硬件所固有的脆弱性编制的具有破坏功能的程序。随着计算机病毒的升级，其破坏力不断加大，给计算机用户造成重大损失，“计算机黑客”一词出现。计算机黑客是指未经许可擅自进入某个计算机网络系统的非法用户。计算机黑客往往具有一定的计算机技术，采取截获密码等方法，非法闯入某个计算机系统，进行盗窃、修改信息，破坏系统运行等，对计算机网络造成很大的损失和破坏。也许世界上第一个计算机病毒的制造者不是有意识地破坏，但今天各国的法律都对计算机犯罪制定了相应的条款。我国新修订的《刑法》增加了有关利用计算机犯罪的条款，非法制造、传播计算机病毒和非法进入计算机网络系统进行破坏都是犯罪行为。

1.5.3 计算机病毒的发展

计算机病毒的起因及发展过程。

20 世纪 60 年代初，美国贝尔实验室的 3 位程序员编写了一个名为“磁芯大战”的游戏，游戏中通过复制自身摆脱对方的控制，这就是所谓“病毒”的第一个雏形。到了 20 世纪 70 年代，美国作家雷恩在其出版的《P1 的青春》一书中构思了一种能够自我复制的计算机程序，并第一次称为“计算机病毒”。1983 年 11 月，在国际计算机安全学术研讨会上，美国计算机专家首次将病毒程序在 VAX/750 计算机上进行了实验，世界上第一个计算机病毒就诞生在实验室中。20 世纪 80 年代后期，巴基斯坦有两个以编程为生的兄弟，为了打击盗版软件的使用者，设计出了一个名为“巴基斯坦智囊”的病毒，成为世界上流行的第一个真正的病毒。

计算机病毒的发展阶段：

第一阶段为原始病毒阶段（1986—1989 年），主要是引导型病毒。由于当时计算机的应用软件少，而且大多是单机运行，因此病毒没有大量流行，种类也很有限，病毒的清除工作相对来说较容易。主要特点是：攻击目标较单一；主要通过截获系统中断向量的方式监视系统的运行状态，并在一定的条件下对目标进行传染；病毒程序不具有自我保护的措施，容易被人们甄别。该阶段具有代表性的病毒是“小球”和“石头”。

第二阶段为混合型病毒阶段（1989—1991 年），是计算机病毒由简单发展到复杂的阶段。1989 年出现可执行文件型病毒，如“耶路撒冷”“星期天”等。它们利用 DOS（磁盘操作系统）加载执行文件的机制工作，病毒代码在系统执行文件时取得控制权，修改 DOS 中断，在系统调用时进行传染，并将自己附加在可执行文件中，使文件长度增加。计算机局域网开始应用与普及，给计算机病毒带来了第一次流行高峰。这一阶段病毒的主要特点：攻击目标趋于混合；采取更隐蔽的方法驻留内存和传染目标；病毒传染目标后没有明显的特征；病毒程序往往采取了自我保护措施；出现许多病毒的变种等。如 1990 年，可感染 COM 和 EXE 文件为复合型病毒。

第三阶段为多态性病毒阶段。此类病毒的主要特点是：每次传染目标时，放入宿主程序中的病毒程序大部分都是可变的。因此，防病毒软件查杀非常困难，如 1994 年在国内出现的“幽灵”病毒，1995 年的“病毒制造机”VCL。这一阶段，病毒技术开始向多维化方向发展。

第四阶段为网络病毒阶段。从 20 世纪 90 年代中后期开始，随着国际互联网的发展壮大，依赖互联网络传播的邮件病毒和宏病毒等大量涌现，病毒传播快、隐蔽性强、破坏性大。例如，2000 年的“拒绝服务”（denial of service）致使雅虎、亚马逊书店等主要网站服务瘫痪；同年，“恋爱邮件”（love letters）使用户认识到处理可疑电邮的重要性。从这一阶段开始，反病毒软件成为新兴产业。

第五阶段为主动攻击型病毒。如 2010 年出现的“冲击波”病毒和 2004 年流行的“震荡波”病毒。这些病毒利用操作系统的漏洞进行进攻型的扩散，利用 Windows 2000 及 Windows XP 的安全漏洞，取得完整的使用者权限，在目标计算机上执行任何代码，并通过互联网继续攻击网络上仍存有此漏洞的计算机。由于防毒软件也不能过滤这种病毒，病毒迅速蔓延至多个国家，造成大批计算机瘫痪和网络连接速度减慢。该病毒的危害性很大，用户只要接入互联网络，就有可能被感染。

随着移动电话功能的不断增强，手机成为新的病毒携带者和传播者，计算机病毒开始从传统的互联网络走进移动通信网络。

1.5.4 计算机病毒的种类及特征

如何识别计算机病毒?

1. 计算机病毒的种类

按照计算机病毒的特点及特性,计算机病毒的分类方法有多种。

按破坏性分,有良性病毒、恶性病毒、极恶性病毒、灾难性病毒。其中,后面 3 种病毒危害极大,应注意防范。这类病毒其代码中包含有损伤和破坏计算机系统的操作,在其传染或发作时会对系统产生直接的破坏作用,如米开朗基罗病毒,会彻底破坏硬盘的前 17 个扇区,使整个硬盘上的数据无法恢复;有的病毒还会对硬盘做格式化等破坏。

按寄生方式分,有引导型病毒、文件型病毒、混合型病毒、宏病毒、蠕虫病毒。

1) 引导型病毒

磁盘引导区内存储有引导系统的重要信息,传染的病毒会全部或部分逻辑取代正常的引导记录,而将正常的引导记录隐藏在磁盘的其他地方。系统在正常引导后,表面上看系统启动正常,其实计算机病毒已通过操作系统传播,感染引导区,蔓延到硬盘,并能感染到硬盘中的主引导记录,系统已在病毒的控制下。

2) 文件型病毒

文件型病毒运行在计算机存储器中,通常感染扩展名为.COM、.EXE、.SYS 等类型的文件。可执行程序传染的病毒通常寄生在可执行程序中,一旦程序被执行,病毒也被激活,病毒程序首先被执行,并将自身驻留内存,然后设置触发条件进行传染。

3) 混合型病毒

混合型病毒具有引导型病毒和文件型病毒两者的特点,通常会依附在可执行文件上,以这个文件为载体进行传播。当带病毒文件执行时,首先感染硬盘的主引导扇区,并驻留在系统内存中,而驻留内存的病毒程序又对系统中的可执行文件进行感染。当带毒文件被复制到其他计算机中并被执行时,会重复上述过程,导致病毒的传播。

4) 宏病毒

宏病毒是指用 BASIC 语言编写的病毒程序寄存在 Office 文档上的宏代码。宏病毒影响对文档的各种操作。

5) 蠕虫病毒

蠕虫病毒是通过钻安全系统的漏洞进入操作系统,通常是计算机网络程序。和病毒相同,蠕虫也进行自我复制。但与病毒不同,蠕虫不需要附着在文档或可执行文件上进行复制。

按连接方式分,有源码型病毒、入侵型病毒、操作系统型病毒、外壳型病毒。

1) 源码型病毒

源码型病毒攻击高级语言编写的源程序,在源程序编译前插入其中,并随源程序一起编译、连接成可执行文件。该病毒本身必须有一个攻击对象,以实现对计算机系统的攻击，其攻击的对象是计算机系统可执行的部分。

2）入侵型病毒

入侵型病毒可用自身代替正常程序中的部分模块或堆栈区。因此，这类病毒只攻击某些特定程序，针对性强，一般情况下也难以被发现，清除起来较困难。

3）操作系统型病毒

操作系统型病毒可用其自身部分加入或替代操作系统的部分功能。因其直接感染操作系统，所以这类病毒的危害性较大。

4）外壳型病毒

外壳型病毒通常将自身附在正常程序的开头或结尾，相当于给正常程序加了一个外壳。大部分文件型病毒都属于这一类。

按照计算机病毒的传播媒介分类，可分为单机病毒和网络病毒。单机病毒的载体是磁盘，常见的是病毒从软盘传入硬盘，感染系统，然后再传染其他软盘，软盘又传染其他系统。网络病毒的传播媒介不再是移动式载体，而是网络通道，这种病毒的传染能力更强，破坏力更大。

2. 计算机病毒的主要特征

1）传播性

病毒一般会自动利用电子邮件端口传播。将病毒自动复制并群发给存储的通讯录名单成员，利用较吸引人的邮件标题，以降低人的警戒性。如果病毒制作者再应用脚本漏洞，将病毒直接嵌入邮件中，那么用户一旦点邮件标题打开邮件，就会中病毒。

2）隐蔽性

一般的病毒仅为千字节左右，这样除传播快速之外，隐蔽性也极强。部分病毒使用“无进程”技术插入某个系统的关键进程中。病毒自身一旦运行，就会修改自己的文件名并隐藏在某个用户不常去的系统文件夹中，这样的文件夹通常有上千个系统文档，仅凭手工查找，很难找到病毒。

3）感染性

某些病毒具有感染性，感染中毒用户计算机上的可执行文件，如.exe、.bat、.scr、.com格式，通过这种方法达到自我复制，对自己生存保护的目的。通常也可以利用网络共享的漏洞，复制并传播给邻近的计算机用户群。

4）潜伏性

部分病毒有一定的“潜伏期”，在特定的日子，如某个节日或者星期几按时爆发。如1999年破坏BIOS的CIH病毒就在每年的4月26日爆发。如同生物病毒一样，这使计算机病毒可以在爆发之前以最大幅度散播开。

5）可激发性

病毒在一定条件下接受外界刺激而激活。如CIH病毒就是“精心”为简体中文Windows系统设计的。病毒运行后会主动检测中毒者操作系统的语言，如果发现操作系统的语言为简体中文，病毒就会自动对计算机发起攻击。

6）表现性

病毒运行后，会具有一定的表现特征：如CPU占用率100%，在用户无任何操作下读写硬盘或其他磁盘数据，蓝屏死机，鼠标右键无法使用等。这种明显的表现特征利于清除病毒，隐蔽性就不存在了。

7）破坏性

病毒的破坏性给计算机用户造成的损失往往是无法估量的，而且破坏的方式也有所不同。有的病毒运行后直接格式化用户的硬盘数据，有的破坏引导扇区以及BIOS，对硬件环境造成相当大的破坏。

1.5.5 计算机维护与病毒防治

如何让计算机是安全的？

随着Internet的发展和计算机网络的日益普及，计算机安全的威胁主要来自各种计算机病毒对系统的危害。因此，建立良好的计算机使用习惯是保证系统正常使用的前提。

1. 计算机维护措施

（1）定期备份常用数据和系统软件。

（2）不使用非法复制或解密的软件。

（3）对下载的文件进行安全检测，慎重使用共享软件。

（4）定期检测，及时消毒，避免带毒操作。

（5）及时更新，清除病毒软件版本。

（6）磁盘经常性整理，删除不必要的文件，提高运行速度。

2. 计算机病毒的防治

计算机病毒、黑客入侵随着计算机不断普及越来越受到重视。防止病毒，应首先防止来自系统自身的安全漏洞，修补操作系统以及其捆绑的软件的漏洞，用系统的“自动更新”程序下载补丁进行安装。

安装并及时更新杀毒软件与防火墙产品，保持最新病毒库，以便能够查出最新的病毒，如一些反病毒软件的升级服务器每小时都对病毒库进行更新。世界上有许多软件研发企业，专门致力于杀毒软件的开发，如来自罗马尼亚的BitDefender一直在杀毒软件中排名前列，俄罗斯的Kaspersky Anti-Virus（卡巴斯基）、美国的Norton Antivirus，以及我国比较流行的360杀毒软件和瑞星等。图1-19所示为360杀毒软件界面。

安装杀毒软件，就认为系统是安全的想法是错误的。事实情况是：先有病毒，才有对付这个病毒的软件，而且病毒技术也不断提高。例如，免杀技术就可使病毒程序躲过杀毒软件。除了自身免杀、自我更新外，很多病毒还具有对抗它的“天敌”杀毒软件和防火墙产品的全新特征。只要病毒运行后，病毒就会自动破坏中毒者计算机上安装的杀毒软件和防火墙产品。因此，不单击来路不明的链接以及不运行来路不明的程序是杜绝病毒的良策。

图 1-19 360 杀毒软件界面

本章小结

计算机基础知识部分讲述了计算机的定义、计算机的种类、计算机的特点、计算机的应用 4 部分。通过这 4 部分的学习，可对计算机文化有一个较全面的认识。

计算机的发展史实际上是人类文明的创造史。计算机的发明是科学技术不断进步的结晶，现代计算机之父——冯·诺依曼同许多科学家为计算机的发展做出了不可磨灭的贡献。通过计算机的发展历程可以了解计算机发展的 5 个阶段，并且可以了解未来计算机的发展趋势。

计算机是信息处理的工具。计算机处理信息是以二进制编码的形式。在人类社会中，信息是以字符、数字、图像、声音等各种表现形式存在的。数据是指可以由人工或自动化手段加以处理的那些事实、概念、场景和指示的表示形式，包括字符、符号、表格、声音和图形等。因此，从计算机的角度，通常把要处理的信息称为数据。数据作为计算机处理的对象，是在物理介质上记录或传输后通过外围设备被计算机接收，经过处理得到结果，再由计算机对数据进行解释并赋予一定意义后，成为人们所能接受的信息。

计算机体系结构的介绍。计算机系统由硬件系统和软件系统组成。硬件系统是一个由无数逻辑器件和电子线路组成的电子器件，严格说，硬件系统是物理实体——计算机。计算机软件是指在计算机硬件之上运行的各种程序和有关文档。在计算机技术的发展过程中，计算机软件是伴随计算机硬件的发展而发展的，反过来，计算机软件的发展又促进了计算机硬件的发展。实际上，计算机硬件的某些功能是由软件实现的，而软件的功能又以硬件为基础。

计算机用户需要了解计算机的安全常识，做好计算机的日常维护工作。计算机安全的威胁主要来自计算机病毒。计算机病毒的危害给涉及计算机领域的各个行业造成无法估量的损失。计算机病毒是一种人为制造的程序。了解计算机病毒对系统的危害，建立良好的计算机使用习惯，是保证系统正常使用的前提。

习　题　1

一、判断题

1. 任何数字、符号、字母、汉字在计算机内部都是以二进制代码形式进行存储和处理的。（　　）
2. 汉字的输入码即汉字在计算机内部存储的代码。（　　）
3. 一般地，内存的存储容量比外存小，外存的存取速度比内存高。（　　）
4. 外存中的信息可直接送 CPU 处理。（　　）
5. 计算机外部设备是除 CPU 以外的其他所有计算机设备。（　　）
6. 在微型计算机中最广泛采用的字符编码是 ASCII 码。（　　）
7. 外存储器和内存储器的功能一样，都能永久保存数据。（　　）
8. 键盘上 Caps Lock 指示灯亮（大写状态）时，计算机不接受汉字输入码。（　　）
9. 内存中的数据被读出后，对应存储单元将被清空。（　　）
10. 没有安装任何软件的计算机称作“裸机”。（　　）
11. 十六进制数 9BD 转换成二进制数为 100111011001B。（　　）
12. 十进制数 203 转换成二进制数是 11010011，转换为十六进制数是 D3H。（　　）
13. 计算机的字长决定计算机的运算能力和运算精度。（　　）
14. 汉字字符在计算机内用两个字节的二进制数码表示，这种编码称为汉字的机内码。（　　）
15. 汉字“国”的区位码、国标码和机内码完全相同。（　　）
16. “接口”位于外存或 I/O 设备与微机总线之间，提供信息转换和缓冲功能，使技术性能差别很大的多种外部设备都能很方便地接到总线上。（　　）
17. 没有安装任何操作系统的计算机也能正常运行程序或处理数据。（　　）
18. 计算机系统软件中的汇编程序是一种翻译程序。（　　）

二、选择题

1. CPU 中有一个程序计数器（又称指令计数器），用于存放（　　）。

　A. 正在执行的指令的内容　　B. 下一条要执行的指令的内容

　C. 正在执行的指令的内存地址　　D. 下一条要执行的指令的内存地址

2. 通常以 MIPS 为单位衡量计算机的性能，它指的是计算机的(　　)。

A. 传输速率　　B. 存储容量　　C. 字长　　D. 运算速度

3. 将高级语言编写的程序翻译成机器语言程序，采用的两种翻译方式是(　　)。

A. 编译和解释　　B. 编译和汇编

C. 编译和连接　　D. 解释和汇编

4. 计算机采用总线结构对存储器和外设进行协调，总线常由(　　)3 部分组成。

A. 数据总线、地址总线和控制总线　　B. 输入总线、输出总线和控制总线

C. 外部总线、内部总线和中枢总线　　D. 通信总线、接收总线和发送总线

5. 下面同时包括输入设备、输出设备和存储设备的是(　　)。

A. 鼠标器、键盘、显示器　　B. 鼠标器、绘图仪、CD-ROM

C. 键盘、打印机、CPU　　D. 键盘、光笔、光盘

6. 微型机与并行打印机连接时，应将信号线插头插在(　　)。

A. 扩展插口上　　B. 串行插口上

C. 并行插口上　　D. 串并行插口上

7. 分辨率最高、打印质量最好的打印机类型是(　　)。

A. 喷墨式打印机　　B. 激光式打印机

C. 针式打印机　　D. 热敏式打印机

8. 下面(　　)不是多媒体计算机必须配置的设备。

A. 声卡　　B. 触摸屏　　C. 光驱　　D. 音响设备

9. 多媒体技术是指(　　)。

A. 一种新的图像和图形处理技术

B. 超文本处理技术

C. 声音和图形处理技术

D. 计算机技术、电视技术和通信技术相结合的综合技术

10. 在多媒体计算机中存储图像的关键技术是(　　)。

A. 数据压缩技术　　B. 图像扫描技术

C. 实时多任务操作系统　　D. 计算机处理速度

11. 通常一个计算机系统是指(　　)。

A. 硬件和固定件　　B. 计算机的 CPU

C. 系统软件和数据库　　D. 计算机的硬件系统和软件系统

12. 计算机软件系统一般包括(　　)和应用软件。

A. 管理软件　　B. 工具软件　　C. 系统软件　　D. 编辑软件

13. 1 兆字节(1MB)=(　　)。

A. 1024KB　　B. 1024K 个二制位

C. 1000KB　　D. 1000K 个二进制位

14. 若在一个非“0”无符号二进制整数右边加两个“0”形成一个新的数，则新数的值是原数值的(　　)。

A. 四倍　　B. 二倍　　C. 四分之一　　D. 二分之一

15. 通常,一个英文字符用(　　)字节表示。

A. 1　　B. 2　　C. 1.5　　D. 0.5

16. 通常,存储一个汉字占用(　　)字节。

A. 1　　B. 2　　C. 3　　D. 4

17. 在计算机中,作为一个整体被传送和运算的一串二进制码称为(　　)。

A. 比特　　B. ASCII 码　　C. 字符串　　D. 计算机字

18. "国标"中的"国"字的十六进制编码为 397A,其对应的汉字机内码为(　　)。

A. B9FA　　B. BB3H7　　C. A8B2　　D. C9HA

19. 已知字符 B 对应的 ASCII 码的二进制数是 1000010,字符 F 对应的 ASCII 码的十六进制数为(　　)。

A. 70　　B. 46　　C. 65　　D. 37

20. 某显示器的技术参数标明"TFT,1024×768",则"1024×768"表明该显示器(　　)。

A. 分辨率是 1024×768 像素　　B. 尺寸是 1024mm×768mm

C. 刷新率是 1024×768　　D. 真彩度是 1024×768

21. 微机 CPU 的主频率主要影响微机的(　　)。

A. 存储容量　　B. 运算速度　　C. 运算能力　　D. 总线宽度

22. 计算机病毒通常是(　　)。

A. 一条命令　　B. 一个文件　　C. 一个标记　　D. 一段程序代码

23. 计算机病毒攻击的文件类型通常是(　　)。

A. .WPS　　B. .PRG　　C. .DBF　　D. .COM 和 .EXE

24. 以下列出的 4 项中,不属于计算机病毒特征的是(　　)。

A. 潜伏性　　B. 传播性　　C. 免疫性　　D. 激发性

25. 计算机病毒通常是(　　)。

A. 一条命令　　B. 一个文件　　C. 一个标记　　D. 一段程序代码

26. 如果发现磁盘中染有病毒,下面一定能删除病毒的方法是(　　)。

A. 将磁盘格式化

B. 删除磁盘中的所有文件

C. 使用杀毒软件

D. 将磁盘中的文件复制到另外一张无毒磁盘中

27. 半导体只读存储器(ROM)与半导体随机存取存储器(RAM)的主要区别在于(　　)。

A. ROM 可以永久保存信息,RAM 断电后信息会丢失

B. ROM 断电后,信息会丢失,RAM 则不会

C. ROM 是内存储器,RAM 是外存储器

D. RAM 是内存储器,ROM 是外存储器

28. 每帧的线数和每线的点数的乘积[整个屏幕上像素的数目(列×行)]就是显示器的(　　)。

A. 色彩精度　　B. 尺寸　　C. 分辨率　　D. 显存

29. 设汉字点阵为 32×32,那么 100 个汉字的字形状信息占用的字节数是(　　)。

A. 12 800　　B. 3200　　C. 32×3200　　D. 128K

30. 核爆炸和地震灾害之类的仿真模拟，其应用领域是(　　)。

A. 计算机辅助　　B. 科学计算　　C. 数据处理　　D. 实时控制

三、填空题

1. 一个完整的计算机系统由________和________组成。

2. 硬件系统是指________、________、________、________和________5 部分。

3. 存储器的最小存取单位是________。

4. 微机的外设是指________、________和________。

5. 微机中的总线由________总线、________总线和________总线组成。

6. 用十六进制数表示 64KB 内存中存储单元的地址，地址编号为$(0000)_H$至$(________)_H$。

7. 已知字母“C”的 ASCII 码为 67，则字母“G”的 ASCII 码的二进制值为________。

8. $(10100001010.111)_B=(\_\_\_\_\_\_\_\_)_H$，$(268)_D=(\_\_\_\_\_\_\_\_)_H$，$(1000)_H=(\_\_\_\_\_\_\_\_)_D$。

9. 与八进制小数 0.1 等值的十六进制小数为________。

10. 已知在某进位计数制下 2＊3＝10，根据这一规则 3＊5 应等于________。

11. 二进制“位”用英文________表示，“字节”用英文________表示，“字”用英文________表示。

12. 1GB=________ MB=________ KB=________ B。

13. 如果一个汉字的机内码是$(CEF3)_H$，那么它的国标码是十六进制的________，它的区位码是十进制的________。

14. 一个字节由________位二进制数组成。度量计算机存储容量的基本单位是________。

15. ________称为一个计算机字，________称为字长。

16. 计算机中二进制逻辑值有________，3 种基本主要运算是________。

17. 32KB 的内存空间能存储________个汉字内码。

18. 格式化磁盘的作用是________。

19. ROM 是________存储器，其中的内容________。

20. 高速缓冲存储器(Cache)用于________，其特点是________。

21. 写保护的软盘，其内容可以________，不可以________。

22. 存储容量 1GB 表示________字节(B)。

23. 对存储器进行一次完整的存或取操作所需的全部时间称为________。

24. 十进制数 379 转换为二进制数是________，转换为十六进制数是________。

25. 微机主板上的________芯片中存放有基本输入输出系统。

26. 分辨率是显示器的一个重要指标，它表示显示器屏幕上像素的数量。像素越多，________，显示的字符或图像越清晰、逼真。

27. 计算机的软件系统包括________和________。

28. 计算机硬件系统的主要性能指标有________、________和________。

第2章 Windows 7 操作系统基础

知 识 目 标	能 力 目 标
1. Windows 7 的基本知识 2. Windows 7 的资源管理知识 3. 系统环境设置的知识 4. Windows 7 的附件的相关知识及其使用	1. Windows 7 的基本操作能力 2. 窗口、对话框、菜单的操作能力 3. 能熟练自定义计算机界面 4. 对使用的计算机进行管理的能力

2.1 Windows 7 概述

操作系统是用来管理计算机硬件资源和软件资源的程序集合，并为用户提供良好的操作界面。它是计算机系统中极重要的系统软件，使计算机系统所有资源最大限度地发挥作用，为其他应用软件提供支持。用户通过操作系统平台可以方便、快捷地使用计算机。

2.1.1 Windows 7 简介

Windows 7 是微软公司于 2009 年 10 月 22 日正式发布的一款视窗操作系统。Windows 7 操作系统旨在让人们的日常计算机操作更加简单和快捷，为人们提供高效易行的工作环境。目前市场份额已超过 50%。

Windows 7 的特点：

Windows 7 是第二代具备完善 64 位支持的操作系统，对于配置 8GB 以上的物理内存，多核多线程的处理器，Windows XP 已经无力支持，Windows 7 的全新构架可以将硬件发挥到极致。

1. 全新的任务栏

Windows 7 全新的任务栏融合了快速启动栏的特点，每个窗口的对应按钮图标都能够根据用户的需要随意排列，单击任务栏上的程序图标就可以方便地预览各个窗口的内容，并进行切换。

2. 任务栏窗口动态缩略图

通过任务栏应用程序按钮对应的窗口动态缩略预览图，用户可以轻松地找到需要的窗口。

3. 自定义任务栏通知区域

在 Windows 7 中自定义任务栏通知区域的图标，可通过鼠标拖动对其进行隐藏、显示和对图标进行排序。

4. 快速显示桌面

显示桌面按钮固定在屏幕右下角，通过它可以使用户轻松返回桌面。鼠标停留在该图标上时，所有打开的窗口都会透明化，使用户可以快捷地浏览桌面，单击图标则会切换到桌面。

5. 硬件配置要求

- 1GHz 或更快的 32 位（x86）或 64 位（x64）处理器；
- 1GB 以上物理内存；
- 16GB 以上可用硬盘空间（主分区为 NTFS 格式）；
- 显卡支持 DirectX 9（WDDM 1.0 或更高版本的驱动程序）；
- 显示器分辨率在 1024×768 像素及以上。

2.1.2 Windows 7 的启动和退出

1. Windows 7 的启动

Windows 7 的启动非常简单，与 Windows XP 一样具有自动引导功能，用户只要打开计算机电源，在硬件自检后就可进入 Windows 7 的启动阶段，并出现启动画面，等待片刻后，即可进入 Windows 7 环境。用户可以在登录界面选择不同级别的账户，如系统管理员、标准和来宾账户。

2. Windows 7 的退出

Windows 7 系统为用户提供了“注销”和“关闭计算机”两种退出方式。

1）注销

单击“开始”菜单的关机下拉菜单按钮，出现“注销”命令，如图 2-1 所示。

（1）注销：执行该操作，计算机进入“注销 Windows”界面，可以退出当前用户运行的程序，并准备由其他用户使用该计算机。

（2）切换用户：选择它，可以切换到其他用户，但系统保留所有登录账户的使用环境，当需要时，可以切换到账户切换前的使用环境。

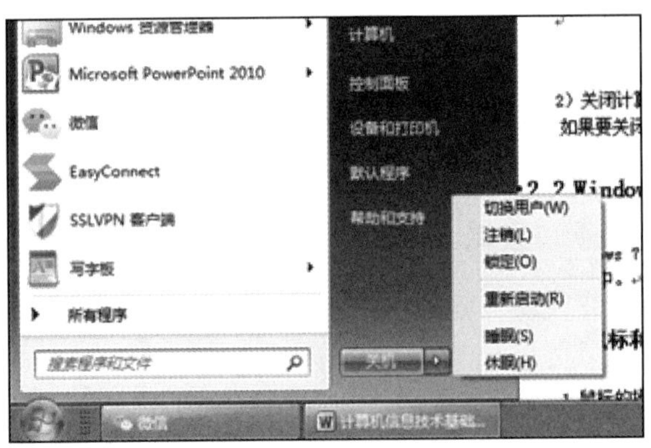

图 2-1　注销 Windows 界面

2）关闭计算机

如果要关闭计算机或退出 Windows 7，可执行关机命令安全关闭计算机。

2.2　Windows 7 的基础知识

Windows 7 为用户提供了友好的操作环境，用户的基本操作都可以通过桌面进入各工作窗口中。

2.2.1　鼠标和键盘的操作

1. 鼠标的操作

(1) 指向：移动鼠标，将鼠标指针指向选择对象。

(2) 单击：鼠标一般有两个或三个按键，默认时其左按键为主键。将鼠标指针指向要选取的对象，快速按下鼠标左键，即为一次单击，有时也称为"左击"。相对地，按下鼠标右键单击称为"右击"。

(3) 双击：在一个对象上快速按下鼠标左键两次即为双击。双击一般用来执行程序或打开对话框。

(4) 拖动：将鼠标指针指向选中的对象，按下鼠标左键的同时拖动鼠标即为拖动。拖动通常用来移动、复制文件或改变对象的位置。

【操作实例】　双击桌面上的"计算机"图标，查看磁盘分区。

① 将鼠标指针指向"计算机"图标。

② 双击，打开"计算机"，如图 2-2 所示。

2. 键盘的操作

键盘对计算机使用者来说是必不可少的输入设备。目前市场上的主流是 104 键键

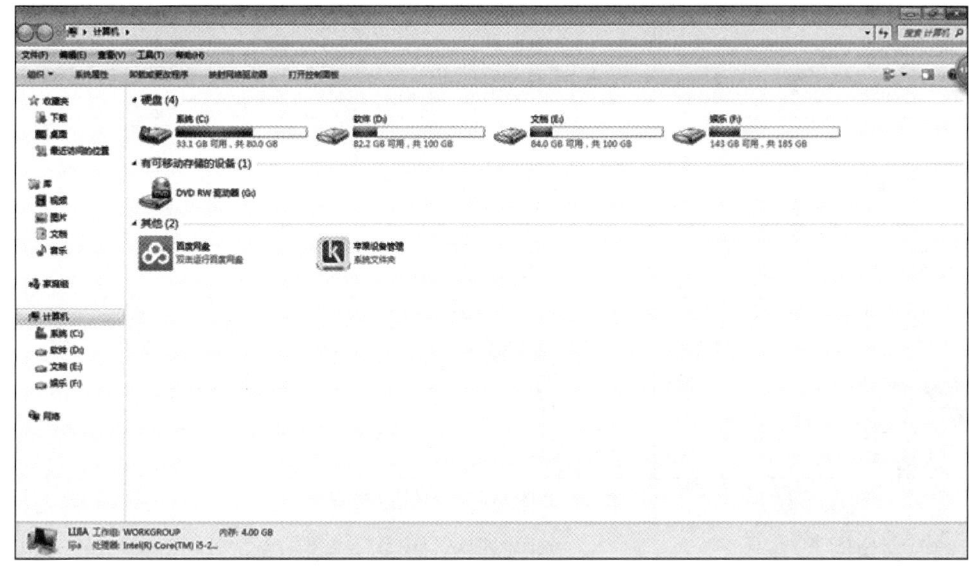

图 2-2　查看磁盘分区

盘，并且具备常用快捷键或音量调节装置，配合多媒体技术使用，具备收发电子邮件、打开浏览器软件、启动多媒体播放器等特殊按键，键盘外观如图 2-3 所示。

图 2-3　键盘外观

键盘整体上分为主键盘区、功能键区、控制键区、数字键盘区。

（1）主键盘区：有 A～Z 共 26 个字母，0～9 共 10 个数字、符合键，以及 Space 和 Enter 键，其中上档键 Shift、控制键 Ctrl 和其他键配合使用增强了键盘的操作便捷性，方便调用 Windows 的“开始”菜单键。

（2）功能键区：F1～F12 功能键，如 F1 显示“帮助”窗口，F2 重新命名所选项目，F3 搜索文件或文件夹，F5 刷新当前窗口，F6 循环或切换屏幕等。功能键在不同软件中代表的功能有所区别。

（3）控制键区：Home 键可将光标插入点置于所在行的起始位置，End 键则是光标插入点置于所在行的结束位置，PageUp、PageDown 则是向前、向后翻页，还有 4 个方向键。

（4）数字键盘区：其布局类似小的计算器，对于数值输入和计算非常便捷。

在键盘的使用过程中，充分使用快捷键也能够提高输入速度。快捷键及功能见表 2-1。

表 2-1　快捷键及功能

快　捷　键	功　　能
Ctrl+Esc	显示“开始”菜单
Ctrl+Z	撤销
Ctrl+C	复制
Ctrl+V	粘贴
Ctrl+X	剪切被选择的项目到剪贴板
Ctrl+N	新建一个新的文件
Ctrl+O	打开“打开文件”对话框
Ctrl+P	打开“打印”对话框
Ctrl+S	保存当前操作的文件
Alt+F4	关闭当前窗口或退出程序
Alt+空格键	显示当前窗口的系统菜单
Alt+Tab	切换到另一个窗口
Print Screen	将当前屏幕以图像方式复制到剪贴板
Alt+Print Screen	将当前活动程序窗口以图像方式复制到剪贴板
Delete	删除被选择的选择项目
Shift+Delete	删除所选项目，是直接删除，而不是放入回收站

2.2.2　桌面的组成及基本操作

Windows 7 的桌面与以前的 Windows 版本相似，用户可以通过熟悉的图形界面操作 Windows 系统及其应用程序。启动 Windows 7 之后，首先出现的是桌面，即屏幕工作区。一个典型的 Windows 7 桌面如图 2-4 所示。

图 2-4　Windows 7 桌面

1. 桌面的工作区

桌面的工作区由一系列图标组成，每个图标由图形以及该图形的文字说明构成。桌面上的主要图标有“计算机”、“回收站”、“网上邻居”、“我的文档”、Internet Explorer 等。

(1) 计算机：主要对计算机的资源进行管理，包括磁盘管理、文件管理、配置计算机软件和硬件环境等。

(2) 回收站：暂存用户从硬盘上删除的文件、文件夹、快捷方式等对象，当需要时，可以还原或删除。

(3) 网上邻居：当用户的计算机连接到网上时，通过它与局域网内的其他计算机进行信息交换。

(4) 我的文档：计算机默认的存取文档的桌面文件夹，其中保存的文档、图形或其他文件可以得到快速访问。

(5) Internet Explorer：用于启动 Internet Explorer 浏览器，浏览因特网的信息。

此外，用户可以根据自己的需要在桌面上建立应用程序的快捷方式、文件夹或文件等对象的图标。

【操作实例】

- 显示/隐藏图标

右击桌面的空白处，在快捷菜单中选择“查看”命令的子命令“显示桌面图标”，如果有“√”，则显示桌面图标，否则隐藏图标。

- 移动图标

系统处于默认设置时，图标在桌面的左边，要将图标移动到其他位置，可先将光标移到该图标上，按住鼠标的左键拖动图标到要放置的位置，然后释放鼠标左键。

- 排列图标

在桌面的空白处右击，桌面上出现快捷菜单。快捷菜单中“排列方式”命令的子命令有：名称、大小、项目类型、修改日期 4 种方式，选择后立即按规定方式排列，如图 2-5 所示。

- 重命名图标

一个图标由两部分组成：图案和名称。图标的名称，用户可以自己修改。重命名图标有两种方法。

方法一：单击该图标，使其反像显示，再单击名称，名称变成蓝底白字，且在边框中出现闪烁的文本编辑光标，输入新的名称后，按 Enter 键。

方法二：右击图标，出现快捷菜单，在菜单里选择“重命名”，如图 2-6 所示，图标的名称变成蓝底白字，名称的边框中出现闪烁的文本编辑光标，输入新的名称后，按 Enter 键。

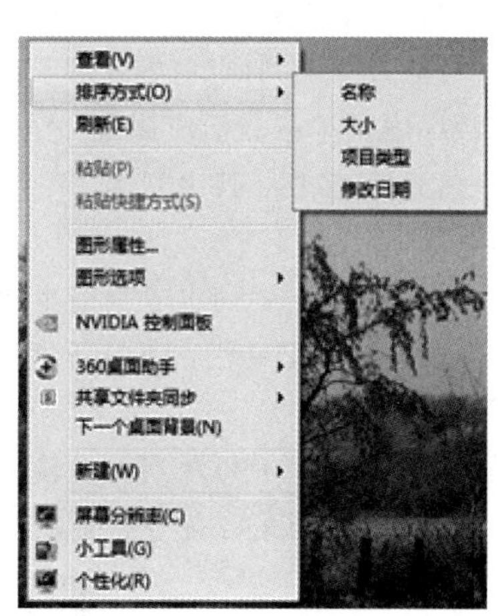

图 2-5　排列图标

- 删除图标

方法一：单击要删除的图标，按 Delete 键。

方法二：右击图标，出现快捷菜单，在快捷菜单中选择“删除”。

方法三：将要删除的图标用鼠标左键直接拖入回收站中。

任务栏：任务栏位于屏幕底部，包括“开始”按钮、快速启动工具栏、任务栏的空白处、指示区等部分。

（1）“开始”按钮：用于打开“开始”菜单，执行 Windows 的各项命令，如图 2-7 所示。

图 2-6　重命名图标

图 2-7　“开始”菜单

（2）快速启动工具栏：用户可以把常用的工具和应用程序的图标拖放到此，用于快捷启动应用程序。因为快速启动工具栏在任务栏上，可以把任务栏设置成“总在最前”，这样，启动应用程序时只在快速启动工具栏中单击相应的图标即可。它包含“启动 Internet Explorer 浏览器”、“桌面”、Windows Media Player 等，单击图标就可以启动。

（3）任务栏的空白处：用于存放已启动的应用程序的图标按钮，而且可以在多个应用程序之间单击激活应用程序。

（4）链接栏：其中列出了一些 Microsoft 公司推荐的重要链接，用户也可以添加自己喜欢的链接。

（5）桌面栏：列出了当前桌面上的组件，将这些组件以小图标的形式放在任务栏上。

（6）新建工具栏：利用新建工具栏，可以为任务栏添加新的工具栏，如硬盘、光盘、文件夹等。

（7）语言栏：显示当前的输入法，可以方便地选择需要的输入法。

（8）指示区：在任务栏的右侧显示音量、输入法和时钟等图标，如图 2-8 所示。

图 2-8　指示区

【操作实例】 对任务栏执行如下操作。

• 改变任务栏高度

将鼠标的光标移到任务栏的上边缘,光标会变成双向箭头,按住鼠标左键拖动,就可改变任务栏的高度;如果想使任务栏变窄,可以缩小它的高度到只有一个很窄的蓝条,这样就把整个屏幕都给了应用程序,需要时可以再把任务栏拉出来。

• 改变任务栏位置

任务栏的位置可以改变,它可以停在桌面的顶部、底部、左侧、右侧 4 个边缘,但不能放在屏幕的中央。方法是:将鼠标的光标移到任务栏的空白处,按住左键拖动到它要去的屏幕边缘,任务栏就会停在移到的位置。

• 任务栏锁定

① 右击任务栏的空白处,在弹出快捷菜单中选择"属性",出现"任务栏和「开始」菜单属性"对话框,如图 2-9 所示。

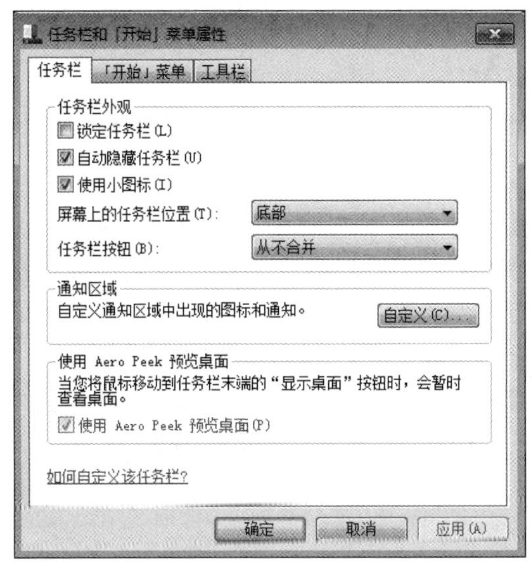

图 2-9 "任务栏和「开始」菜单属性"对话框

② 在"任务栏和「开始」菜单属性"对话框的"任务栏"选项卡中勾选"锁定任务栏"复选框,单击"确定"或"应用"按钮,任务栏被锁定。

• 自动隐藏

在对话框的"任务栏"选项卡中勾选"自动隐藏任务栏"复选框,单击"确定"或"应用"按钮,任务栏就会自动隐藏起来,在屏幕底部留有一条蓝线。当鼠标指向这条蓝线时,任务栏会自动显示出来;当鼠标离开这条蓝线时,任务栏就会隐藏起来。

2.2.3 窗口的组成及基本操作

在 Windows 下,通过窗口机制完成对每个应用程序的可执行操作。也就是说,对某个应用程序执行操作时,会打开一个对应的窗口,提供友好的操作方式。

1. 窗口的组成

在 Windows 中,每个窗口都包含以下几个元素,如图 2-10 所示。

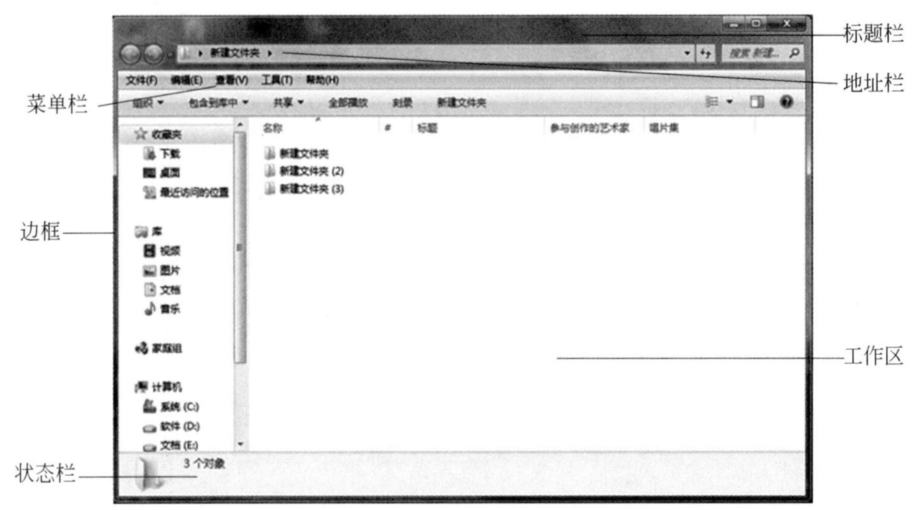

图 2-10　窗口的组成

(1) 标题栏:位于窗口的最上方,用来显示窗口的名称,即应用程序的名称。

(2) 系统控制菜单图标:在标题栏的最左侧,单击此图标可显示系统菜单。

(3) 菜单栏:在标题栏的下面一行,有多个菜单项,每个菜单项都有下拉菜单,每个下拉菜单又包含若干个子菜单,显示用户能执行的各类命令。

(4) 工具栏:位于菜单栏下方,提供了最快捷地访问常用操作的功能按钮,如文件的剪切、复制和粘贴等。工具栏是可见或隐藏的,用"视图"或"查看"菜单下的"工具栏"选项进行切换。

(5) 窗口工作区:窗口的内部区域称为工作区,是应用程序实际工作的区域,其内容是窗口内容。

(6) 滚动条:位于窗口右侧和底部的小矩形块。在不同应用程序窗口中,滚动条的具体尺寸、比例、大小有所不同。

(7) 状态栏:位于窗口底部,用于对程序运行状态的描述,可显示文件或文件夹的总数或一些帮助信息。

(8) 地址栏:通过地址栏,用户可以定位文件夹。

(9) 窗口的最小化/最大化按钮、还原按钮和关闭按钮。

(10) 窗口边框:每个窗口都有一个双线边界框,当鼠标光标移到某个边框时,鼠标光标会变成垂直或水平的双向箭头,拖动鼠标即可改变窗口的大小。

2. 窗口的基本操作

Windows 是多任务操作系统,用户可以同时运行多个应用程序,也就是多个窗口。当在桌面上打开多个窗口时,只能对一个程序进行操作,该程序称为当前程序,处于前台运行状态，而其他的应用程序处于后台运行状态。在前台运行的应用程序的窗口称为活动窗口，在任务栏高亮显示，其他窗口缩略为状态栏的图标。

【操作实例】 对窗口可执行的操作。

1）打开窗口和关闭窗口

(1) 打开窗口：双击所要打开的图标。

(2) 关闭窗口：

方法一，从应用程序窗口的“文件”菜单中选择“退出”命令。

方法二，按 Alt+Space 组合键打开控制菜单(或单击标题栏上的控制图标打开)，然后选择“关闭”命令。

方法三，单击标题栏右边的关闭按钮。

方法四，按 Alt+F4 组合键。

2）调整窗口的大小

最大化/最小化窗口：单击窗口的“最大化/最小化”按钮。

调整窗口尺寸：用鼠标拖动窗口边框改变窗口大小。

还原最小化的窗口：单击任务栏上该窗口的按钮。

还原最大化的窗口：单击窗口右上角的“还原”按钮。

3）移动窗口

方法一：将光标指向窗口的标题栏，按住鼠标左键拖动，可以实现窗口的移动。

方法二：将光标指向窗口的标题栏右击，在弹出的快捷菜单中选择“移动”选项。

4）排列窗口

窗口的排列方式通常包括层叠、并排。

(1) 层叠方式排列的窗口：在任务栏上右击，从弹出的快捷菜单中选择“层叠窗口”选项即可，如图 2-11 所示。

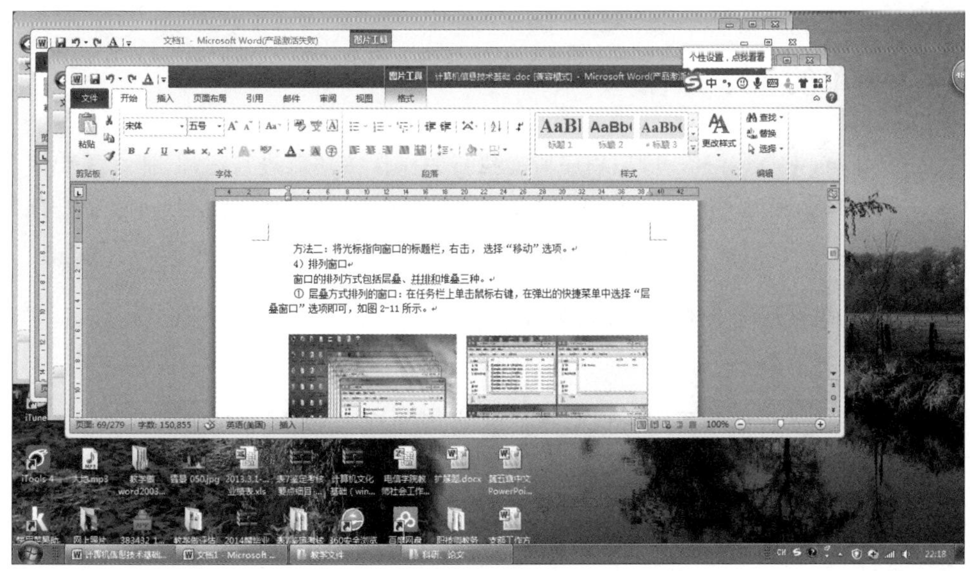

图 2-11 层叠式窗口排列

(2) 并排显示窗口：在任务栏上右击，从弹出的快捷菜单中选择"横向平铺窗口"或"纵向平铺窗口"选项即可，如图 2-12 所示。

图 2-12　并排显示窗口

5) 活动窗口和非活动窗口的切换

任务栏的程序图标区含有所有打开的应用程序图标的按钮，利用这些按钮可以对窗口进行操作。例如，若 Word 应用程序窗口是活动的，Excel 应用程序窗口是不活动的，单击任务栏上不活动窗口 Excel 的图标，Excel 非活动窗口就变成活动窗口，而原来的 Word 活动窗口变为非活动窗口。也可以用 Alt＋Esc 组合键或 Alt＋Tab 组合键进行窗口的切换。

2.2.4　菜单的基本操作

在 Windows 中，将对某一应用程序所能执行的操作按功能进行组织，那么这个集合就是菜单。Windows 有 3 种形式的菜单，如菜单中的"文件""编辑""查看""收藏""工具""帮助"等，每个菜单项都包含有多项，这类菜单称为菜单命令；还有快捷菜单、"开始"菜单。

1. Windows 7 有 3 种形式的菜单

1) 窗口菜单(菜单命令)

Windows 的各种应用程序窗口都有菜单栏、菜单命令，如图 2-13 所示。

2) 快捷菜单

快捷菜单是将鼠标指针指向选定的对象右击时显示的菜单。由于菜单包含可用于该对象的最常用的命令，因此称为快捷菜单。快捷菜单使用户可以快速找到需要的命令。图 2-14 所示为"计算机"快捷菜单。

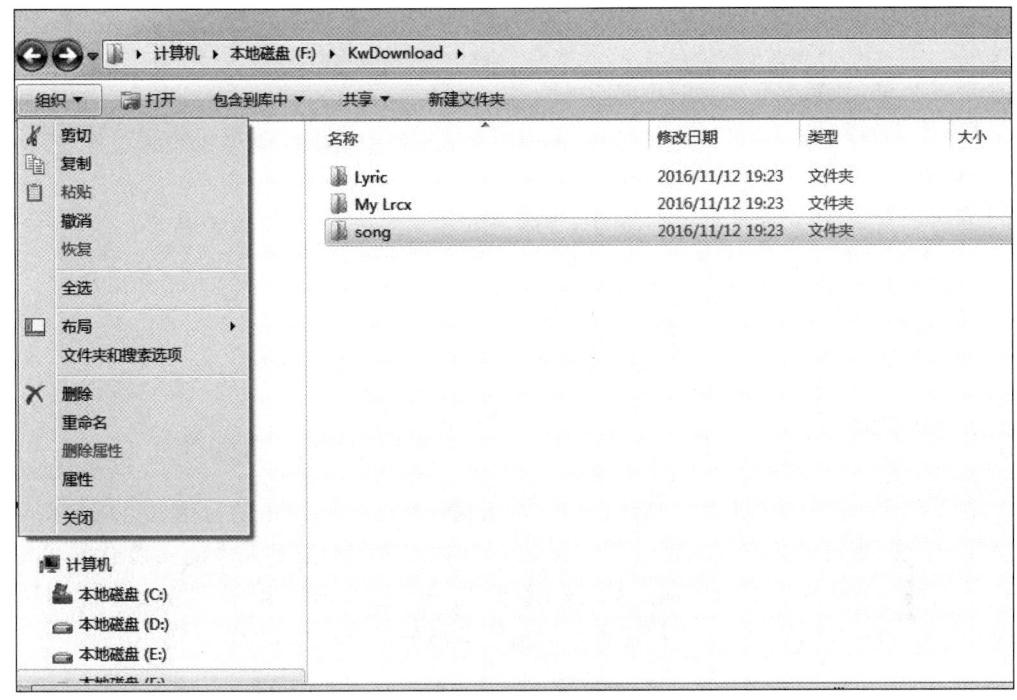

图 2-13　窗口菜单

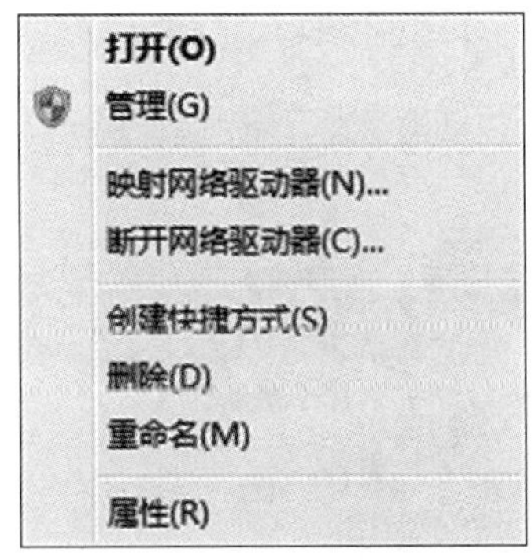

图 2-14　“计算机”快捷菜单

3）“开始”菜单

单击桌面左下角的“开始”按钮，即可弹出“开始”菜单。通过该菜单可以执行几乎所有 Windows XP 的命令或启动其他应用程序。

2. 菜单的约定

(1) 命令后带▶表示此项中有下属菜单。

(2) 菜单命令项以浅色显示，表示此选项在当前情况下禁止使用。

(3) 命令后有…，表示执行该命令将弹出对话框。

(4) 符号√：√表示该命令被选择。

(5) 符合●：表示该命令为单选分组菜单中被选中的命令。

(6) 热键(快捷键)：显示在菜单项右侧的键盘符号。它表示执行该菜单项的操作可以不通过菜单，只要按下对应的热键即可。

【操作实例】 打开窗口菜单。

方法一：用鼠标单击菜单标题。

方法二：按 Alt＋菜单命令中带有下画线的字母。

【操作实例】 关闭菜单。

方法一：按 Esc 键。

方法二：在菜单外的任意位置单击。

2.2.5 对话框

在下拉菜单中执行某一命令后，会打开对话框。Windows 7 中的对话框是用户与计算机系统之间进行信息交流的窗口。同窗口一样，对话框也由一些基本的元素组成，只是针对不同应用程序时会有所不同。对话框通常包含标题栏、选项卡与标签、文本框、下拉列表框、复选框、单选按钮、命令按钮和帮助按钮等部分，如图 2-15 所示。

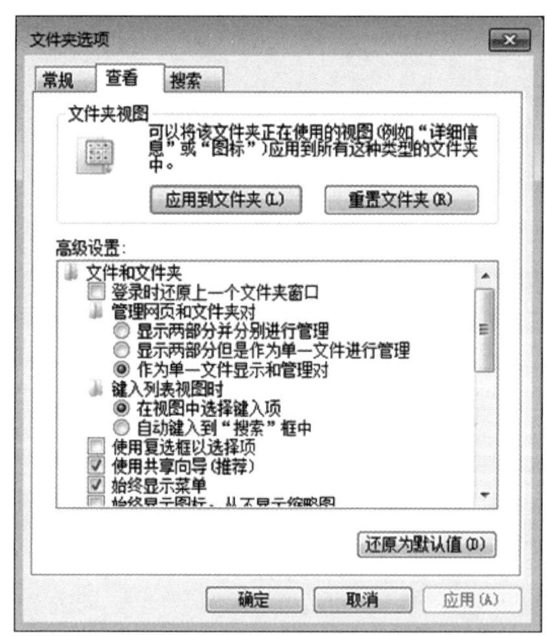

图 2-15 对话框

1) 标题栏

标题栏是对话框的名称标识。拖动标题栏可移动对话框。

2) 选项卡与标签

对话框有时会由多个选项卡组成，选项卡都有一个标签，每个标签代表对话框的一个功能，单击标签名可以进入标签下的相关选项卡对话框。

3）文本框

文本框是用来输入文本或数值数据的区域。在文本框中单击，出现插入点后，用户可输入信息。

4）下拉列表框

下拉列表框可以让用户从列表中选取要输入的对象。单击下拉列表中的下三角按钮，可以选择下拉列表框中的列表选项，但不能直接修改其中的内容。

5）复选框

正方形方框，选中时会出现"√"。复选框可以选择多项，也可不选。

6）单选按钮

用圆形按钮表示，通常以一组形式出现。一次只能且必须选择一个选项，当选项被选中时，以"•"表示被选。

7）命令按钮

命令按钮用于执行"确定"和"取消"两种操作。

8）帮助按钮

对话框的右上角按钮?，可获取该项的帮助信息。

2.2.6 帮助与支持

Windows 7 不仅为用户提供了良好的操作环境，还提供了功能强大的帮助系统——帮助和支持中心，为操作系统中的所有功能提供了广泛的帮助，方便用户解决在使用计算机过程中遇到的疑难问题。

1. 启动"帮助与支持中心"

方法一：单击"开始"按钮，选择"帮助和支持"命令，便启动了帮助程序，如图 2-16 所示。

在"帮助和支持中心"主页上，可以浏览帮助主题。单击导航栏上的"主页"或者"索引"，可以查看目录或索引。在"搜索"框中输入一个或多个词汇，可以查找所需的信息。

方法二：用户在当前的工作窗口遇到问题时，可以直接单击菜单栏中的"帮助"选项，也可启动帮助，因为 Windows 7 在每个应用程序窗口均设有该选项。

2. 使用"帮助与支持"系统

这个窗口为用户提供帮助主题、指南、疑难解答和其他支持服务，并且可以在其中直接完成对系统的操作。

不仅如此，用户还能从互联网上享受 Microsoft 公司的在线服务。

(1) 向联机 Microsoft 支持技术人员寻求帮助。

(2) 使用"远程协助"向朋友寻求帮助。

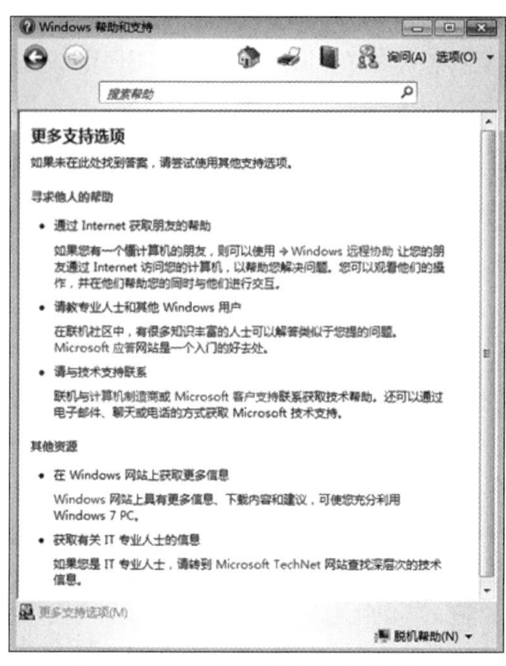

图 2-16 “Windows 帮助和支持”界面

2.3 Windows 7 的资源管理

Windows 7 作为一个操作系统，其实质是一个程序的集合，而这些程序又是以文件的形式存储在存储器中。与系统资源一样，用户的软件资源和数据信息同样是以文件为最小的组织单位存放在计算机的外存储器(如磁盘、光盘等)上。如此数量庞大的文件，为了便于管理，通常再将它们分门别类组织为文件夹。

Windows 采用目录结构以文件夹的形式组织和管理文件，目录结构像一个倒立的树形。以桌面(desktop)为最高单元，桌面包含系统的所有资源。桌面是整个树状结构的树根，桌面上的每个对象都是一个文件夹，这些文件夹就是树根下的结点，每个结点都可以有其自己的树状结构(树枝或文件夹)，树枝中的每个结点可以是文件夹(可称为子文件夹)，也可以是具体的文件。这样，整个计算机系统的资源就被组织起来。

2.3.1 文件和文件夹

在计算机中，任何信息都是以文件的形式存在的，程序、文本、文档、电子表格、图片、歌曲、视频等都属于文件。为了便于存、取操作，文件、文件夹是以文件名标识的。

1. 文件名的命名规则

文件名由主文件名和扩展名组成。

(1) Windows XP 支持最多为 255 个字符的长文件名，扩展名为 3 个字符，用来标识文件的类型，用户不可随意更改。表 2-2 显示了常用文件扩展名。

表 2-2　常用文件扩展名

扩展名	文件类型	扩展名	文件类型
.exe	可执行文件	.bmp	位图文件
.txt	文本文件	.doc	Word 文档文件
.sys	系统文件	.html	超文本多媒体语言文件
.bat	批处理文件	.zip	Zip 格式压缩文件
.ini	Windows 配置文件	.wav	声音文件

(2) 文件名或扩展名中允许使用文件通配符。文件通配符有"*"和"?"。其中"*"表示任意一串字符，而"?"表示任一个字符。

例如，A*.C* 表示文件主名以 A 开头，扩展名以 C 开头的所有文件，它可以与文件 ABC.C、ABD.COM 匹配，便于查找文件。

(3) 文件名或文件夹名中不能出现\、/、:、*、?、"、＜、＞、|字符。

(4) 文件名可以用中文，可以出现空格。

(5) 文件名不识别大小写字母，如 A1 与 a1 被认为是相同的文件名。

【操作实例】 将桌面上的"计算机"图标改为 My Computer。

方法一：单击"计算机"选定操作对象，再单击，当文件名出现边框时，可修改文件名。

方法二：单击"我的电脑"选定操作对象，右击，从出现的快捷菜单中选择"重命名"。

2. 文件、文件夹的表示

计算机使用文件名表示文件和文件夹，还使用图标的形式。文件的图标是生成它的程序的图标，如用户用 Word 应用程序生成的文档文件以图标表示，这样便于用户识别文件的类型。对于用户自行建立的文件夹，系统默认图标，用户也可自行更改。

2.3.2 文件、文件夹的管理

Windows 7 主要通过"计算机"和"资源管理器"两个应用程序管理计算机所有的文件、文件夹资源。在这两个应用中，可以看到整个计算机资源的目录结构及所有文件、文件夹的位置。

1. "计算机"

"计算机"是 Windows 7 的一个重要窗口，用户安装 Windows 7 操作系统后，会在桌面上自行建立"计算机"图标。用户通过"计算机"可以查找计算机的资源。

"计算机"窗口介绍如下。

(1) 双击桌面上的"计算机"图标，打开"计算机"窗口，如图 2-17 所示。

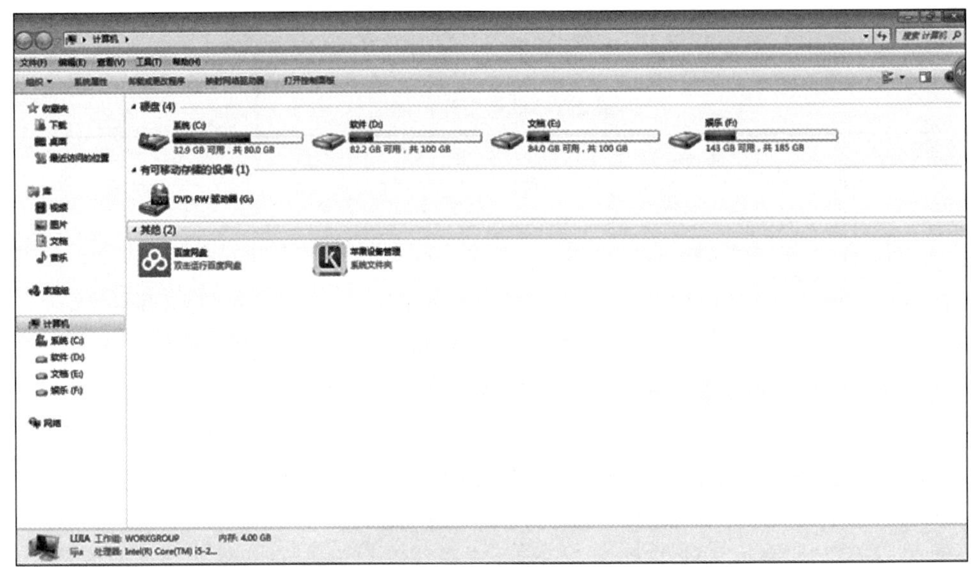

图 2-17 “计算机”窗口

(2) 在该窗口中,左侧为导航栏,从右侧可以看到计算机系统的各磁盘分区。导航栏便于用户完成对系统的操作;右侧将系统资源以文件、文件夹的形式分布在各磁盘中。

(3) 双击“计算机”各磁盘分区,打开磁盘,可查找到文件、文件夹,完成文件、文件夹的移动、复制、删除等操作。

(4) 选定各磁盘驱动器右击,弹出快捷菜单,可针对磁盘执行一系列基本操作。通过“属性”选项,可查看磁盘分区的情况。

2. 资源管理器

Windows 资源管理器是用于管理计算机中各种类型的文件、文件夹,以目录结构形式显示了计算机的桌面、我的电脑、网络连接等情况。使用 Windows 资源管理器,不仅可以复制、移动、重命名以及搜索文件和文件夹,还可用于对硬件和软件的管理。

1) 打开 Windows 7 资源管理器

在 Windows 7 中,进入资源管理器的方法:右击“开始”按钮,在弹出的快捷菜单中单击“打开 Windows 资源管理器”,即可打开如图 2-18 所示的资源管理器窗口。

2) “库”的使用

“库”是 Windows 7 最大的亮点之一,它彻底改变了文件管理的方式,从文件夹管理方式变为库管理方式。在库中可以包含各种子库和文件。库中存储的文件来自四面八方,不一定全部存在于库中。确切地说,库本身并不存储文件,而是保存了文件的指向(类似于快捷方式)。这种管理方式更加快捷、方便。如用户文件主要存在 D 盘,为了使用方便,可以将 D 盘中的文件都放在库中,使用时直接打开库即可,不需要再定位到 D 盘文件目录下。

打开“库”的操作:

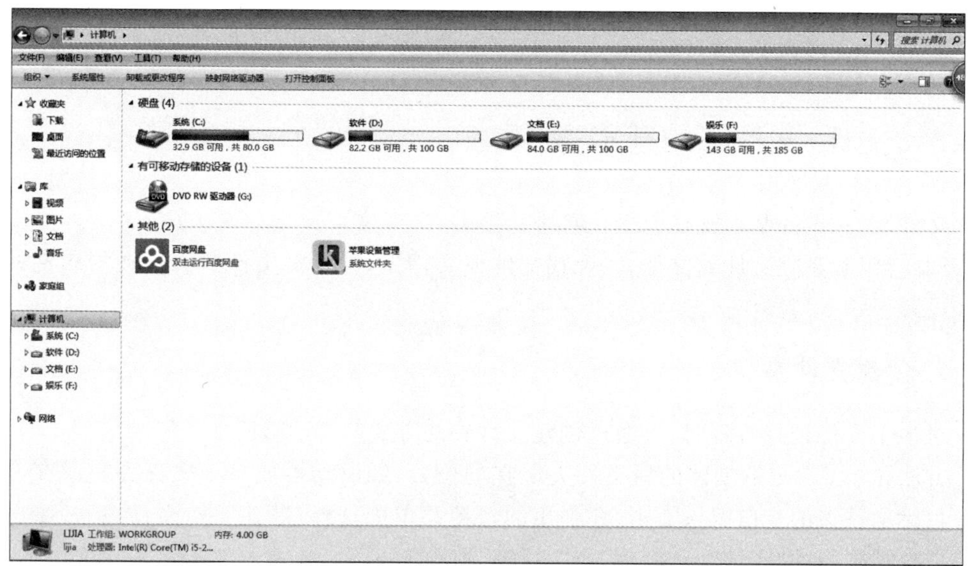

图 2-18　资源管理器窗口

单击选中资源管理器窗口左侧导航窗格中的“库”，即可打开如图 2-19 所示的“库”窗口。

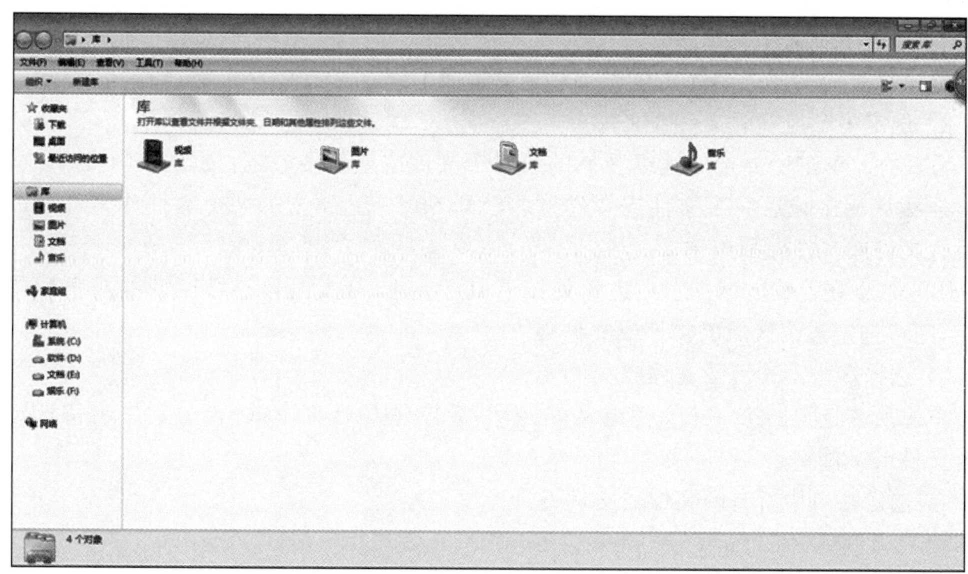

图 2-19　“库”窗口

添加文件到库的操作：

右击需要添加的目标文件，在弹出的快捷菜单中选择“包含到库中”，并在其子菜单中选择一项类型相同的库即可。

增加库中的文件类型：

Windows 7 库中默认提供视频、图片、文档、音乐 4 种类型。如需添加类型，可通过新建库增加类型。在“库”根目录下右击窗口空白处，从弹出的快捷菜单中选择“新建”→“库”命令，输入类型名称即可。

2.3.3 文件、文件夹的基本操作

文件、文件夹的基本操作包括：创建文件夹、选择文件或文件夹、重命名文件或文件夹，复制、移动、删除文件或文件夹、查找文件或文件夹，以及对文件和文件夹的属性的查看和设置等一系列操作。

1. 创建文件夹

对多个文件进行管理时，可通过创建文件夹的方式归类、整理。

方法是：①选定欲创建的新文件夹所在的位置，如驱动器或某个文件夹。②在右窗格中目标文件夹的空白区域右击，在弹出的快捷菜单中选择“新建”→“文件夹”命令。或者单击菜单栏中的“文件”→“新建”→“文件夹”命令。

2. 选择文件或文件夹

选择文件或文件夹是一个非常重要的操作，若对文件或文件夹进行操作，应首先选定文件或文件夹。

1）选定单个文件或文件夹

将鼠标指向所要选定的文件或文件夹单击即可。

2）选定多个连续的文件或文件夹

方法一：单击所要选定连续区域的第一个文件或文件夹，然后按住 Shift 键不放，再单击连续区域中最后一个文件或文件夹。松开 Shift 键，单击的两个文件或文件夹之间的所有文件或文件夹都被选中。

方法二：在连续区域的空白边角处按下鼠标左键，拖曳到该连续区域的对角后释放鼠标，即可选定连续区域的文件或文件夹。

3）选择多个不连续的文件或文件夹

单击所要选定的第一个文件或文件夹，然后按住 Ctrl 键不放，再分别单击待选定的其他文件或文件夹。

4）选定窗口中所有的文件或文件夹

使用菜单栏中的“编辑”→“全部选定”命令，或者使用快捷键 Ctrl+A。

5）反向选定

使用菜单栏中的“编辑”→“反向选定”命令，这样窗口中没有选定的对象就变为选定状态，而原来被选定的对象反白显示，不被选定。

3. 重命名文件或文件夹

根据需要可以对磁盘中的文件或文件夹重命名。

方法一：选择要改名的文件或文件夹，使用“文件”菜单或快捷菜单中的“重命名”

命令。

方法二：选定要改名的文件或文件夹，再单击文件(夹)名处。文件(夹)名的文字处于选中状态，同时出现闪烁的光标，输入新的文件或文件夹名，按 Enter 键或单击编辑窗口的其他地方，完成重命名操作。

方法三：选定要改名的文件或文件夹，按键盘上的 F2 键。

方法四：选定要改名的文件或文件夹，执行菜单栏中的"文件"→"重命名"命令。

4. 移动文件或文件夹

方法一：使用"剪切"和"粘贴"命令。①单击左窗格中的源文件夹图标，再在右窗格中选择要移动的文件。②使用"编辑"菜单中的"剪切"命令。③单击左窗格中的目标文件夹。④使用"编辑"菜单中的"粘贴"命令。这样，源文件夹下的文件就被移到目标文件夹中。也可以直接使用快捷键代替使用命令，"剪切"是 Ctrl＋X，"粘贴"是 Ctrl＋V。

方法二：利用鼠标拖动。选定要移动的对象；将鼠标移到已被选中的对象上；按住 Shift 键，拖动到目标位置上。如果是同一驱动器中的移动操作，可直接拖到目标文件夹上，不必按 Shift 键。

5. 复制文件或文件夹

复制文件或文件夹的方法类似于移动文件或文件夹的方法。

只要将"剪切"命令改为"复制"命令即可。利用鼠标拖动进行复制时，须改为按住 Ctrl 键。在不同驱动器中复制，可以直接拖动。

6. 发送文件或文件夹

直接把文件或文件夹发送到"我的文档"或"桌面快捷方式"，或"邮件接收者"等地方。若连接了移动存储设备，也可以发送。发送到"我的文档"、移动存储设备实质是复制，发送到邮件接收者是作为电子邮件的附件发送，发送到桌面快捷方式是在桌面创建快捷方式图标，而不是复制。

方法一：①选定要发送的源文件或源文件夹；②选择"文件"→"发送到"；③选择发送到的目标位置。

方法二：①选定要发送的源文件或源文件夹；②右击弹出快捷菜单，选择"发送到"。

7. 删除与恢复文件或文件夹

删除文件或文件夹一般是将文件或文件夹放入回收站或直接删除。放入回收站的文件或文件夹根据需要还可以恢复。

方法一：将鼠标指针指向要删除的文件(夹)，按住左键将它(们)拖动到回收站图标上或回收站窗口中。

方法二：利用"文件"菜单或快捷菜单的"删除"命令，删除完成。

方法三：选择要删除的文件或文件夹，按 Delete 键完成删除。

上述 3 种删除方法在删除过程中会将被删除的文件(夹)放入回收站中，删除的文件

(夹)可以在回收站中采用“还原”恢复到原来的位置。

若被删除的文件或文件夹不放入回收站,而直接删除,则在使用以上方法删除文件(夹)的同时按 Shift 键,这样将出现“删除文件”对话框(见图 2-20),单击“是”按钮删除结束,被删除的文件(夹)就不可再恢复。

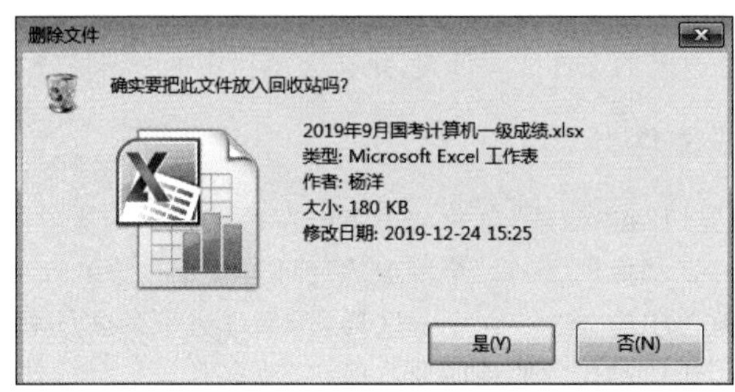

图 2-20 “删除文件”对话框

说明:对于 U 盘上的文件,删除时将不放入回收站,即使不按 Shift 键,系统也对它们采用了直接删除方法。删除后的文件(夹)不可再恢复。

8. 搜索文件或文件夹

计算机系统中含有众多的资源,搜索文件或文件夹可用于快速查找文件、文件夹和应用程序。

方法:在“资源管理器”窗口的“检索栏”中直接输入检索关键字即可完成。如图 2-21 所示,在检索栏输入相应的内容即可。

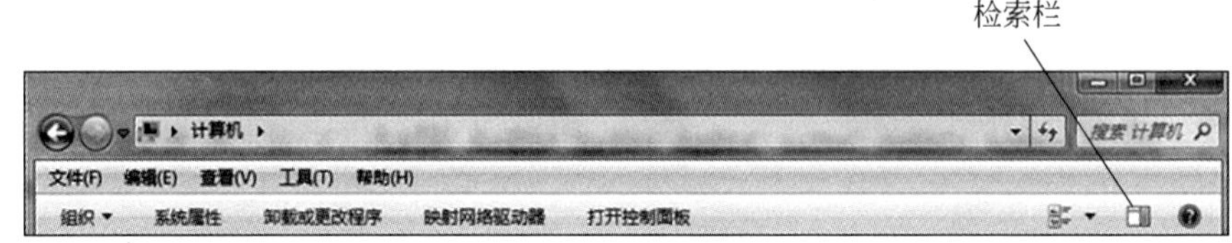

图 2-21 检索栏

9. 文件或文件夹属性

在 Windows 中,文件和文件夹具有属性。文件或文件夹包含 3 种属性:只读、隐藏和高级属性。“只读”属性是指该文件或文件夹不允许被更改和删除;若将文件或文件夹设置为“隐藏”属性,则该文件或文件夹不在常规显示中;通过“高级”按钮可将文件或文件夹设置为“存档”属性,表示该文件或文件夹已存档。

1) 文件属性

先选取文件,选择“文件”菜单或快捷菜单中的“属性” 命令,打开“文件属性”对话框,如图 2-22 所示,查看或修改文件的属性。

2）文件夹属性

先选取文件夹，选择“文件”菜单或快捷菜单中的“属性” 命令，打开“文件夹属性”对话框，如图 2-23 所示。设置和查看文件夹属性，如文件夹位置、大小、文件夹的 3 个属性（只读、隐藏、高级）和文件夹的共享属性等。

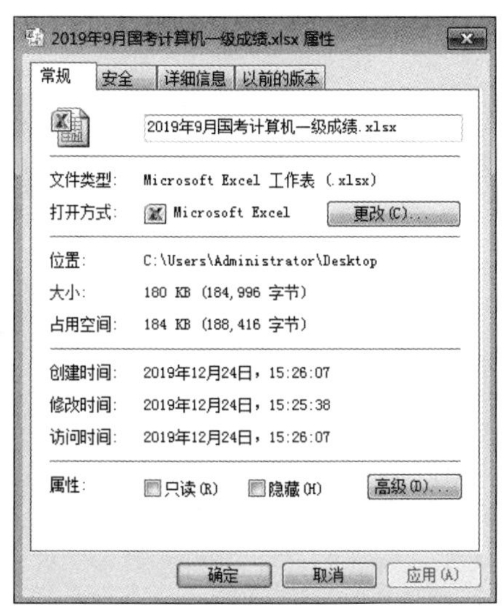

图 2-22 “文件属性”对话框

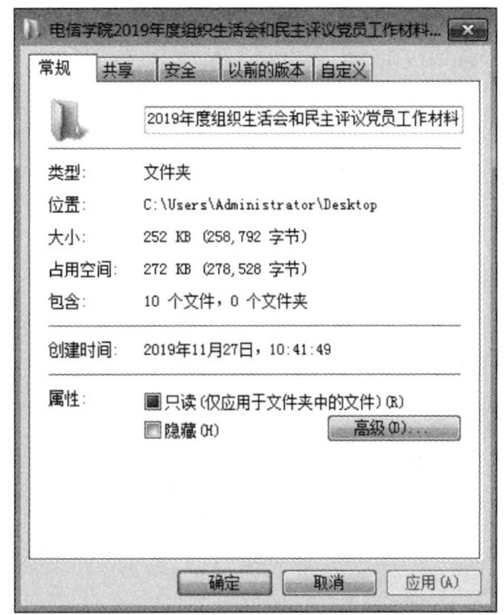

图 2-23 “文件夹属性”对话框

通过文件或文件夹属性，不仅可以设定文件或文件夹的存储类型，还可以对文件或文件夹以备注的形式进行描述，用户可以对备注进行更改。

2.3.4 磁盘管理

磁盘管理是对磁盘驱动器和外部存储器进行格式化、磁盘复制、磁盘整理等一系列操作。

1. 磁盘格式化

磁盘格式化可彻底删除磁盘中的数据。通常采用这种办法处理感染病毒的外部存储器，如可移动磁盘。磁盘格式化是对磁盘划分磁道和扇区，检查坏块，建立文件分配表，为存放程序和数据做准备。需要指出的是，磁盘格式化将破坏该磁盘中的所有信息，并且不可恢复数据。

方法如下。

（1）选定要格式化的磁盘驱动器。

（2）右击，在快捷菜单中选择“格式化”命令。

（3）设置格式化的类型，单击“开始”按钮就开始了格式化操作，如图 2-24 所示。

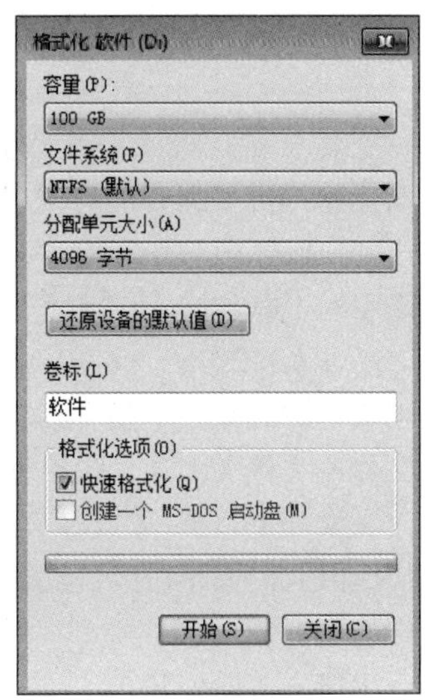

图 2-24 格式化磁盘

(4) 格式化完成后,单击“关闭”按钮,退出格式化应用程序。

2. 查看磁盘信息

在“我的电脑”或“资源管理器”应用程序窗口中右击磁盘标识或图标,在快捷菜单中选择“属性”命令。使用驱动器属性对话框可以显示磁盘容量(见图 2-25)、设置共享以及对磁盘进行查错、备份和整理磁盘碎片(见图 2-26)等操作。

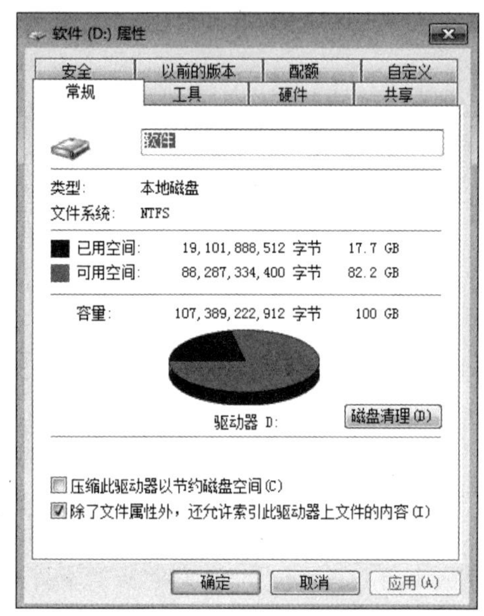

图 2-25　磁盘容量显示

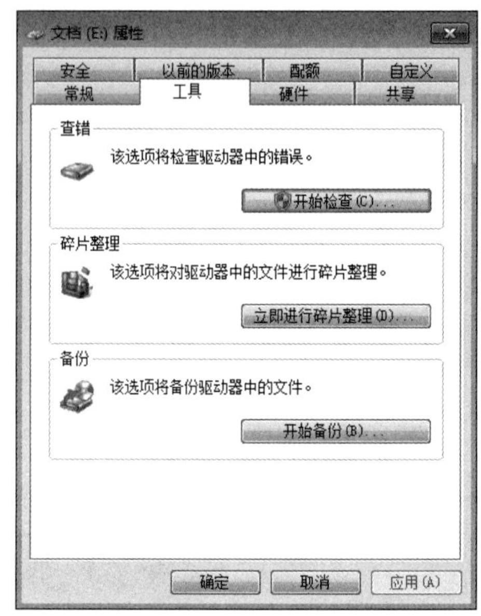

图 2-26　磁盘检查、备份、整理

2.4　系统环境设置

安装 Windows 7 操作系统后,系统会以默认方式对系统环境进行设置,显示各操作界面。用户可根据自己的使用习惯和需要,定制系统环境和操作界面。

2.4.1　创建快捷方式

快捷方式是一个只有几百个字节的小文件,它的扩展名为.LNK,指向位于另一位置的文件或文件夹。通过快捷图标,用户可以快速启动应用程序或指向目标。快捷图标可以放在桌面上,也可以放在桌面下的任何文件夹中。右击快捷方式,选用“属性”项,可查看快捷方式的大小、存放位置,快捷方式指向的目标位置、目标文件名等,并可以更改快捷方式的图标。

快捷方式的创建:

方法一,在存放快捷方式的界面空白处右击,从弹出的快捷菜单中单击“创建快捷方式”,出现“创建快捷方式”对话框,通过“浏览”或输入方式在“命令行”中输入需创建快捷方式的文件及路径名,在接着的“为程序选定标题”对话框中输入快捷图标名称。

方法二,选取要创建快捷图标的应用程序文件右击,在出现的快捷菜单上单击“创建快捷方式(S)”,快捷图标创建完成。

方法三,右击要创建快捷方式的项目,在弹出的快捷菜单中选择“发送到”→“桌面快捷方式”命令。

2.4.2 设置桌面

启动计算机后,首先映入人们眼帘的就是桌面。设置一个赏心悦目的桌面对用户来说十分重要。

1. 设置桌面图标

桌面上的应用程序、文件和文件夹是用图标表示的。图标由两部分组成:图形和文字。文字是图标的名称,用户可以用命名文件或文件夹的方法修改图标名称。对于应用程序,其图形部分是系统默认的,文件或文件夹的图标也是系统自行建立的。

【操作实例】 更改桌面上的文件夹图标。

方法:①选定更改图标的文件夹;②右击弹出快捷菜单,单击“属性”→“自定义”选项,如图 2-27 所示;③选择“更改图标”按钮,打开如图 2-28 所示的对话框;④在“选择一个图标栏”中任意选定一个图标即可;⑤若对系统提供的图标不满意,可单击“浏览”按钮,添加用户自己的图标文件。图标文件可以在任何磁盘驱动器中存储。

图 2-27 “文件夹属性”对话框

图 2-28 “更改图标”对话框

2. 设置桌面布局

图标在桌面上是按添加的顺序排列的。用户可以任意排列,或者按一定的方式排列。

【操作实例】 任意排列桌面图标。

方法：选定操作对象，按住左键拖动鼠标，将图标放在某一位置时松开左键即可。

3. 设置桌面主题

方法：在桌面上的任意空白处右击，在快捷菜单中选择“个性化”，打开如图 2-29 所示的对话框。Aero 主题下预置了多个主题，直接单击所选主题即可改变当前桌面的外观。

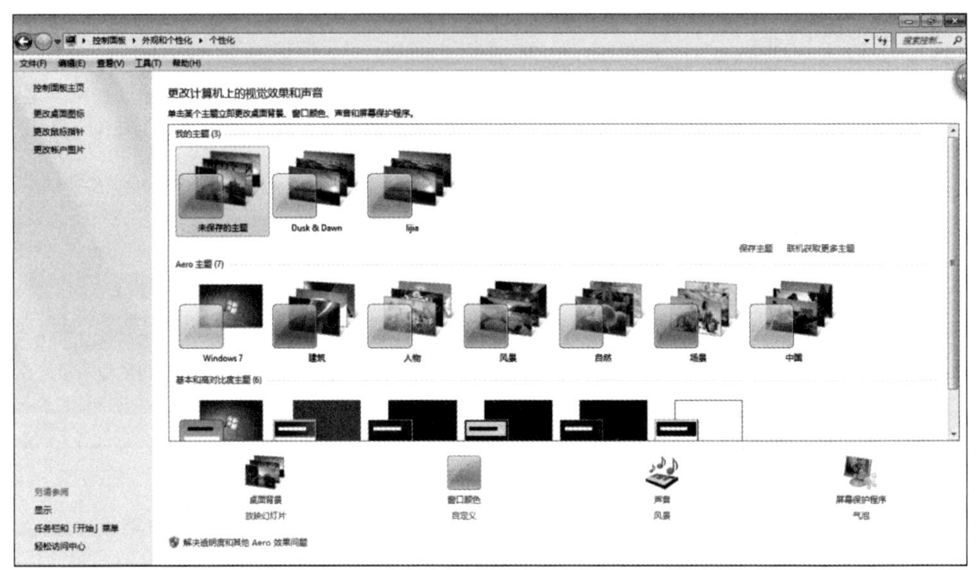

图 2-29 “个性化”属性对话框

4. 设置屏幕背景

更改桌面的背景图片是让你的计算机看起来与别人的计算机不同的最好方法。

【操作实例】 更改桌面背景。

方法：在桌面上的任意空白处右击，在快捷菜单中选择“个性化”，在“个性化”对话框下方单击“桌面背景”图标，打开“桌面背景”对话框，如图 2-30 所示。选择单张或多张系统内置图片。如选择多张图片，则系统会定时自动切换。在“更改图片时间间隔”的下拉菜单中设置图片切换的时间间隔，如选择“无序播放”，则系统随机播放图片。

5. 设置显示属性

显示器是最重要的输出设备。调整合适显示器的色彩及分辨率，对操作者来说可降低视疲劳。

在“个性化”对话框中单击左下方的“显示”命令，打开如图 2-31 所示的对话框。在对话框左侧的导航栏中通过“调整分辨率”命令，打开“屏幕分辨率”对话框（见图 2-32）对分辨率进行设置。

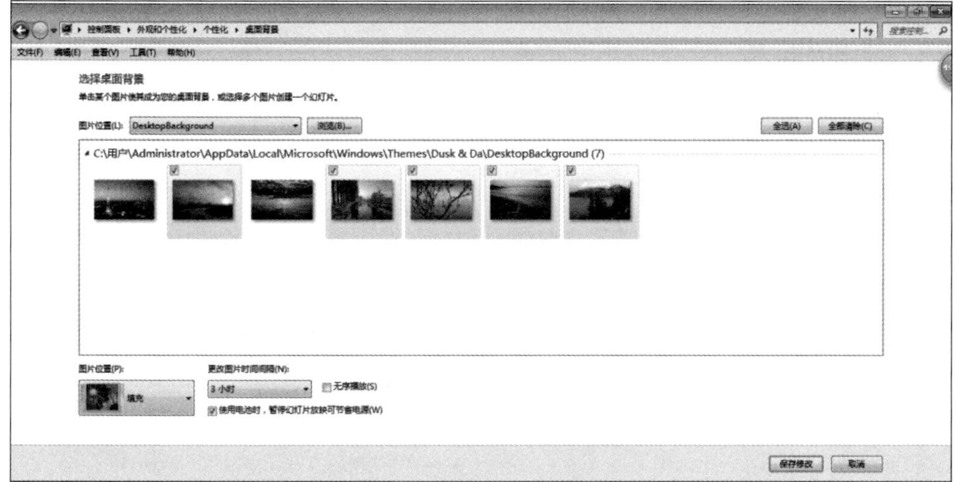

图 2-30 “桌面背景”对话框

图 2-31 “显示”对话框

图 2-32 “屏幕分辨率”对话框

2.4.3 控制面板

“控制面板”是 Windows 7 的功能控制和系统配置中心。设置计算机的硬件和软件可以通过控制面板完成。

【操作实例】 启动控制面板。

方法：选择“开始”→“控制面板”命令，打开“控制面板”，如图 2-33 所示。

图 2-33 控制面板

2.4.4 设置系统日期和时间

设置“日期和时间”有两种方法。

方法一：单击任务栏右下角显示时间区域，可以直接打开“日期和时间”属性对话框，如图 2-34 所示。

图 2-34 “日期和时间”属性对话框

方法二：选择“开始”→“控制面板”，在“控制面板”对话框中单击“时钟、语言和区域”命令。在打开的“日期、时间、语言和区域设置”窗口中，单击“日期和时间”。在“日期和时间”窗口中对其进行设置。

2.4.5 应用程序管理

在使用计算机的过程中,用户经常需要安装新的应用软件,或是为了提高计算机的效率,而删除不必要的应用程序。

添加或删除标准的 Windows 应用程序,除了可以直接运行该软件的安装程序(一般程序名为 Setup.exe)或自带的卸载程序 uninstall.exe,还可使用"控制面板"窗口中的"程序"完成应用程序的删除(不能随便删除某应用程序文件或文件夹)。

【操作实例】 删除应用程序。

方法:在"控制面板"中双击"程序",如图 2-35 所示,打开"程序"窗口。单击"卸载程序",打开"卸载或更改程序"对话框,并选择要卸载的应用程序,之后单击"卸载"即可将选中的应用程序从系统中卸载,如图 2-36 所示。

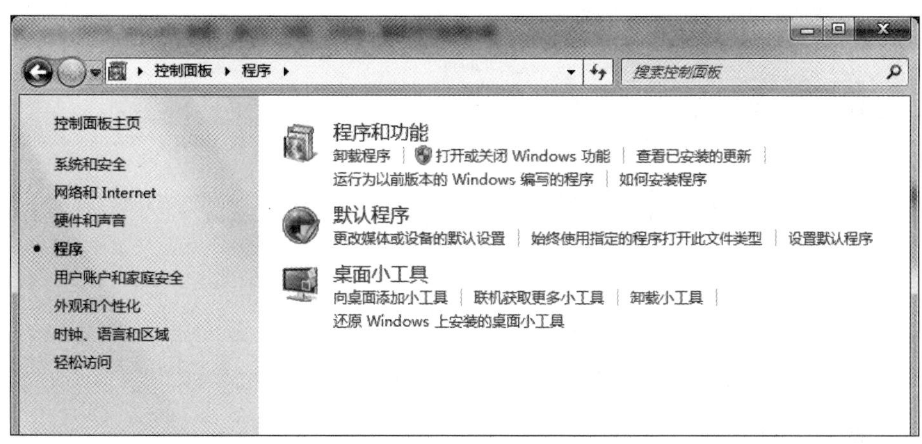

图 2-35 "程序"窗口

2.4.6 用户账户管理

Windows 7 是多用户的操作系统,允许多用户登录。通过设定账户的形式,使不同的用户可以使用同一台计算机。Windows 7 系统中有两种类型的账户:计算机管理员账户和标准账户。

计算机管理员账户的权限最高,可以更改计算机系统设置,并管理其他账户。计算机管理员账户可以对计算机上的其他用户账户进行完全访问,可以创建和删除计算机上的其他用户账户,可以为计算机上的其他用户账户创建账户密码,可以更改其他人的账户名、图片、密码和账户类型。一台计算机必须有一个计算机管理员账户。

标准账户可以更改自己账户的图片,还可以创建、更改或删除自己账户的密码。标准账户不能将自己改为计算机管理员。

图 2-36 “卸载或更改程序”对话框

1. 建立新用户

方法：选择“开始”→“控制面板”→“用户账户和家庭安全”命令，打开如图 2-37 所示的“用户账户和家庭安全”窗口。在该窗口中单击“添加或删除用户账户”，在打开的“管理账户”窗口中单击“创建一个新账户”，打开“创建新账户”窗口，如图 2-38 所示。输入新用户账户的名称，选择指派给新用户的账户类型，即“计算机管理员”或“标准用户”，然后单击“创建账户”按钮即可。

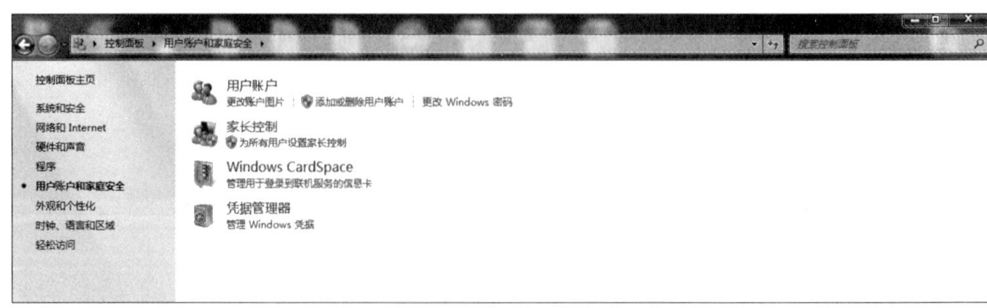

图 2-37 “用户账户和家庭安全”窗口

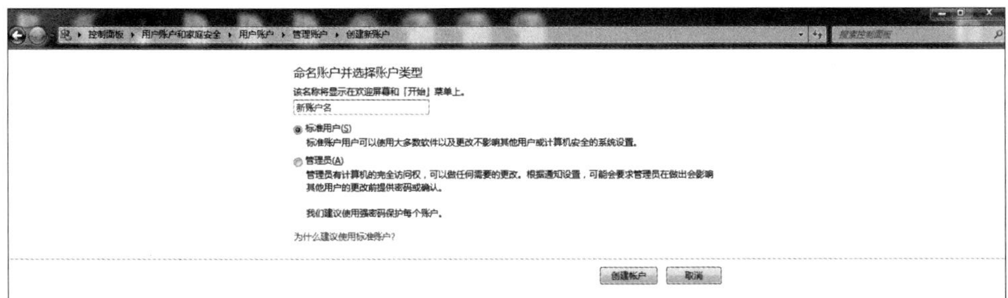

图 2-38 “创建新账户”窗口

2. 删除用户账户

方法：在“账户管理”窗口中单击要删除的账户图标，在打开的“更改用户”窗口中选择“删除账户”命令，在“删除账户”窗口中选择“删除文件”或“保留文件”命令，在打开的“确认删除”窗口中单击“删除账户”按钮即可删除该用户。

3. 用户账户的设置

在“管理账户”窗口中双击选定的账户，打开如图 2-39 所示的“更该账户”窗口，单击“更改账户名称”，可更改用户账户的登录名；单击“创建密码”，可创建或更改用户账户的密码；单击“更改图片”，可更改用户账户的登录图标；单击“更改账户类型”，可更改用户的账户类型。

图 2-39 “更改账户”窗口

2.4.7 设置打印机

Windows 7 附带了大量的打印机驱动程序，因此打印机可即插即用，不再需要用户安装驱动程序。

1. 打印机的安装

方法：①首先将打印机通过数据传输线与主机连接，然后单击“开始”中的“设备和打印机”，打开“设备和打印机”窗口，如图 2-40 所示；②单击“添加打印机”，出现“添加打印机”对话框，如图 2-41 所示；③按照向导安装提示一步一步操作，即可完成打印机的安装。

图 2-40 “设备和打印机”窗口

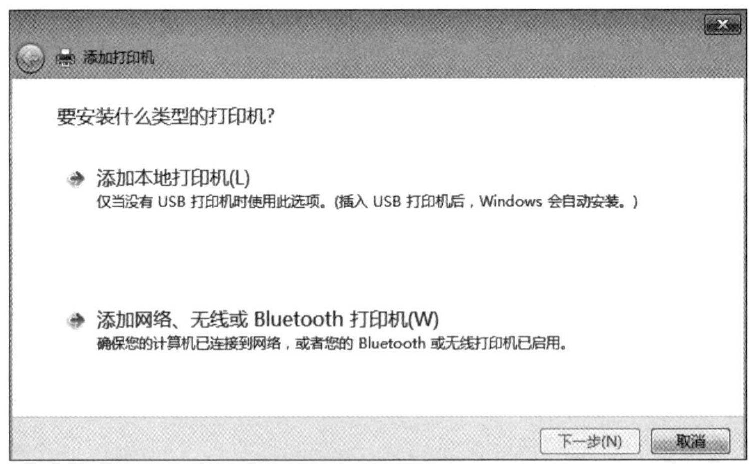

图 2-41 “添加打印机”对话框

2. 打印机管理

Windows 7 为已安装的打印机提供了打印管理器，通过打印管理器控制发送到打印机的作业。当计算机进行打印时，系统建立一个打印文件，并送到打印管理器中；打印管理器再将此文件送到打印机中打印。当有多个文件要使用同一台打印机时，系统将建立一个打印队列，依次打印文件。

2.5 Windows 7 的网络应用

Windows 7 提供了强大的网络功能。用户可以通过控制面板中的"网络和共享中心"窗口，并通过可视化视图和单站式命令完成网络连接，如图 2-42 所示。

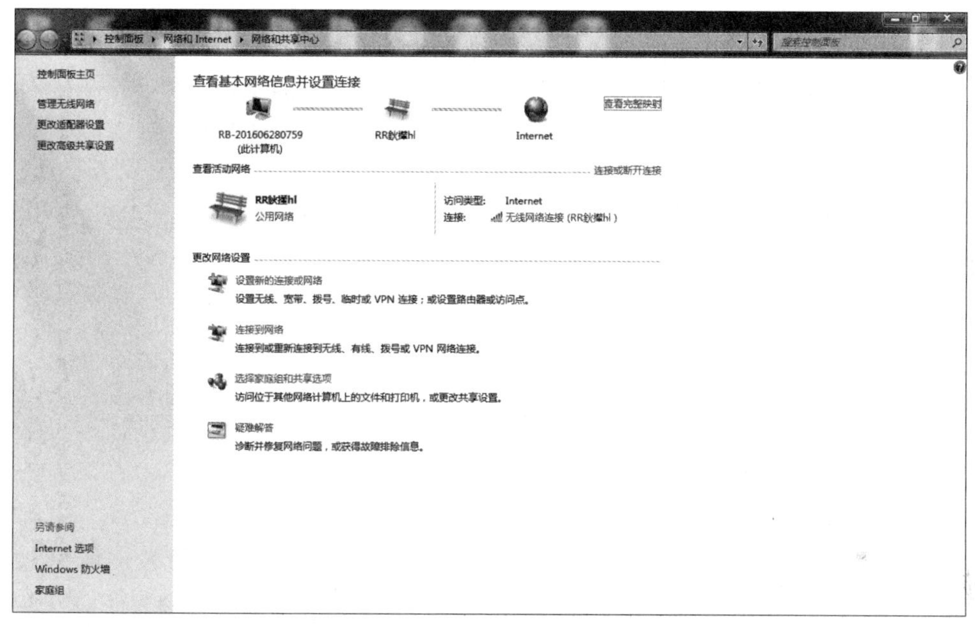

图 2-42 "网络和共享中心"窗口

在"网络和共享中心"窗口可以实现以下功能。

1. 连接到宽带网络

方法："控制面板"→"网络和共享中心"→"更改网络设置"→单击"设置新的链接或网络"→在打开的对话框中选择"连接到 Internet"命令→选择"宽带(PPPoE)(R)"命令→输入 ISP 提供的"用户名""密码"以及自定义的"连接名称"等信息→单击"连接"。

2. 网络上的其他用户共享资源

家庭组是 Windows 7 推出的一个新的概念，目的是让用户借助家庭组功能实现同组内各台计算机中的软、硬件资源共享，并确保共享数据安全。

方法如下。

(1) 创建家庭组。

分别设置两台计算机的 IP 地址(私有地址，如 192.168.5.1 和 192.168.5.2)，子网掩码均为 255.255.255.0。

(2) 在“网络和共享中心”的“查看活动网络”中将当前网络位置修改为“家庭网络”。(注意,一个局域网内只能有一个家庭组)

(3) 将另一台计算机的网络位置设置为“家庭网络”后,在其资源管理器左侧的导航窗格中显示“家庭组”结点,单击“立即加入”按钮,在弹出的对话框中输入创建家庭组时设置的密码,即加入该家庭组。

本章小结

本章介绍了在 Windows 7 环境下如何组织、管理计算机的系统资源,对 Windows 7 做了简要的概述,并介绍了该操作系统的特点,以便读者有一个大体的认识;详述了 Windows 7 的使用环境(包括用户界面及其基本操作)以及 Windows 7 的资源管理和环境设置,对 Windows 7 的新特点、亮点及其使用也做了较全面的介绍。Windows 7 具有强大的网络功能,本章最后以实例形式体现。

习 题 2

一、判断题

1. 操作系统的主要功能是控制和管理计算机的硬件和软件系统资源。 ( )

2. 在安装 Windows 7 过程中,自动检测计算机的硬件,包括网卡、显示卡等。( )

3. Windows 7 支持即插即用,因此,任何计算机设备都无须设备驱动程序,只连接到计算机便可正常使用。 ( )

4. 如果在桌面上看不到任务栏,说明 Windows 7 系统出错,不能使用。 ( )

5. 应用程序安装完毕后,自动在“程序”菜单中建立快捷方式文件夹,以方便启动应用程序。 ( )

6. 应用程序窗口和文档窗口都有菜单栏。 ( )

7. 对话框的主要作用是接收用户输入的信息和系统显示的信息。 ( )

8. “资源管理器”主要用于组织和管理磁盘中的文件。 ( )

9. 删除文件操作只是把所删除的文件移动到“回收站”中,未执行“清空回收站”前,随时可将文件从“回收站”中恢复。 ( )

10. 如果隐藏文件的扩展名,则所有文件类型都不能识别。 ( )

11. “附件”文件夹是 Windows 7 必不可少的组成部分。 ( )

12. 记事本程序可用来建立、查看、编辑和打印短小的无格式纯文本文件。 ( )

13. 用“写字板”和“记事本”建立的文件,默认扩展名都是.TXT。 ( )

14. 将文件与应用程序建立关联后,每当双击要打开的文件时,系统都会调用关联的应用程序打开该文件。 ( )

15. 一般情况下，双击文件 READ.TXT 时，系统调用“写字板”程序打开该文件。 （ ）

16. 如果忘记文件的存放位置及文件名，则无法找到该文件。 （ ）

17. “控制面板”可设置和控制 Windows 7 的软硬件系统。 （ ）

二、选择题

1. 右击一个对象时，（ ）。

A. 弹出该对象对应的快捷菜单　B. 打开该对象

C. 关闭该对象　D. 无反应

2. 双击窗口标题，可使窗口（ ）。

A. 最大化　B. 最小化　C. 关闭　D. 移动

3. 快捷方式可由用户创建在（ ）。

A. 我的电脑　B. 桌面　C. 控制面板　D. 任何位置

4. Windows 中的桌面是指（ ）。

A. 整个屏幕　B. 电脑台面　C. 每个窗口　D. 我的电脑

5. 双击一个已选择的程序图标名称时，（ ）。

A. 可运行该程序　B. 可更改程序名

C. 不产生任何动作　D. 产生“不可操作”警告

6. 要查看计算机上的硬件资源，可（ ）查看。

A. 在“开始”的“程序”菜单中　B. 打开“我的电脑”

C. 在“控制面板”中双击“系统”图标　D. 右击桌面并选择“属性”命令

7. 以下窗口中，（ ）不能移动。

A. 应用程序窗口　B. 文档窗口

C. 已最大化的窗口　D. 所有窗口

8. 要使 Windows 每次启动时都自动执行一个应用程序，只需把这个应用程序的（ ）放在“启动”文件夹中。

A. 程序名　B. 快捷方式　C. 文件夹　D. 说明文件

9. 可确定一个文件的存放位置的是（ ）。

A. 文件名称　B. 文件属性　C. 文件大小　D. 文件路径

10. 要把一个文件复制到指定位置，可（ ）。

A. 按 Ctrl 键并拖动该文件　B. 按 Shift 键并拖动该文件

C. 按 Ctrl 键并双击该文件　D. 按 Shift 键并双击该文件

11. 文件类型是根据（ ）识别的。

A. 文件的存放位置　B. 文件的大小

C. 文件的用途　D. 文件的扩展名

12. 一个应用程序的快捷方式被创建在桌面上，如果从桌面把这个快捷方式删除，则（ ）。

A. 该应用程序不会被删除

B. 该应用程序将被删除

C. 该应用程序可被删除，但可从“回收站”恢复出来

D. 系统将询问“是否将该应用程序删除？”

13. 下列关于 Windows 对话框的描述中，错误的叙述是(　　)。

A. 当用户选中下拉菜单中带有“...”省略号的选项时，将弹出对话框

B. 对话框是由系统提供给用户输入信息或选择某项内容的矩形框

C. 可以调整改变对话框

D. 可以在屏幕上移动对话框

14. Windows 操作的特点是(　　)。

A. 将操作项拖到对象　　B. 先选择操作项，后选择对象

C. 同时选择操作项及对象　　D. 先选择对象，后选择操作项

15. 下列关于 Windows 的叙述中，错误的是(　　)。

A. 在 Windows 屏幕上一次可以显示多个窗口

B. Windows 可以打开多个活动窗口

C. Windows 屏幕可同时显示多个图标

D. Windows 窗口中可以有多个窗口

16. 应用程序窗口除了可以用最大化、最小化以及还原的方法改变其大小外，(　　)改变窗口大小。

A. 可用鼠标指向边框，当出现双向光标时连续拖动

B. 不可以用其他方法

C. 可双击窗口边框

D. 可单击窗口边框

三、填空题

1. 要使桌面上的多个窗口横向平铺，应进行的操作为________。

2. 在异常情况下，当应用程序不再响应用户的操作时，按组合键________+________+________将弹出“关闭程序”对话框，通过对话框退出指定的应用程序。

3. 下拉菜单中，若命令项的右面标有实心三角“▶”，表示选择该命令项后将________。

4. 若下拉菜单的命令项为浅灰色，表示该命令项________。

5. 选择多个不相邻的文件或文件夹的方法是：按下________键并保持，再用鼠标逐个单击各文件或文件夹。选择多个相邻的文件或文件夹的方法是：单击第一个文件或文件夹，然后按下________键并单击最后一个文件或文件夹。

6. 使用剪贴板复制或移动文件的过程是：①选定________；②执行________或________操作；③选定________；④执行________操作。

7. 执行复制操作，将把选定的对象复制到________；执行粘贴操作，将把________中的内容粘贴到选定的位置。

8. 按住________键并拖动文件，将把一个文件复制到指定位置。

9. 按住________键并拖动文件，将把一个文件移动到指定位置。

10. 在资源管理器中执行________→________→________，在对话框中单击“隐藏已

知文件类型的扩展名”前的________（√），可以设置显示/不显示文件的扩展名。

11. 在按下 Del(Delete)键的同时按下________键，将把已选择的文件和文件夹直接从磁盘删除，而不能恢复。

12. 操作系统是________与________的接口，即用户通过操作系统使用计算机。

13. 在 Windows 7 中选择 C 盘上的一批文件后，单击 Delete(或 Del)键并没有真正删除这些文件，而是将这些文件移到了________中。

14. 在 Windows 7 的附件中用“画图”软件绘制的图形，保存时默认扩展名为________。

15. 应用程序窗口中工具栏上的每个按钮都代表一个________。

16. 单击对话框中的“确定”按钮与按________键的作用一样。

17. 单击对话框中的“取消”按钮与按________键的作用一样。

18. 文本文件的扩展名是________。

第3章 Word 2010 应用基础

知识目标	能力目标
1. Word 2010 的新增功能 2. 文档的编辑、排版及基本操作的内容 3. 表格、图形的编辑及制作的规范要求 4. 页面排版的要求及文档的打印	1. 文档的基本操作及综合排版能力 2. 文档中表格的操作能力 3. 文档中图形的操作能力 4. 文档的打印及页面排版的能力

中文 Word 2010 是 Microsoft Office 2010 中文办公自动化集成套装软件中重要程序之一，是美国微软公司推出的新一代文字处理软件，其操作界面生动直观，简单易学，是目前较优秀、较普及的文档处理和编辑软件，利用它，用户可以编排出图文并茂的文档。

3.1 Word 2010 基础知识

3.1.1 Word 2010 的启动和退出

1. 启动

可以选择"开始→程序→Microsoft Office→Microsoft Office Word 2010"项，也可以双击桌面上的 Microsoft Office Word 2010 的快捷方式图标(若没有，可以自己在桌面上创建)，还可以直接在某个窗口双击 Word 2010 的文档。

Word 2010 启动后的窗口如图 3-1 所示。在窗口的编辑区可以看到一条闪烁的竖线，表示当前输入字符的位置。通常把闪烁的竖线"|"称为"插入光标"，简称"光标"，把光标所在的位置称为插入点。

2. 退出

可以单击"文件"菜单上的"退出"命令，也可以单击 Word 工作窗口右上角的关闭按钮[X]。或双击 Word 工作窗口标题栏左端的 Word 控制菜单图标[W]。如果在退出 Word 前工作文档还没有存盘，退出时，系统提示用户是否将编辑的文档存盘。

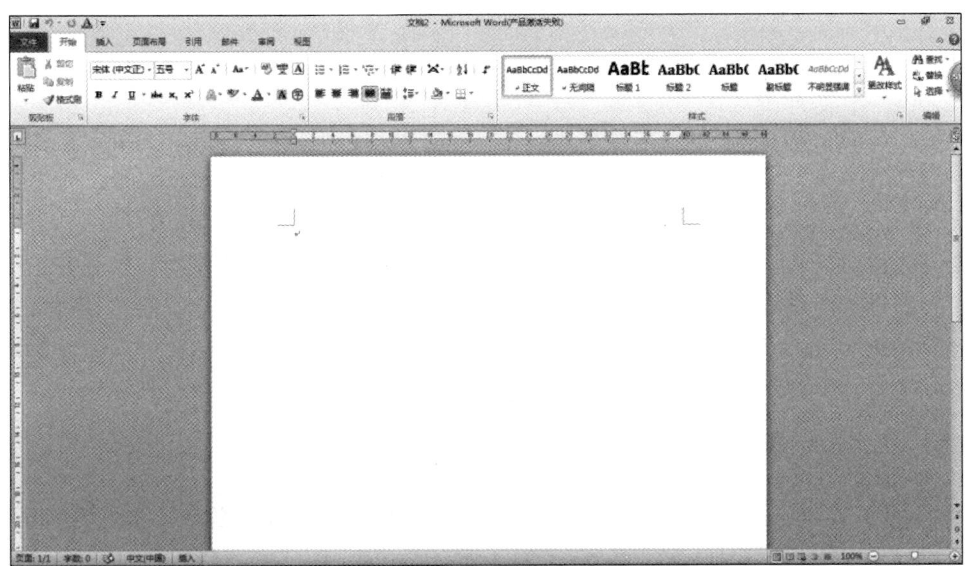

图 3-1　Word 2010 窗口

3.1.2　Word 2010 的窗口组成

Word 2010 的窗口组成如图 3-2 所示。

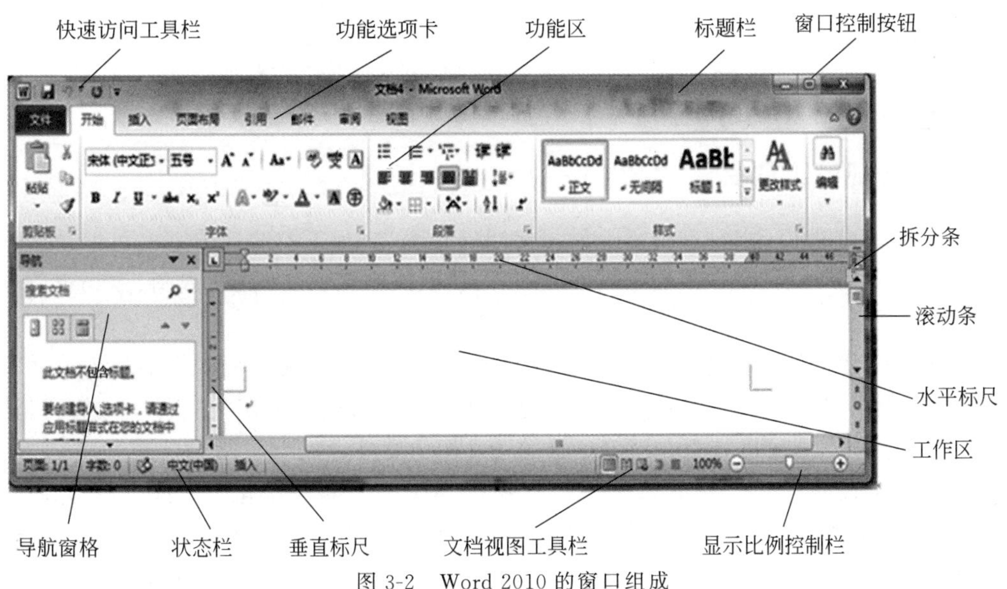

图 3-2　Word 2010 的窗口组成

1. 标题栏

标题栏位于窗口最上端,作用是显示当前正在编辑的文档名称。其左边显示 Word

控制菜单图标、当前编辑文件名称和应用程序的名称。

2. 窗口控制按钮

右上角的▁□×分别为"最小化窗口""最大化/还原窗口""关闭窗口"按钮。

3. 快速访问工具栏

快速访问工具栏位于功能区上方,用户可以修改其设置,使其位于功能区下方。该工具栏的作用是使用户快速启动常用命令。默认的快速访问工具栏中只有保存、撤销、重复和自定义快速访问工具栏 4 个命令。用户可以使用"自定义快速访问工具栏"命令添加或定义自己的常用命令。

4. 功能选项卡

Word 2010 的功能选项卡取代了以前版本的菜单栏,并调整增加了一些功能。Word 2010 默认包括"开始""插入""页面布局""引用""邮件""审阅""视图""加载项"8 个功能选项卡。其中每个选项卡下方都显示了该选项卡包含的功能区。

5. 文档窗口

文档窗口位于 Word 窗口的中央,用于文档的输入和编排。文档窗口的顶端及左侧是标尺,其作用是给文本定位。文档窗口的底端和右侧是滚动条,用于滚动调整在文档窗口中显示的内容。

6. 状态栏

状态栏位于窗口最底一行,用于显示当前编辑文档的状态信息及一些编辑信息。

7. 文档视图工具栏

Word 2010 提供了多种在屏幕上显示文档的视图方式,不同的视图方式可以适应不同的工作特点。Word 2010 视图有页面视图、阅读版式视图、Web 版式视图、大纲视图和草稿视图。

- 页面视图:可以查看与实际打印效果一致的文档。页面视图除了具备普通视图中的"所见即所得"的特点外,还显示出实际位置的多栏版面、页眉、页脚、脚注和尾注等,也可以查看在精确位置的图文框的项目。
- 阅读版式视图:如果打开文档是为了阅读,阅读版式视图优化了阅读窗口,隐藏了除"阅读版式"和"审阅"以外的所有工具,使文档对页排放(如打开的书页)。
- Web 版式视图:用于创作 Web 页,它能够仿真 Web 浏览器显示文档。在 Web 版式视图下,可以看到给 Web 文档添加的背景,文本将自动换行,以适应窗口的大小。默认情况下,Web 版式视图包括一个可调整大小的查找窗格,称为"文档结构图",可以显示文档结构的大纲视图。单击文档的一个大纲主题,可立即跳转到文档的相应部分。

- 大纲视图：大纲视图使得查看文档的结构变得很容易，并且能够通过拖动标题移动、复制或重新组织正文。在大纲视图中，能够折叠文档以查看主标题，或者扩展文档以查看整个文档。
- 草稿视图：草稿视图取消了页面边距、分栏、页眉、页脚和图片等内容，只显示标题和正文，是最节省硬件资源的视图方式。

3.1.3 创建、保存和打开文档

创建、保存和打开文档是 Word 进行文档编辑的基本操作。

1. 创建文档

【操作实例】 创建新文档。

启动 Word 2010 时，系统自动创建一个新文档，可直接在上面进行编辑工作，默认文档名为"文档 1"。

也可以在启动 Word 2010 后，单击文件选项卡中的"新建"命令，创建一个新文档。

或者按快捷键 Alt＋F 打开文件选项卡，执行"新建"命令（或直接按 N 键），创建一个新文档。

还可以按快捷键 Ctrl＋N 创建一个新文档。

2. 保存文档

为了防止由于计算机突然死机或停电等故障造成文档丢失，及时保存文档十分重要。建议每间隔一段时间就进行一次存盘操作（Word 2010 的文档文件的扩展名默认为 .docx）。下面介绍如何保存文档。

（1）保存一份尚未命名的新建文档。

【操作实例】 将当前的文档以"求职简历"为文件名保存到 C 盘上。

单击"快捷访问工具栏"中的"保存"按钮，或者单击"文件→保存"，打开"另存为"对话框（见图 3-3）。在"保存位置"下拉菜单中选定 C:。

在"保存位置"后的下拉列表中确定新文档存放的路径，在"文件名"框中输入新文档名"求职简历"，在保存类型后的下拉列表中选"Word 文档"（默认为"Word 文档"类型），如图 3-4 所示。最后单击"保存"按钮，新建的文档就会以"求职简历"为文件名存在 C:盘。

（2）保存一份已存在的文档。

【操作实例】 将"求职简历"文档再次保存。

单击常用工具栏中的"保存"按钮，或者单击"文件→保存"，当前"求职简历"文档以原名为文件名再次存盘。

（3）将本次编辑的结果保存为另一份文档。

【操作实例】 将"求职简历"文件以"个人求职简历"为文件名重新保存。

单击"文件"→"另存为"，打开"另存为"对话框。在"文件名"框中输入新文档名"个人

图 3-3 “另存为”对话框

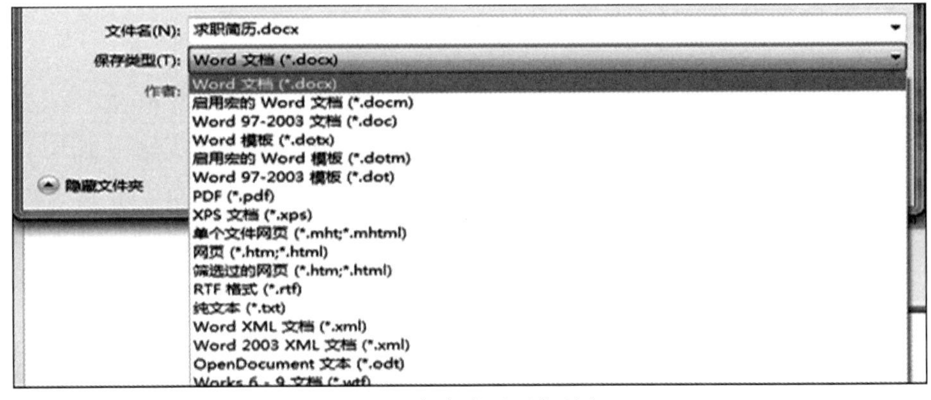

图 3-4 保存类型下拉列表

求职简历”,单击“保存”按钮。

(4) 设置定时自动保存。

自动保存功能只是保留了当前编辑结果的临时备份,以供 Word 遇到意外情况恢复用,一定程度上减少了损失。

【操作实例】 将“求职简历”文档自动保存时间间隔设置为 8 分钟。

单击“文件”→“选项”→“保存”,打开“保存”对话框(见图 3-5)。选中其中的“保存自动恢复信息时间间隔”,然后设置自动保存的间隔时间为 8 分钟,单击“确定”按钮。

这种自动保存与用户自己存盘不一样。如果发生了意外,Word 根据临时备份做了恢复,用户还必须做一次存盘操作,才能将恢复的内容真正存盘。

图 3-5 “保存”对话框

3. 打开文档

【操作实例】 打开以上操作实例保存在 C 盘上的“求职简历”文档。

可以单击“文件”→“打开”，弹出“打开”对话框(见图 3-6)，在“查找范围”中确定文档所在的路径 C:，然后在文件列表中单击名为“求职简历”的文档，最后单击“打开”按钮(也可双击文档名直接打开)；也可以单击“快速访问工具栏”上自定义后的“打开”按钮，弹出“打开”对话框(见图 3-6)，之后的操作与前一种方法相同。

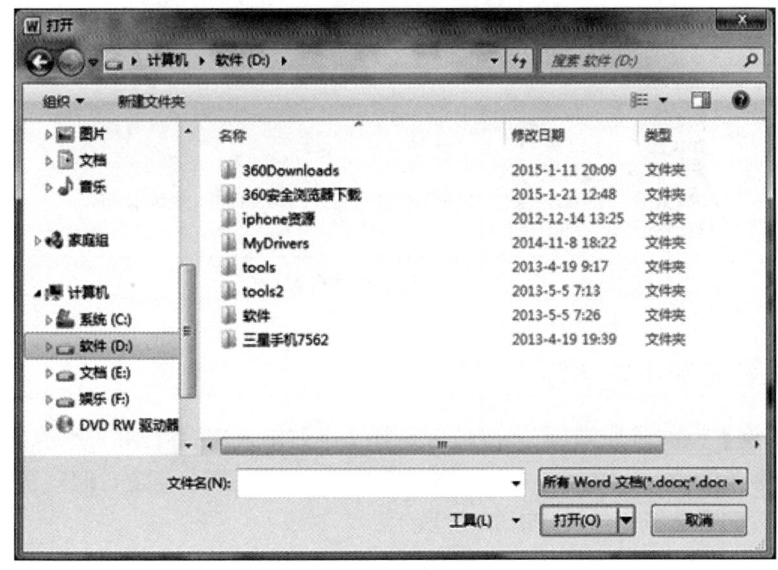

图 3-6 “打开”对话框

3.2 文 档 编 辑

创建一个空白文档后，就可以输入文档内容了。文档输入和编辑是 Word 2010 应用中基本而重要的操作。它包括文本的输入、选定、插入、修改、删除、复制与移动、查找和替换等。Word 2010 提供了一整套功能强大的编辑文档的方法，可以在宽松的环境下完成文档的编辑工作。

3.2.1 输入内容

在文档的中间位置双击，将光标定位到鼠标双击的位置就可以快速插入文字、图形、表格或者其他内容。

1. 输入文字

Word 有自动换行的功能，每当输入位置到达行尾时，它将自动换行，仅当一个段落输入结束时，才需要按 Enter 键(回车符在 Word 中被称为段落标记)。

【操作实例】 在“求职简历”文档中输入如图 3-7 所示的内容，并显示段落标记。

打开“求职简历”文档，在文档中输入如图 3-7 所示的文字，在文档中输入 Enter 键的位置被标识为段落标记，显示为↵(非打印字符)。

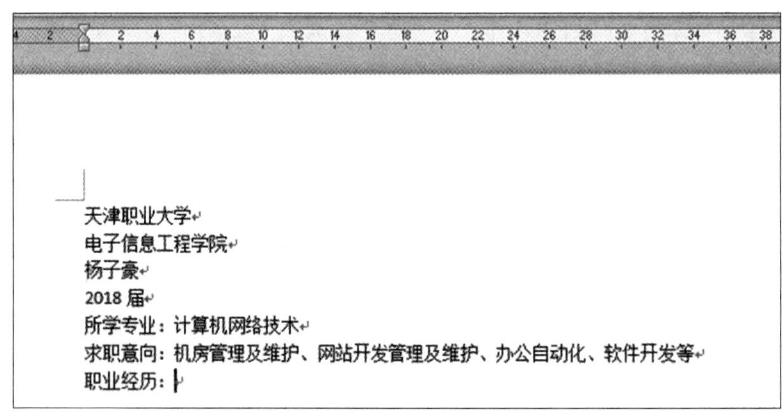

图 3-7 操作实例内容

2. 输入符号和特殊字符

【操作实例】 在“求职简历”文档最后一行文字前输入※，如图 3-8 所示。

将光标停在最后一行文字前，单击“插入”选项卡→符号”命令项，打开“符号”对话框。在“符号”对话框中选择※即可，如图 3-9 所示。

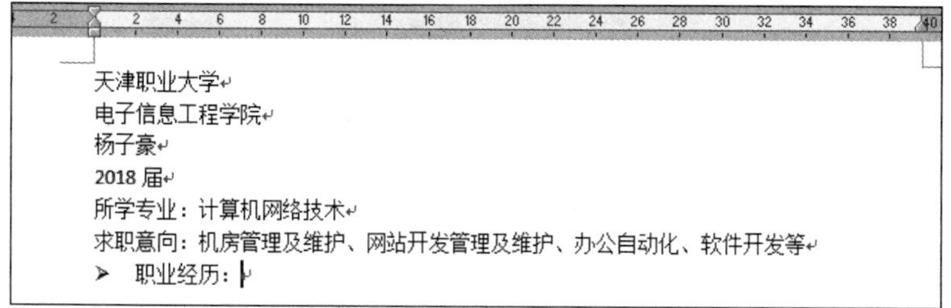
天津职业大学
电子信息工程学院
杨子豪
2018 届
所学专业：计算机网络技术
求职意向：机房管理及维护、网站开发管理及维护、办公自动化、软件开发等
➢ 职业经历：

图 3-8　操作实例效果

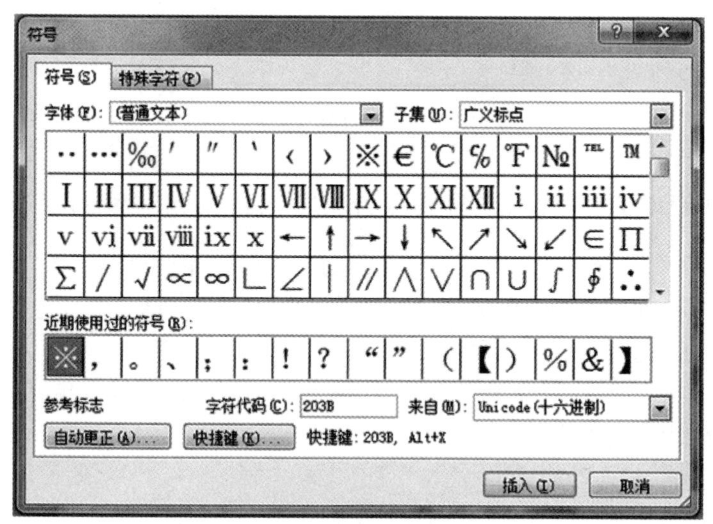

图 3-9　"符号"对话框

3. 当前日期和时间

【操作实例】 在"求职简历"文档最后一行文字后输入当前日期和时间，如图 3-10 所示。

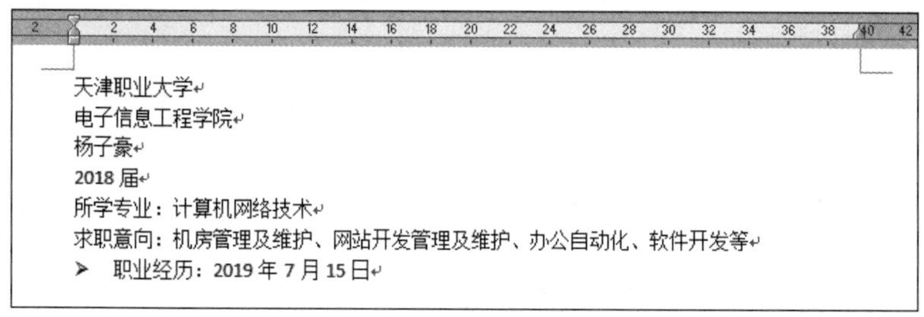
天津职业大学
电子信息工程学院
杨子豪
2018 届
所学专业：计算机网络技术
求职意向：机房管理及维护、网站开发管理及维护、办公自动化、软件开发等
➢ 职业经历：2019 年 7 月 15 日

图 3-10　操作实例效果

将光标停在最后一行文字后，单击"插入→日期和时间"命令项，弹出"日期和时间"对话框，如图 3-11 所示。在"可用格式"列表中单击选中的日期或时间格式，再单击"确定"按钮即可输入当前系统的日期和时间。

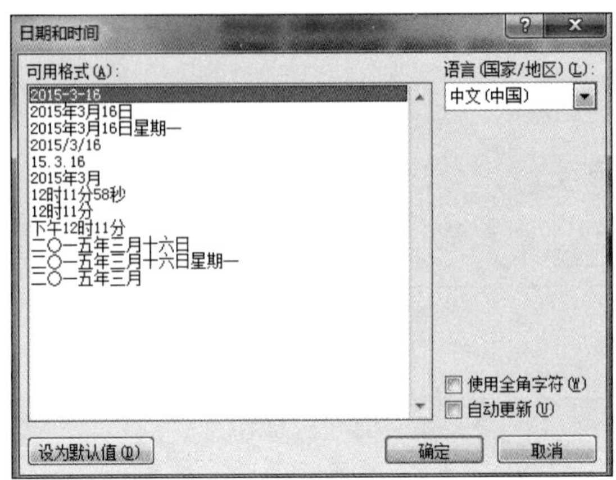

图 3-11 “日期和时间”对话框

4. 自动更新日期和时间或将其保持为插入日期和时间的状态

执行插入日期和时间命令,打开日期和时间对话框,如图 3-11 所示。在“语言(国家/地区)”下拉列表中选择“中文(中国)”,在“可用格式”中选择一种格式,勾选“自动更新”复选框,调整后单击“确定”按钮。

3.2.2 文本块的操作

插入、改写、删除、撤销、移动、复制等是文档编辑中最基本、最常用的操作。

1. 常用方法

选择文档中的文字、表格和图形等元素,最实用的方法是使用鼠标框选,即在需要选择的对象的起始处单击,拖动鼠标直到对象的结尾处,被选择的内容会高亮显示。

【操作实例】 在“求职简历”文档中,选定第 2 行中的“电子”一词、同时选定第 6 行中的“机房”“维护”“网站”3 个词、选定第 1 行、选定第 1 行和第 2 行、选定“求职意向”一段、选定如图 3-12 所示的竖块文本、选定整个文档、取消选定。

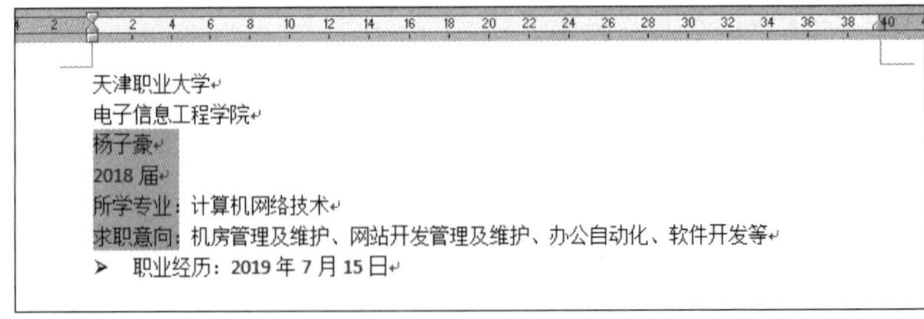

图 3-12 选定竖块文本

在汉字词语或英文单词上双击,可选择一个汉字词语或英文单词。

按住 Ctrl 键，在词语上双击，可选择不连续的词语。

选定第 1 行：将鼠标指针移到第一行左侧的选定栏中，当指针变成↗形时单击。

选定第 1 行和第 2 行：将鼠标指针移到这两行左侧的选定栏中，然后按住鼠标左键拖动。

选定“求职意向”一段：将鼠标指针移到该段左侧的选定栏中双击。

选定竖块文本：将鼠标指针指向“姓名”前，按住 Alt 键，然后按住鼠标左键拖到文本块的对角，即“求职意向：”后。

选定整个文档：将鼠标指针移到选定栏中，然后单击 3 次。

取消选定：单击屏幕上的任意位置，或者按键盘上的箭头键即可。

2. 使用键盘选定文本

使用键盘的组合键也可选定文本。按 Home 键可使插入点移到行首，按 Shift+Home 组合键选定从当前插入点到行首的文本；按 Ctrl+A 组合键选定整个文档等。

3. 使用“扩展选定”键选定文本

当按 F8 键时，表明“扩展选定”方式被激活。“扩展选定”方式激活后，相当于普通方式加上 Shift 键，在“扩展选定”方式下移动插入点的操作变成了选定操作。要取消“扩展选定”方式，按 Esc 键。“扩展选定”键的另一个功能是：第一次按 F8 键，激活“扩展选定”方式；第二次按 F8 键，选定插入点处的单词；第三次按 F8 键，选定插入点处的句子；第四次按 F8 键，选定插入点处的段落；第五次按 F8 键，选定整个文档。

3.2.3 插入、改写和删除

1. 插入状态

插入状态是进行文字输入的基本状态。在插入状态输入文字时，光标位置后面的内容将随着输入后光标的移动而自动向后移动。当状态栏上为“插入”字样时，系统处于插入状态。

2. 改写状态

按一下键盘上的 Insert 键或者单击状态栏上的“插入”字样，然后将光标放置在改写位置，此时状态栏出现“改写”两个字，此时系统处于改写状态，此时输入的文字位置处原来的内容会随着输入后光标的移动自动消失，不会向后移动。

3. 删除字符

向后删除字符：指删除插入点以后的内容，使用的是 Del 键，具体操作是：将插入点移动到要删除字符开始处，每按一次 Del 键，都会删除插入点右侧的一个字符。

向前删除字符：指的是删除插入点以前的内容，使用退格键 Backspace，具体操作是：

将插入点移动到要删除字符后，每按一次 Backspace 键，都会删除插入点左侧的一个字符。

3.2.4 查找与替换

查找与替换是修改文档时最常用的一种方法。当发现一篇文章中的某个常用的词录入错了，例如，将"学院"写成了"学员"，如果逐个修改，要花大量时间。如果用 Word 2010 提供的查找和替换功能，可以快速找出错误并改正。

1. 查找

1）常规查找

【操作实例】 查找"求职简历"文档中的 "网站"。

打开要编辑的文档，选择"开始"选项卡中的"查找"命令或按 Ctrl+F 组合键，出现"查找和替换"对话框，如图 3-13 所示。输入要查找的"网站"，文档中被找到的内容亮色显示。

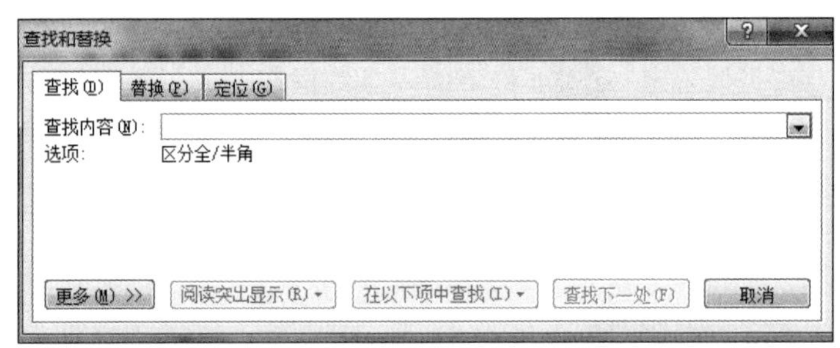

图 3-13 "查找和替换"对话框

单击查找栏右侧的"上""下"按钮可查找上一处或下一处。如果找到的内容不是自己想要的那一处，继续单击"下"按钮。当找到所需的内容后按 Esc 键，或者单击查找栏右侧的关闭按钮返回到文档中。

2）高级查找

高级查找即查找指定格式的文字和特殊字符。

查找指定格式的文字：

例如，查找带有颜色的文字，其操作如下。

单击"导航窗格"的查找栏右侧的下拉按钮，在打开的下拉菜单中单击"高级查找"，弹出"查找和替换"对话框。在"查找和替换"对话框中输入文字内容，如要查找某种格式的所有文字，则不必输入内容。单击对话框底部的"更多"按钮，再单击"格式"按钮（见图 3-14），并设置所需查找文字的格式，单击"确定"按钮。单击"查找下一处"按钮，Word 便开始查找。

查找特殊字符：

查找命令的另一项功能是查找特殊字符，如段落标记、制表符以及省略号等。

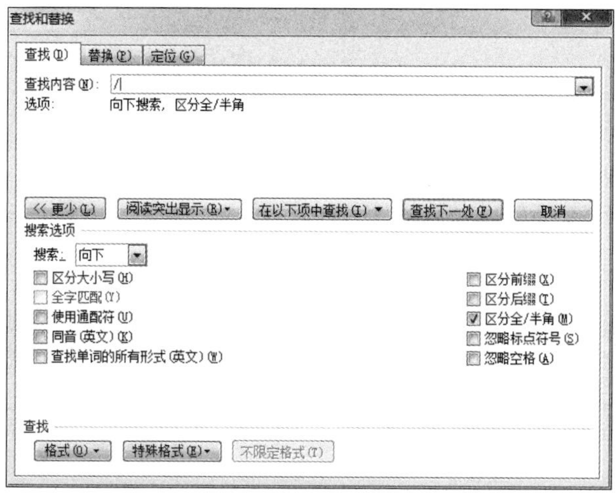

图 3-14 "查找和替换"对话框之"格式"按钮

【操作实例】 查找"求职简历"文档中的段落标记。

选择"编辑"菜单中的"查找"命令项,打开"查找和替换"对话框。单击对话框底部的"更多"按钮,再单击对话框底部的"特殊字符"按钮,弹出特殊字符列表,在其中选择"段落标记",如图 3-15 所示。单击对话框中的"查找下一处"按钮,即可找到文档中的段落标记。

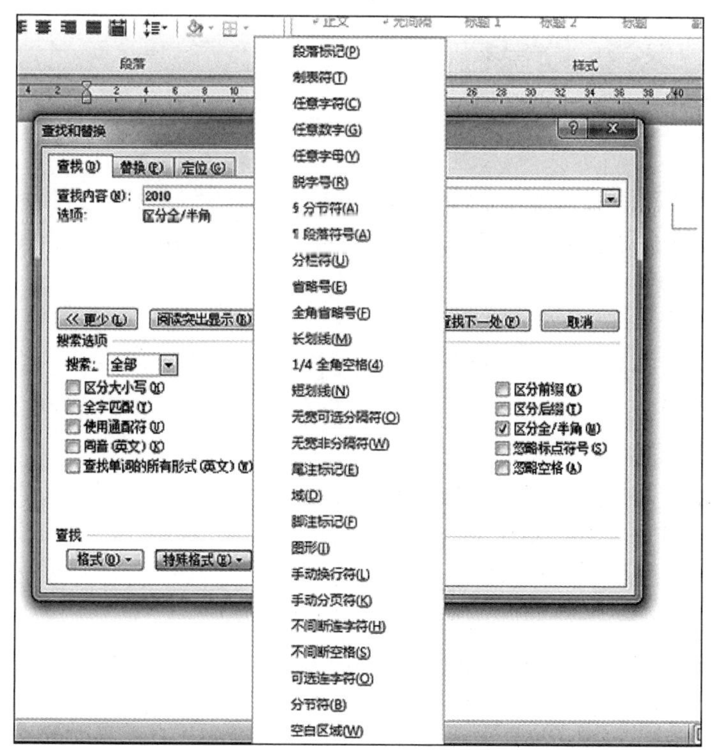

图 3-15 "查找和替换"对话框之"特殊字符"按钮

2. 替换

如果找到所需的内容后，想把它替换为其他内容，这时就要用到替换的功能。

1）常规替换

【操作实例】 将“求职简历”文档中的“网站”替换为“网吧”。

选择“开始”选项卡中的“替换”命令项，弹出“查找和替换”对话框，单击“替换”选项卡，如图 3-16 所示。

图 3-16 “替换”选项卡

在“查找内容”框中输入要查找的内容“网站”，按 Tab 键将插入点移到“替换为”文本框中，输入要替换的文字“网吧”，单击“全部替换”按钮，Word 将全文中查找到的内容自动替换成指定内容。

2）高级替换

高级替换用于替换文档中的格式和特殊字符。

替换格式与替换文字有很多类似之处，不同的是，它的功能更强，可以用任何其他格式的文字替换已有的文字或带有特定格式的文字。

【操作实例】 将“求职简历”文档中的“天津职业大学”替换为隶书、红色字体。

打开文档并选择“编辑”菜单中的“替换”命令项，弹出“查找和替换”对话框，单击“替换”选项卡，在“查找内容”与“替换为”框中输入“天津职业大学”(若只替换格式，而不替换文本的内容，此时需要清除“查找内容”与“替换为”框中的所有文字)。单击对话框底部的“高级”按钮，选定“替换为”后列表框中的文本“天津职业大学”，如图 3-17 所示，单击对话框底部的“格式”按钮，打开“格式”对话框，在其中将字体颜色设置为“隶书、红色”，其余操作同前面的操作实例。

“查找和替换”对话框之“替换”标签的高级选项(见图 3-17)用法如下。

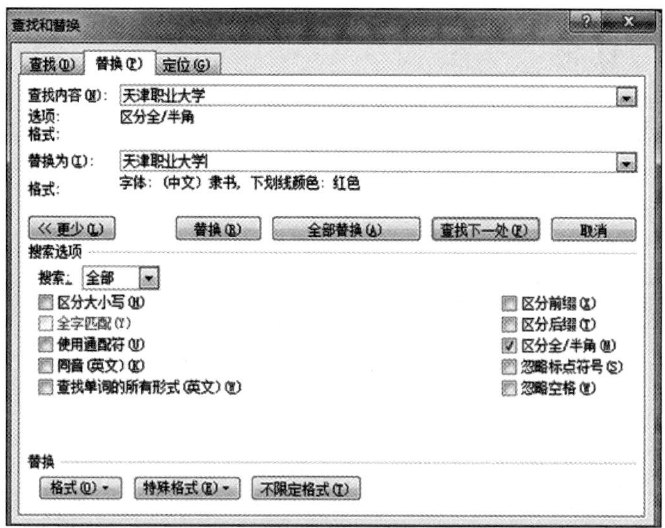

图 3-17 “查找和替换”对话框之“替换”标签的高级选项

在“搜索”列表框中可以指定搜索的方向，其中包括以下 3 个选项。

- “全部”：在整个文档中搜索用户指定的查找内容，它是指从插入点处搜索到文档末尾后，再继续从文档开始处搜索到插入点位置。
- “向上”：从插入点位置向文档头部进行搜索。
- “向下”：从插入点位置向文档尾部进行搜索。

对话框的下方有 6 个复选框。

- “区分大小写”：选中该复选框，Word 只能搜索到与在“查找内容”框中输入文本的大、小写完全匹配的文本。
- “全字匹配”：选中该复选框，Word 仅查找整个单词，而不是较长单词的一部分。
- “使用通配符”：选中该复选框，可以在“查找内容”框中使用通配符、特殊字符或特殊操作符；若不选中该复选框，Word 会将通配符和特殊字符视为普通文字。通配符、特殊字符的添加方法是：单击“特殊字符”按钮，然后从弹出的列表中单击所需的符号。
- “同音(英文)”：选中该复选框，Word 可以查找发音相同，但拼写不同的单词。
- “查找单词的所有形式(英文)”：选中该复选框，Word 可以查找单词的所有形式。
- “区分全/半角”：选中该复选框，Word 会区分全角或半角的数字和英文字母。

对话框的底部有 3 个按钮。

- “格式”按钮：单击该按钮，会出现一个菜单让你选择所需的命令，设置“查找内容”文本框与“替换为”文本框中内容的字符格式、段落格式以及样式等。
- “特殊格式”按钮：在“查找内容”文本框与“替换为”文本框中插入一些特殊字符，如段落标记和制表符等。
- “不限定格式”按钮：用于取消“查找内容”文本框与“替换为”文本框中指定的格式。只有利用“格式”按钮设置格式之后，“不限定格式”按钮才变为可选。

3.2.5 移动与复制

1. 移动文本

【操作实例】 将“求职简历”文档中的“软件开发”移到文本“机房管理及维护”前，如图 3-18 所示。

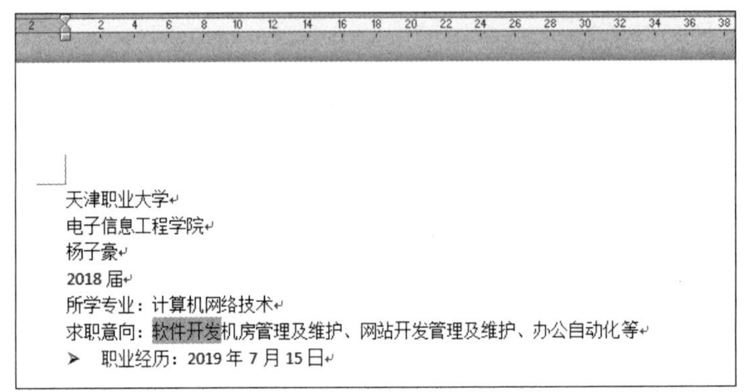

图 3-18 操作实例效果

1）直接拖动

选定要移动的文本“软件开发”，将鼠标指针指向选定的文本，然后按住鼠标左键拖动(拖动时会出现虚线插入点，表明移动的位置)。拖动虚线插入点到文本“机房管理及维护”前，松开鼠标左键即可。

2）使用剪贴板

选定要移动的文本“软件开发”，选择“开始”选项卡中的“剪切”命令(或按 Ctrl＋X 组合键)，将插入点移到文本“机房管理及维护”前，选择“开始”选项卡中的“粘贴”命令(或按 Ctrl＋V 组合键)即可。

3）与键盘结合移动

选定要移动的文本“软件开发”，将鼠标指针移至文本“机房管理及维护”前，按住 Ctrl 键，同时右击，即可实现文本的移动操作。

2. 复制文本

【操作实例】 将“求职简历”文档中的“电子信息工程学院”复制到“天津职业大学”后，如图 3-19 所示。

1）鼠标拖动法复制文本

选定要复制的文本“电子信息工程学院”，将鼠标指针指向选定的文本，按住鼠标左键拖动(拖动时系统会出现虚线插入点，表明复制的位置)。拖动虚线插入点到文本“天津职业大学”后，按住 Ctrl 键，再松开鼠标左键即可。

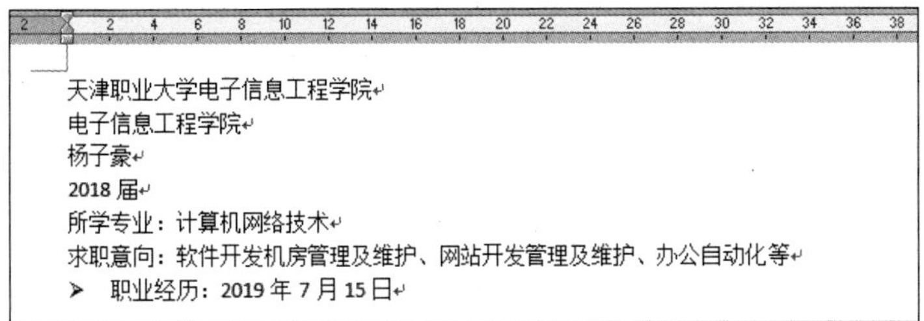

图 3-19　操作实例效果

2）用剪贴板复制文本

选定要复制的文本“电子信息工程学院”，选择“开始”选项卡中的“复制”命令（或按 Ctrl+C 组合键），或者单击常用工具栏中的“复制”按钮，将插入点移到文本“天津职业大学”后，选择“编辑”菜单中的“粘贴”命令（或按 Ctrl+V 组合键）即可。

3）鼠标与键盘结合复制文本。

选定要复制的文本“电子信息工程学院”，将鼠标指针移至文本“天津职业大学”后，按 Ctrl+Shift 组合键，同时右击，这样就完成了复制操作。

在 Word 2010 中，剪贴板位于“开始”选项卡左侧，单击“剪贴板”可以调出“剪贴板”任务窗格。剪贴板可以记住 24 项剪贴内容，如果复制了多于 24 项内容，Office 剪贴板将会删除复制的第一项，然后收集第 25 项。

【操作实例】 使用剪贴板将“求职简历”文档中的文本“天津职业大学”“电子信息工程学院”“杨子豪”复制到最后一行，如图 3-20 所示。

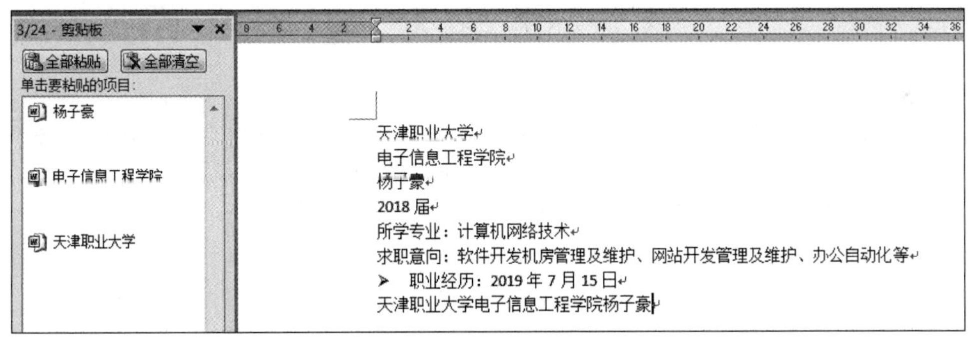

图 3-20　操作实例效果

选定文本“天津职业大学”，然后单击常用工具栏中的“复制”按钮，打开剪贴板。选定文本“电子信息工程学院”，单击“复制”按钮。选定文本“杨子豪”，单击“复制”按钮。将插入点移到文档最后一行，单击“剪贴板”任务窗格中的“全部粘贴”按钮。

3. 复制文本格式

使用格式刷复制文本的格式。

一篇文档中如有多处文字和段落的格式相同，那么只需要设置一次，其他相同格式处都可以从已设置格式的地方使用格式刷复制文本的格式，从而避免了重复操作，节约了时间。复制格式的操作方法如下。

选中要复制格式的文本,单击常用工具栏中的按钮,这时鼠标指针变成一把刷子。选择要应用这种格式的文本或段落,用刷子刷过的文本就改变了格式。

如将选中的格式复制到多处,可以双击“格式刷”按钮,然后再按上述方法进行复制。此时,当格式刷复制过一次后,格式刷操作不会被清除,直到格式复制全部完毕,再单击一次格式刷按钮或按 Esc 键,格式刷操作才会被清除。

3.2.6 撤销与重复

1. 撤销

在编辑文本的过程中,如果进行了某个错误操作,可以把它撤销。撤销操作可以撤销前一步操作,也可以撤销连续前几步操作,操作如下。

可以单击一次快速访问工具栏中的“撤销”按钮,取消上一次操作。当取消前几步操作时,可连续单击“撤销”按钮,也可单击“撤销”按钮旁边的下拉按钮,再在其下拉列表中选择欲撤销的前几步操作。

2. 重复

与撤销对应,被撤销的操作也可以被恢复,具体操作方法如下。

可以单击一次快速访问工具栏中的“重复”按钮,取消上一次撤销操作。

3.3 文 字 处 理

设定文档的格式就是对文档的加工和修饰,所以设定文档格式是文字处理中必不可少的环节。文档的字体、字型和大小合适,字符间距和行间距等设置适当,就会得到一份版面层次有特色、美观漂亮的文档。

通常,设定文字格式最基础的是文字格式和段落格式,然后是页面格式的设定。其他一些修饰性的格式设定,如文字加边框和底纹,插入页码、分页符和分节符,以及设置页眉和页脚等,可根据文档的具体需要设定。

3.3.1 字符格式

Word 2010 中在对文字、图形等操作的时候,要遵循先选中,后设置的原则。所以,设定文字格式前,先要选中要改变格式的文字,然后设置的结果才能体现在被选定的文字上。下面介绍的操作中,都假设已经对文字选定。

1. 使用功能区工具按钮设置文字格式

【操作实例】 使用功能区工具按钮将“求职简历”文档中的 “天津职业大学”设定为

“楷书”“加粗倾斜”“二号”“蓝色”,如图 3-21 所示。

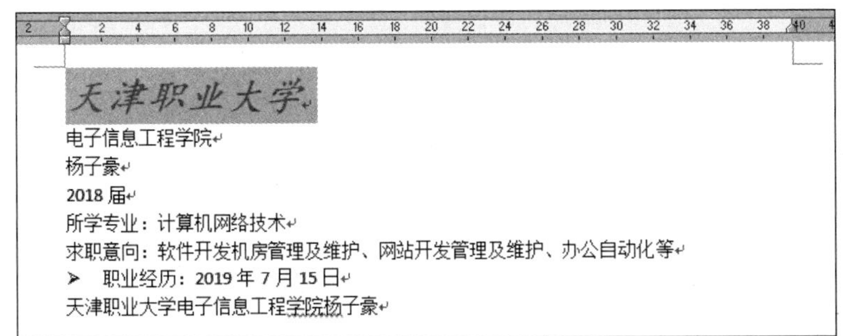

图 3-21　操作实例效果

选定文本“天津职业大学”。设定字体：单击“开始”选项卡中“字体”列表框右边的向下箭头,并从下拉列表中选定“楷体”,如图 3-22 所示。

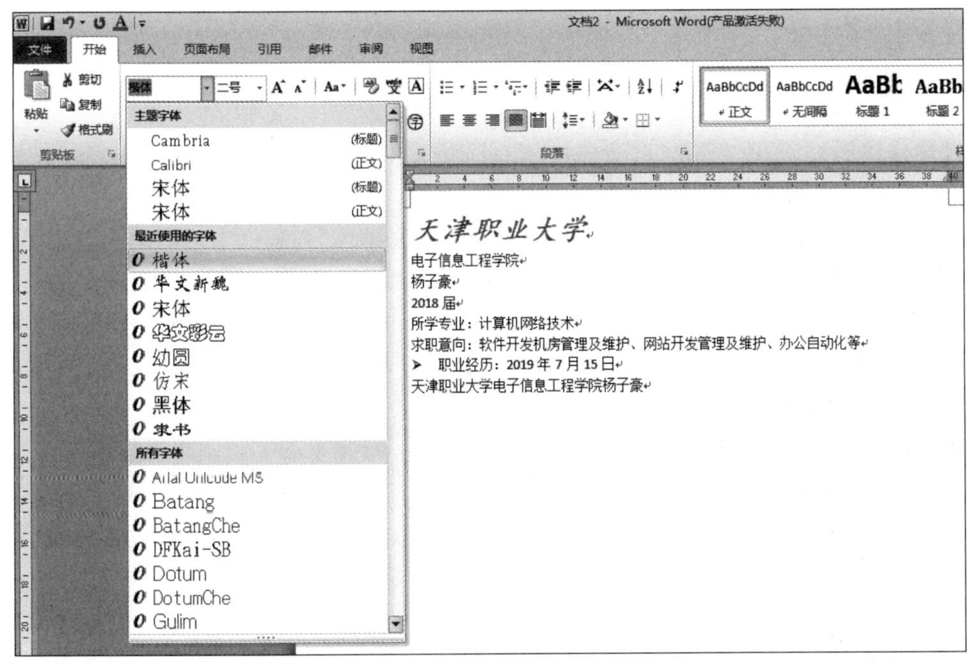

图 3-22　“字体”框右侧的下拉列表框

设定字号：单击“字号”列表框右边的向下箭头,从“字号”下拉列表中选择“二号”。设定字形：单击“加粗”(**B**)、“倾斜”(*I*)。设定字符的颜色：单击 A 的下拉按钮,在字符颜色下拉列表中选择“蓝色”。

2. 使用“字体”对话框设置字符格式

【操作实例】 打开“字体”对话框(见图 3-23)。

可以选中字体右击,从弹出的快捷菜单中选择“字体”命令,也可以选中字体,单击功能区上的“字体”命令右下角的按钮。

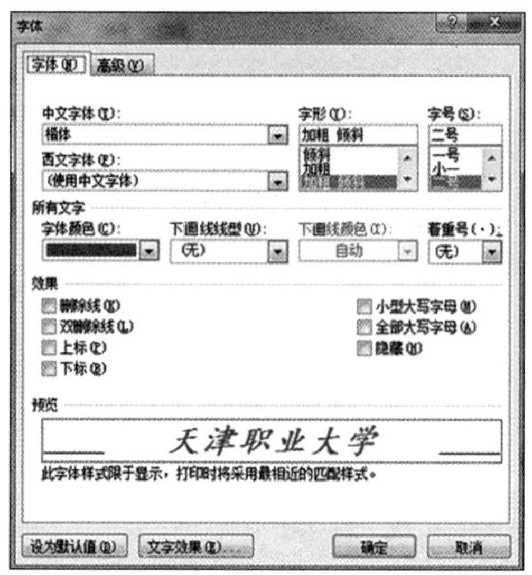

图 3-23 “字体”对话框

在“字体”对话框中通过选择不同选项进行不同的设置。

【操作实例】 利用“字体”对话框将“求职简历”文档中的第 2 行文本设定为“华文彩云”“加粗”“三号”“绿色”“下画线”。

选中第 2 行文本，打开“字体”选项卡。单击“中文字体”列表框右边的向下箭头，从下拉列表中选择“华文彩云”。在“字形”列表框中选择 “加粗”。从“字号”列表框中选择“三号”。单击“字体颜色”列表框右边的向下箭头，从“字体颜色”下拉列表中选择绿色。单击“下画线”列表框右边的向下箭头，从“下画线”下拉列表中选择一种下画线类型，还可以从“下画线颜色”列表框中选择下画线的颜色。

【操作实例】 将“求职简历”文档中第 1 行和第 2 行文本的字符间距设置成 4 磅。

选中第 1 行和第 2 行文本，打开“字体”对话框。单击“高级”标签，打开“高级”选项卡，如图 3-24 所示，从“间距”列表框中选择“加宽”，在其后的“磅值”框设置间距值为 4 磅。

3.3.2 段落格式

Word 2010 中，段落是指任意数量的文本和图形，后面跟一个段落标记。段落格式包括文本的对齐方式、行和行之间的距离、缩进的方式、边框、底纹等。

1. 设置段落对齐

段落对齐方式是指选定段落中的文字在水平方向排版时排列文字的顺序。Word 2010 中常用的段落对齐方式：左对齐、两端对齐、居中对齐、右对齐和分散对齐 5 种。

【操作实例】 设置“求职简历”文档中的前两段文本的段落对齐方式为“居中”，如图 3-25 所示。

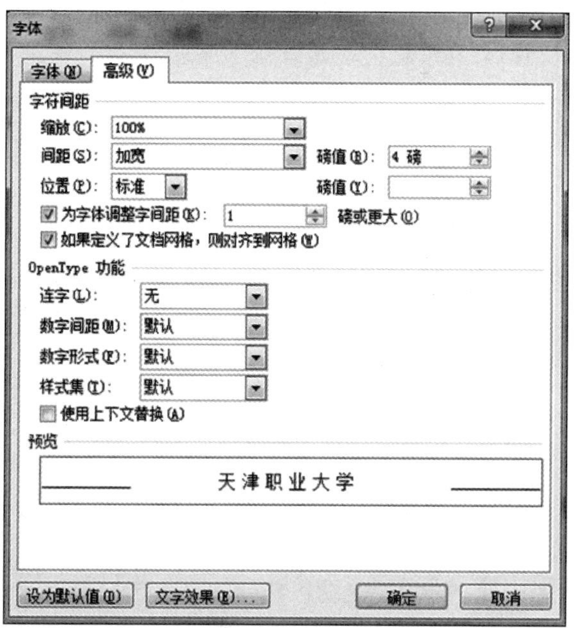

图 3-24 “高级”选项卡

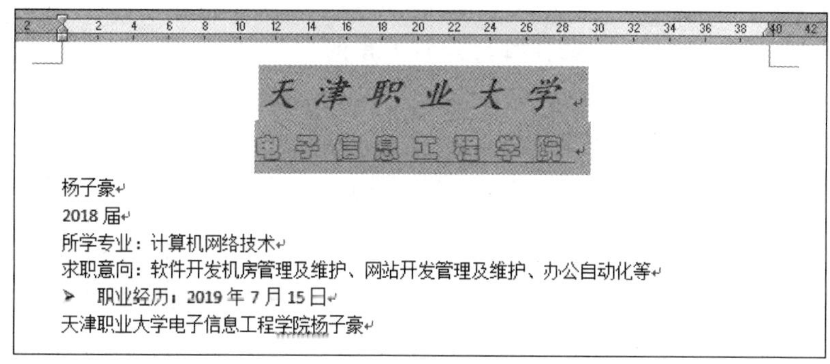

图 3-25 操作实例效果

1）使用工具按钮设置

选中前两段文本，单击段落功能区中的“居中”对齐按钮。

2）使用段落对话框设置

选中前两段文本，单击“段落”右下角的按钮，出现“段落”对话框，单击“缩进和间距”标签。单击“对齐方式”列表框右边的向下箭头，从下拉列表中选择“居中”对齐选项，之后单击“确定”按钮。

2. 设置段落缩进

文本方式由许多因素共同决定。页边距决定页面中所有的文本到页面边缘的距离，而段落的缩进和对齐方式决定段落如何适应页边距。

段落缩进包括 4 种缩进属性：左缩进、右缩进、首行缩进和悬挂缩进，如图 3-26 所示。

左缩进控制段落与左边距的距离；右缩进控制段落与右边距的距离；首行缩进控制段落第一行第一字符的起始位置；悬挂缩进使段落首行不缩进，其余行缩进。

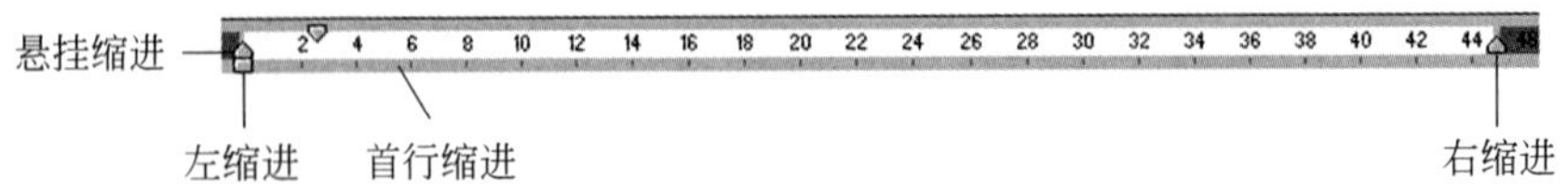

图 3-26　水平标尺上的缩进标记

1）利用按钮设置段落缩进

选定要设置缩进的段落或把插入点移到该段落，单击功能区段落组中的（减少缩进量）按钮或（增加缩进量）按钮，可左或右缩进段落。

2）使用标尺设置段落缩进

选定要设置缩进的段落或将插入点置于要设置缩进的段落中，拖动水平标尺中的缩进标记（见图 3-26）可完成缩进操作。

3）用 Tab 键设置段落缩进

将插入点移到段落首行，按 Tab 键设置首行缩进。选定要左缩进的段落，按 Tab 键可以设置整个段落的左缩进。默认时，每次缩进两个 5 号宋体字的宽度。

4）利用段落对话框设置段落缩进值。

【操作实例】　将“求职简历”文档中的第 3 段到第 8 段文本左缩进 8 个字符。

选中第 3 段到第 8 段文字，选择“段落”右下角的按钮，出现“段落”对话框，如图 3-27 所示。在“缩进”区中设置左缩进为 8 字符。

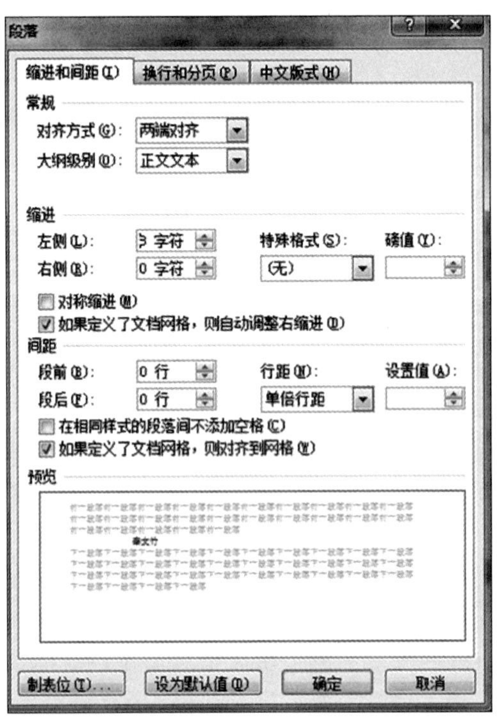

图 3-27　“段落”对话框

3. 设置行间距和段间距

【操作实例】 将"求职简历"文档中文本的行距设置为 2 倍行距，设置第一段段前和段后分别为 1 行和 2 行、第二段段后为 2 行、第三段段后为 3 行、倒数第二段段后为 4 行，如图 3-28 所示。

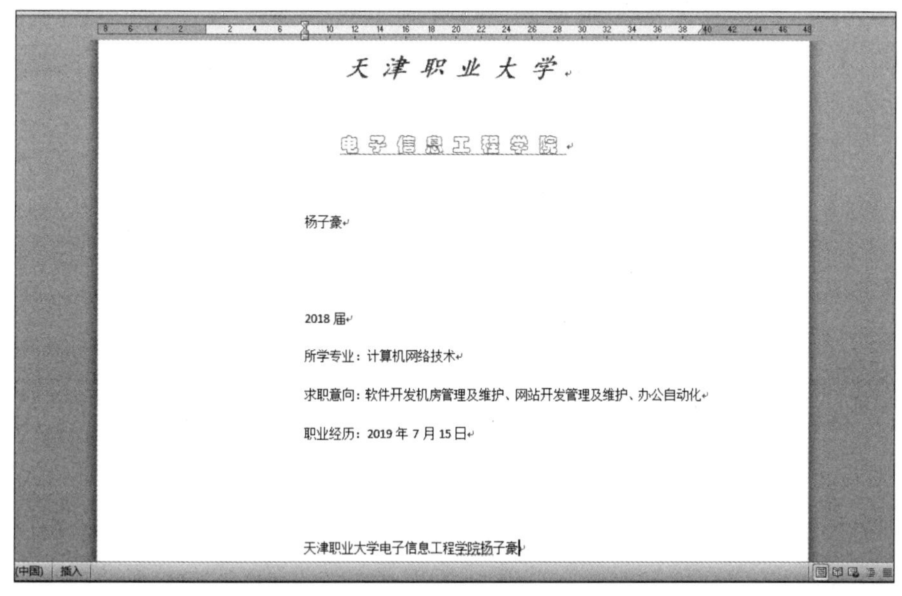

图 3-28　操作实例效果

打开"段落"对话框，如图 3-27 所示。在"间距"选择区的"行距"下拉列表框中选"2 倍行距"，单击"确定"按钮。将光标停在第一段某个位置，打开"段落"对话框，在"间距"选择区中的"段前"和"段后"框中分别选择 1 行和 2 行。采用同样的方法设置第二段段后为 2 行、第三段段后为 3 行、倒数第二段段后为 4 行。

"行距"用于设置行高。系统通常默认为单倍行距，用户可根据需要自行设定。"行距"的下拉列表中给出了 6 种选项，其中"单倍行距"是一种 Word 根据字体大小自动调节的最佳行距；"1.5 倍行距""2 倍行距""多倍行距"都是相对"单倍行距"而言的；"最小值"通常由 Word 自动调节为能容纳段中较大字体或图形的最小行距；"固定值"将行距设置为不需要 Word 调节的固定行距。

"行距"框后的"设置值"框对于"单倍行距""1.5 倍行距""2 倍行距"不起作用。只有"最小值"和"固定值"可设置磅值。

4. 段落的拆分与合并

段落的拆分是把一个段落拆分成两段，方法是：在要拆分的地方设置插入点，按 Enter 键或按 Shift+Enter 组合键。

段落合并是把两个段落合并成一段，方法是：在要合并的地方设置插入点，按 Del 键删除段落标记，从而将下面一段合并到该行上。

3.3.3 设置项目符号和编号

对于按一定顺序排列的项目，可以创建编号列表或项目符号列表。适当正确地使用项目符号和编号，可增强文章的可读性，文章也显得整齐、有条理。

设置项目符号和编号，可以使用“开始”功能卡中“段落”组中的“编号”或“项目符号”按钮。

【操作实例】 为“求职简历”文档中的第 4 段到第 6 段的文本加项目符号，如图 3-29 所示。

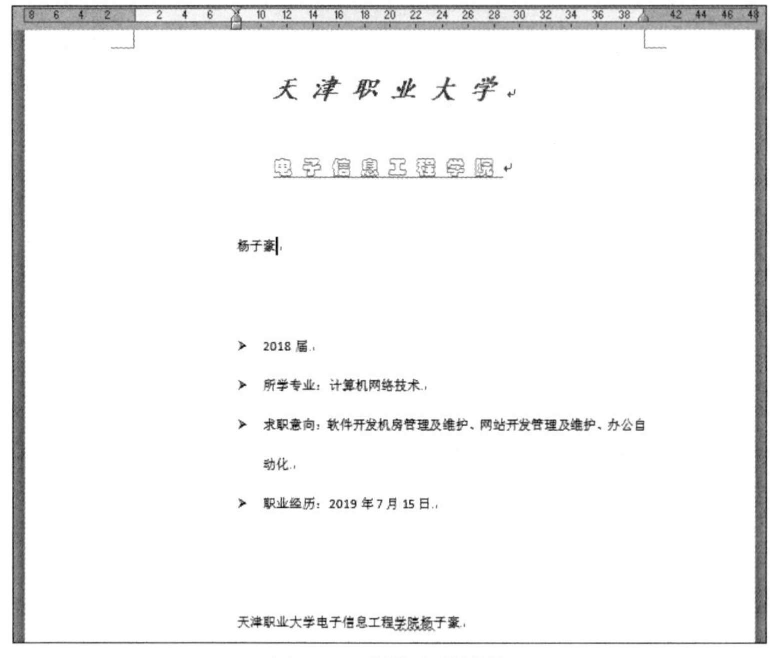

图 3-29 操作实例效果

使用格式工具栏中的“编号”和“项目符号”按钮给段落加项目符号和编号的步骤为：选定文档中第 4 段到第 6 段的文本，单击段落组中的“项目符号”按钮，出现“项目符号和编号”对话框，如图 3-30 所示。选择“项目符号”选项卡，并选择其中一种类型的符号，完成项目符号的添加。

利用同样的方法单击“编号”按钮，可完成编号的添加。

也可单击“定义新项目符号”命令，打开“定义新项目符号”对话框，如图 3-31 所示，可按照需要从符号表中选择符号。

3.3.4 设置边框和底纹

进行 Word 文档的编辑时，为了让文档适应一些有特殊用途的对象，如请柬、备忘录等，需要为文字、段落和页面加上边框和底纹，以增加文档的生动性和实用性。

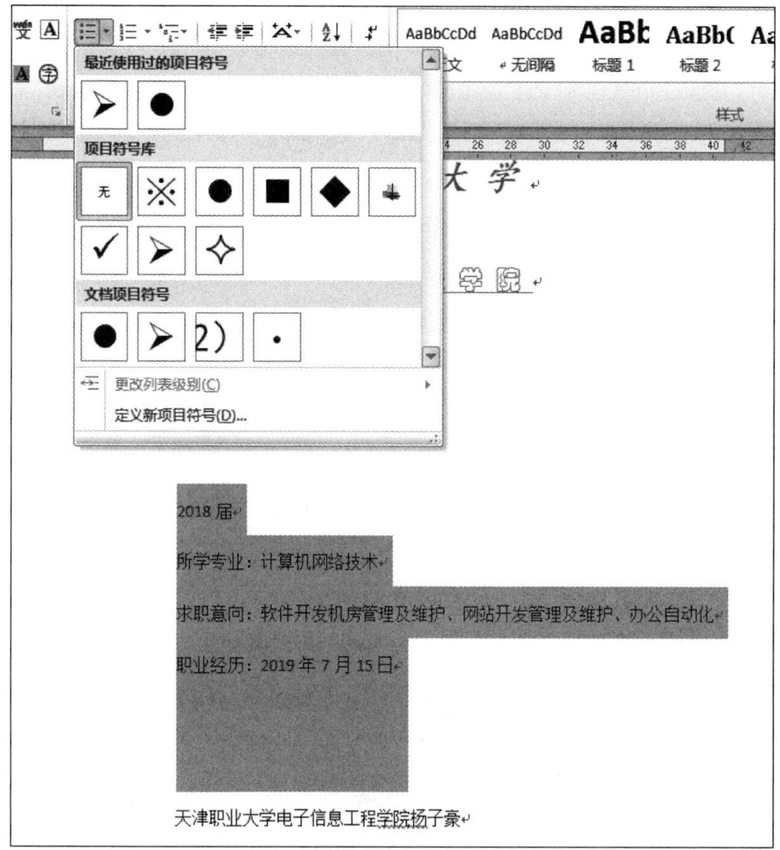

图 3-30　“项目符号和编号”对话框

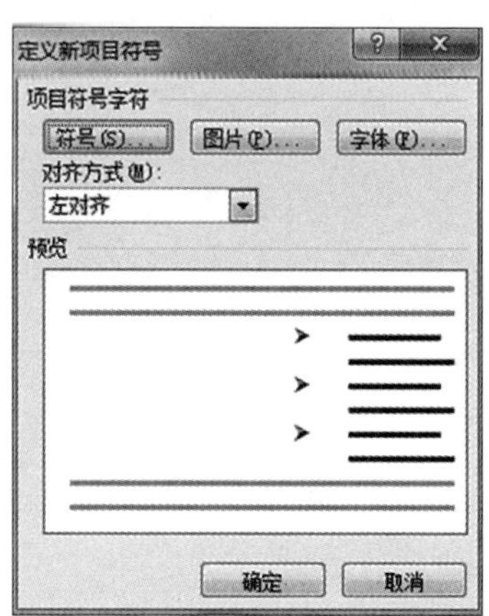

图 3-31　“定义新项目符号”对话框

1. 设置边框

选定要加边框的文本，单击“页面布局”选项卡功能区的“页面背景”组中的“页面边框”按钮，打开“边框和底纹”对话框，如图 3-32 所示。单击“边框”标签，在“设置”“样式”“颜色”“宽度”列表中选定所需参数，在“应用于”列表框中选定“文字”，查看预览结果后单击“确定”按钮。

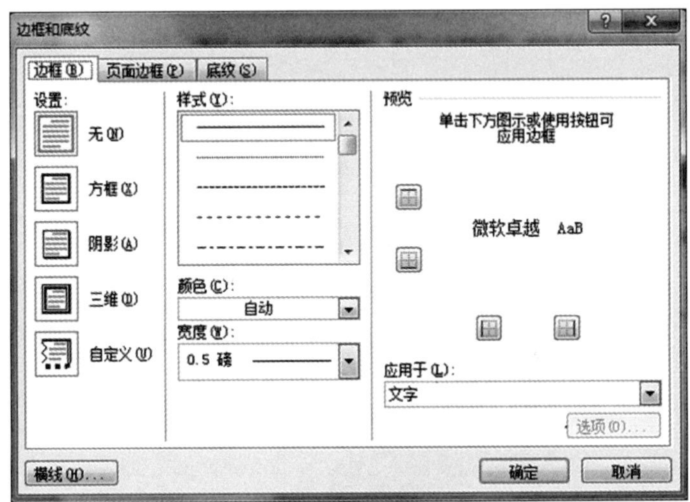

图 3-32 “边框和底纹”对话框

【操作实例】 为“求职简历”文档中“所学专业”加蓝色文字边框，为最后一段加下边框，如图 3-33 所示。

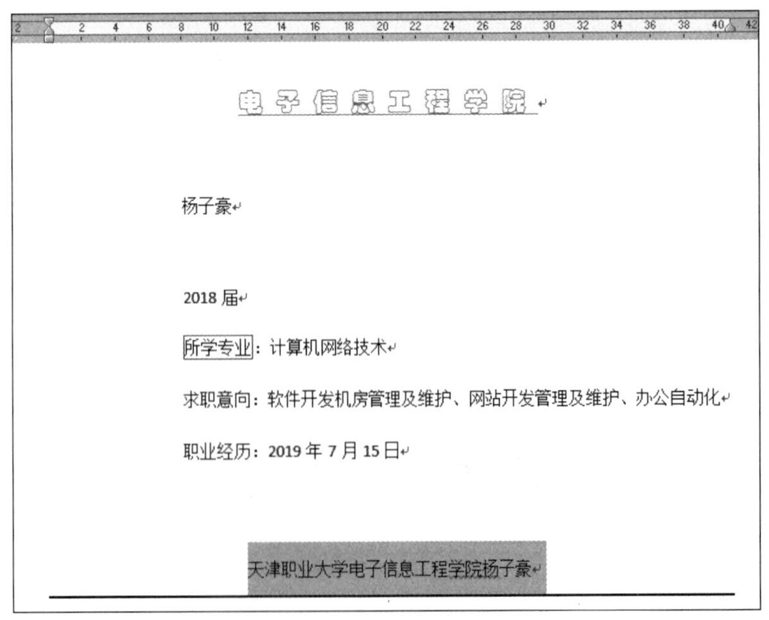

图 3-33 操作实例效果

选定“所学专业”，单击“页面布局”选项卡功能区的“页面背景”组中的“页面边框”按钮，打开“边框和底纹”对话框，单击“边框”标签，选项卡左侧的“设置”组是边框的格式，选择“方框”。在右下角的“应用于”中选定“文字”。选项卡中部有“线形”“颜色”以及“宽度”下拉列表框，选定线形、蓝色和宽度，单击“确定”按钮，边框就设置完毕了。

选定最后一段，单击“页面布局”选项卡功能区的“页面背景”组中的“页面边框”按钮，打开“边框和底纹”对话框，单击“边框”标签，选项卡左侧的“设置”组是边框的格式，选择“自定义”。在右下角的“应用于”中选定“段落”。选项卡中部有“样式”“颜色”以及“宽度”下拉列表框，选定线形、颜色和宽度，单击“预览”框中的按钮▥。单击“确定”按钮，边框就设置完毕了。

2. 设置底纹

设置底纹的操作与设置边框的操作基本一致。

选定对象，单击“页面布局”选项卡功能区的“页面背景”组中的“页面边框”按钮，打开“边框和底纹”对话框，单击“底纹”选项卡，在该对话框中进行设置。

1）设置填充颜色

可在标准色盘上选择，如不满意，也可以单击“其他颜色”按钮，在出现的配色盘中选择。

2）设置填充图案

单击图案样式的下拉按钮，在下拉列表框中可以进行图案样式的选择。

3）设置图案样式颜色

选定一种图案样式后，样式下的颜色下拉列表框变为可选状态，选定一种颜色即可。

4）设置应用范围

选定其他各项内容后，可选择底纹的应用范围。单击“应用于”按钮，在下拉列表框中可选择“文字”或“段落”。

3.3.5 首字下沉

首字下沉是一种西方排版方式。

设置首字下沉的步骤是：选中要下沉的首字开头的段落（该段落要有文字）。单击“插入”选项卡功能区的“文本”组中的“首字下沉”按钮，出现下拉菜单。单击“下沉”或“悬挂”选项，即可实现默认设置效果。如要选择其他所需选项设置，单击“首字下沉选项”命令，打开如图 3-34 所示的“首字下沉”对话框。设置参数后，单击“确定”按钮。

若要取消首字下沉格式，可在“首字下沉”对话框中选择“无”。

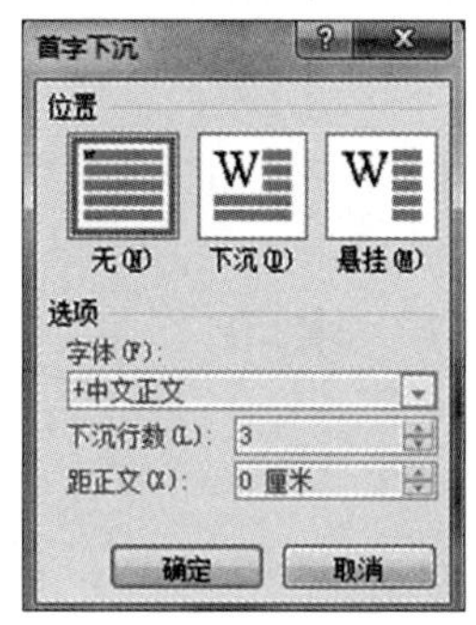

图 3-34 “首字下沉”对话框

3.3.6 分栏

分栏可以使文档更生动，增加可读性。使用“页面布局”功能区“页面设置”组中的“分栏”功能即可实现分栏。

1. 对整篇文档分栏

将插入点放到文本的任意处。单击“页面布局”功能区“页面设置”分组中的“分栏”按钮，在打开的下拉菜单中(见图 3-35)单击所需格式的“分栏”按钮即可。如下拉菜单中没有所需的分栏格式，可单击下拉菜单最下面的“更多分栏”，打开“分栏”对话框，如图 3-36 所示。在“预设”栏选择分栏格式，或在“栏数”文本框中输入分栏数，在“宽度和间距”栏中设置宽度和间距。如勾选“栏宽相等”复选框，则分栏后各栏宽相等，否则需要逐栏设置栏宽。如勾选“分隔线”复选框，则各栏之间会加一分隔线。在“应用于”中选择“整篇文档”，单击“确定”按钮，完成整篇文档的分栏。

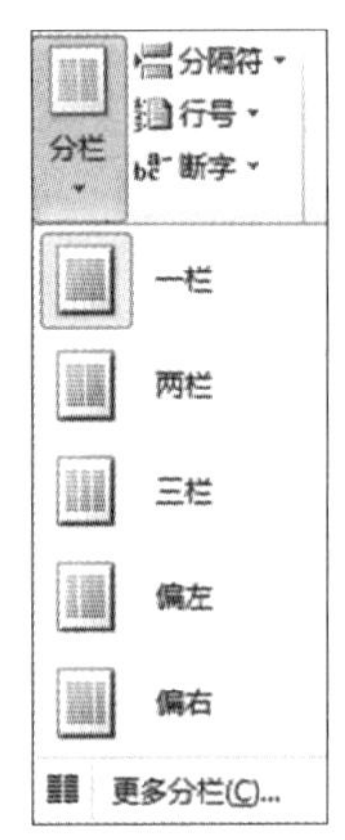

图 3-35 “分栏”下拉菜单

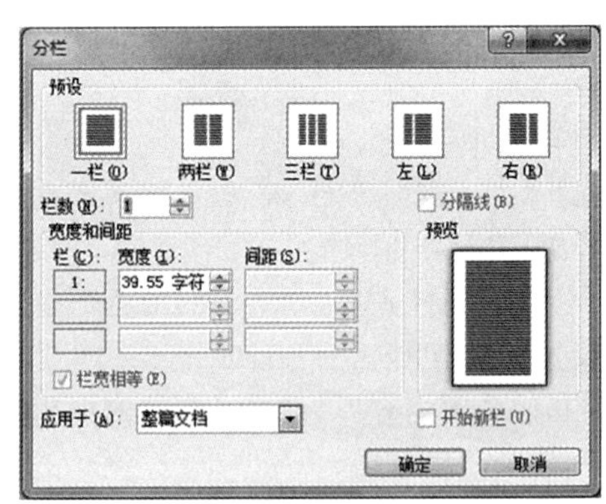

图 3-36 “分栏”对话框

2. 对文档中的部分段落分栏

选中要分栏的文本内容，其余操作同整篇文档的分栏操作。最后在“应用于”中选择“选定文本”，单击“确定”按钮。

3.3.7 水印

水印是一种页面背景形式。

设置水印的方法：单击“页面布局”功能区中“页面背景”组中的“水印”按钮，在打开的“水印”列表框中选择需要的水印即可。单击“水印”列表框中的“自定义水印”，打开“水印”对话框，在该对话框中可以选择“图片水印”和“文字水印”两种水印形式中的一种，选择“图片水印”后，需要选择用作水印的图片。选择“文字水印”后，需要在“语言”文本框中选择水印文本的语种，在“文字”文本框中输入或选定水印文本、字体、尺寸、颜色和输出形式。单击“确定”按钮，即完成水印设置。

取消水印的方法：打开“水印”列表框，单击“删除水印”命令即可。也可以打开“水印”对话框，选中“无”单选按钮。

3.4 表格处理

表格由行和列的单元格组成，在单元格中不仅可以填写文字和插入图片，还可以创建有趣的页面版式，或创建 Web 页中的文本、图片和嵌套表格。Word 2010 具有强大的表格处理功能，从而使文档内表格制作和格式化变得非常轻松。

Word 中制作表格的一般思路是：首先创建一个空表，然后边输入内容，边调整表格，最后生成所需的表格。

3.4.1 创建表格

【操作实例】 在“求职简历”文档的第 2 页创建 8 行 4 列的表格。

1. 用“插入表格”按钮创建表格

使用“插入”选项卡的“表格”组上的“表格”按钮创建表格。

将插入点置于要创建表格的位置。单击“插入”选项卡的“表格”组上的“表格”按钮，在出现的示例框上移动鼠标指针，以选定所需的 8 行和 4 列(要创建更多行数和列数的表格，可以使鼠标指针经过所选行和列，示例框最大可建立 10×8 的表格，如行列数大于 10×8，应使用“插入表格”对话框建立)，在示例框的第一行中显示当前表格的行数和列数(见图 3-37)。单击鼠标左键，即在当前插入点位置创建了表格。

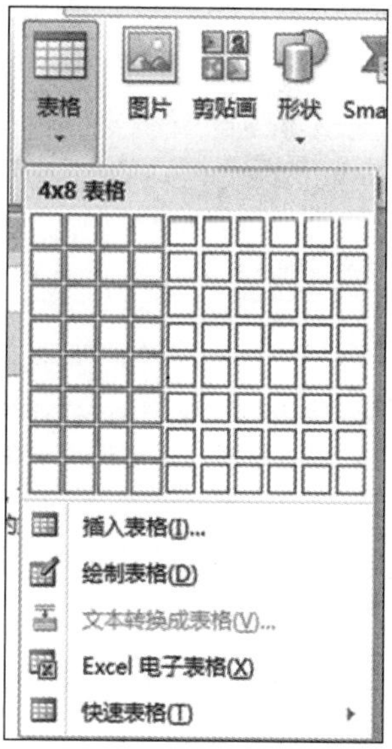

图 3-37　表格样式

2. 用“插入表格”命令创建表格

将插入点置于要创建表格的位置。单击“插入”选项卡的“表格”组上的“表格”按钮，选择“插入表格”命令，出现如图 3-38 所示的“插入表格”对话框。在“列数”和“行数”框中分别输入 4 和 8，单击“确定”按钮，即创建了表格。

“自动调整”操作区有 3 个选项。

- 固定列宽：表示列宽是一个确切的值，可以在其后的数值框中指定。默认设置为“自动”，表示表格宽度与页面宽度相同。
- 根据内容调整表格：就会产生一个列宽由表中内容而定的表格，当在表格中输入内容时,列宽将随内容的变化相应变化。

- 根据窗口调整表格:表示表格宽度与页面宽度相同,列宽等于页面宽度除以列数。

如果单击“自动套用格式”按钮,将打开“表格自动套用格式”对话框。选择一种 Word 预设格式化的表格。

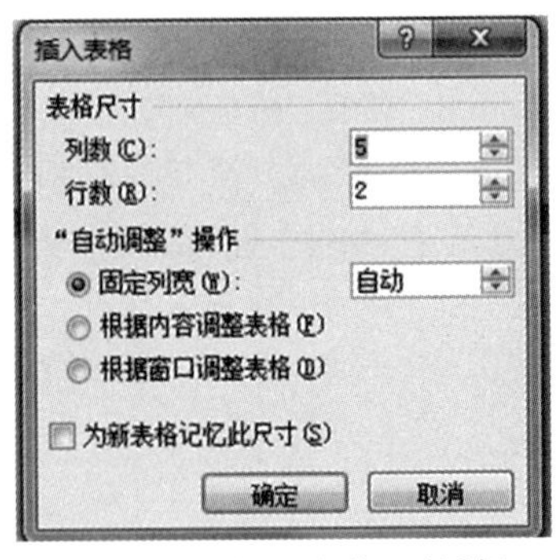

图 3-38 “插入表格”对话框

3. 创建自定义表格

手动绘制创建自定义表格的方法:单击“插入”选项卡的“表格”组上的“表格”按钮,或单击“绘制表格”命令,进入绘制表格的状态,此时鼠标指针变成笔状。按住鼠标左键拖动可以绘制表格的外框线,以及绘制表格内部的行列线。也可以绘制表格斜线。

此方法适用于创建不规则的表格。在绘制过程中,屏幕上会新增一个“表格工具”功能区,并处于激活状态。该功能区包含“设计”和“布局”两组。如果用户不满意绘制出的表格线或单元格,则可以立即将其删除。方法是:使用“设计”组中的“擦除”按钮使鼠标变成橡皮形,然后将鼠标指针移到要擦除的表格线上,按住鼠标左键拖动就可以擦掉不需要的表格线。

4. 文本转换成表格

Word 2010 中,可以把已经存在的文本转换成表格(也可以把表格转换成文本)。要进行转换的文本应该是格式化的文本,即文本中的每行用段落标记隔开,每列用分隔符(如逗号、空格或制表符等)分开。转换方法如下。

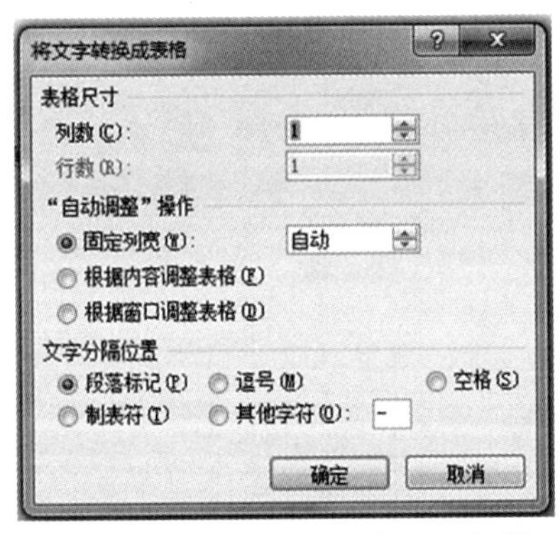

图 3-39 “将文字转换成表格”对话框

给文本添加段落标记和分隔符。选定要转换为表格的文本,单击“插入”功能卡的“表格”按钮,在下拉列表中选择“文字转换成表格”命令,出现如图 3-39 所示的“将文字转换成表格”对话框。Word 能够自动识别文本的分隔符,并在“列数”框中显示出正确的列数(也可以在“文字分隔位置”框中输入用户给定的分隔符)。单击“确定”按钮,即可将选定文本转换成表格。

3.4.2 基本操作

1. 选定表格

表格由一个或多个单元格组成。所以,单元格就像文档中的文字一样,要对它操作,必须先选取它。除了可以按住鼠标左键在表格中拖动,或在使用箭头键的同时按住 Shift 键选定单元格外,还可以使用其他方法选定。

在表格中移动光标有多种方法:可以用鼠标指针直接定位光标,将鼠标指针移到目的单元格上单击；还可以利用键盘在表格中移动光标，如用键盘的方向键，即上、下、左和右键或 Tab 键等移动光标。

【操作实例】 选定“求职简历”文档中表格的一个单元格、一行、一列以及整个表格。

1）选定一个单元格

将鼠标指针移到该单元格左边缘处，当鼠标指针变成向右指的实心黑箭头时单击。

2）选定多个连续单元格

在表格的任一单元格内按住鼠标左键拖动，鼠标指针拖过的单元格都被选中。

3）选定多个非连续单元格

首先选定一个单元格，按住 Ctrl 键，继续选定其他单元格。

4）选定一整行

将鼠标指针移到该行左边缘处，当鼠标指针变成形时单击。

5）选定一整列

将鼠标指针移到该列顶端边缘处，当鼠标指针变成向下指的实心黑箭头时单击。

6）选定整个表格

选定整个表格有多种方法：可以用鼠标从表格的左上角拖动到右下角；也可以将鼠标指针移到该表格左边缘处连续 3 次单击；还可以将鼠标指针移到该表格左上角，出现选中整个表格按钮，单击这个按钮就可以选中整个表格。

2. 编辑表格

【操作实例】 在“求职简历”文档中的表格上方和表格中输入如图 3-40 所示的内容。

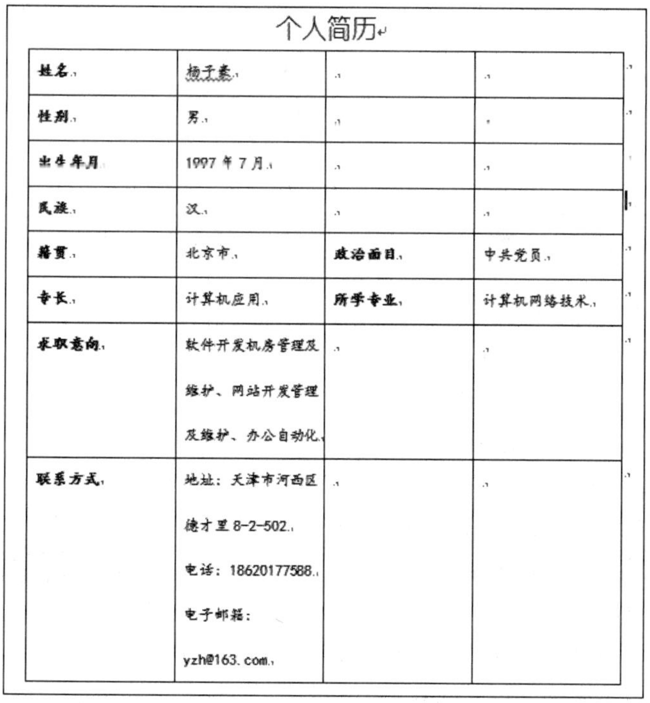

个人简历

姓名	杨子鑫		
性别	男		
出生年月	1997 年 7 月		
民族	汉		
籍贯	北京市	政治面目	中共党员
专长	计算机应用	所学专业	计算机网络技术
求职意向	软件开发机房管理及维护、网站开发管理及维护、办公自动化		
联系方式	地址：天津市河西区德才里 8-2-502 电话：18620177588 电子邮箱：yzh@163.com		

图 3-40 操作实例效果

将鼠标指针移到该表格左上角，出现选中整个表格按钮，按住鼠标左键拖动至下一行，使表格整体下移一行，在表格上方输入文本“个人简历”，并将其字体设置为“幼圆”，字号设置为“二号”。在表格中输入如图 3-40 所示的文字，并将第 1 列和第 3 列文字的字体设置为“楷体”、字形设置为“加粗”、字号设置为“四号”；将第 2 列和第 4 列文字的字体设置为“楷体”“四号”。

1）表格中文本的排列方式

【操作实例】 将“求职简历”文档中的表格中第 1 列和第 3 列内的文字的对齐方式设置为“中部居中”；第 2 列和第 4 列内的文字的对齐方式设置为“中部两端对齐”。

选取表格的第 1 列单元格右击，打开快捷菜单(见图 3-41)。单击“单元格对齐方式”命令，在 9 种对齐方式中选择“中部居中” 即可。重复上述操作，将第 3 列内的文字的对齐方式设置为“中部居中”；将第 2 列和第 4 列内的文字的对齐方式设置为“中部两端对齐”。

2）添加行、列、单元格或表格

将光标定位在一个要插入行、列、单元格或表格的单元格中，在“表格工具”选项卡“布局”功能区的 “行和列”组中单击相应的按钮即可。

也可以选取一个单元格右击，在弹出的快捷菜单中单击“插入”命令，然后在打开的下一级级联菜单中选择相应命令，如图 3-42 所示。

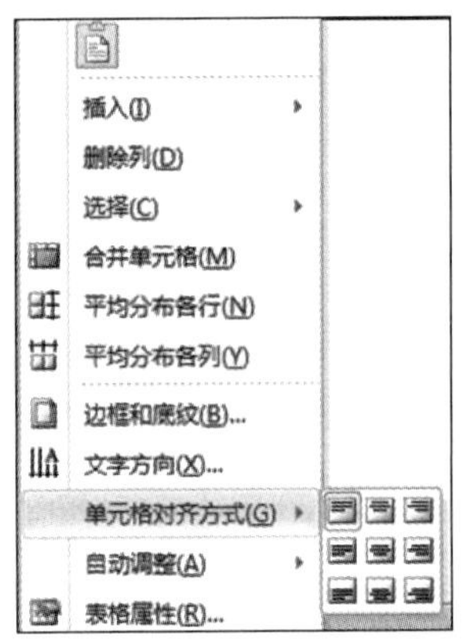

图 3-41　单元格对齐方式

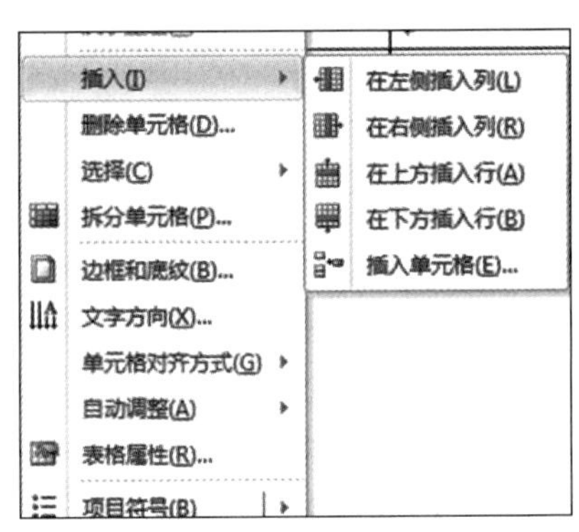

图 3-42　“插入”下拉菜单

如在表格任意一行下面插入一行单元格，可以把光标定位到该行最后一个单元格的最右边的回车符前面，按一下 Enter 键，可在光标所在行下面插入一行单元格。

如在单元格里插入一个表格，将光标定位在要插入表格的单元格内，单击“插入”选项卡的“表格”组上的“表格”按钮，选择“插入表格”菜单命令，出现 “插入表格”对话框(见图 3-43)，选择要插入的行数和列数，单击“确定”按钮，一个新的表格就插入单元格中了。

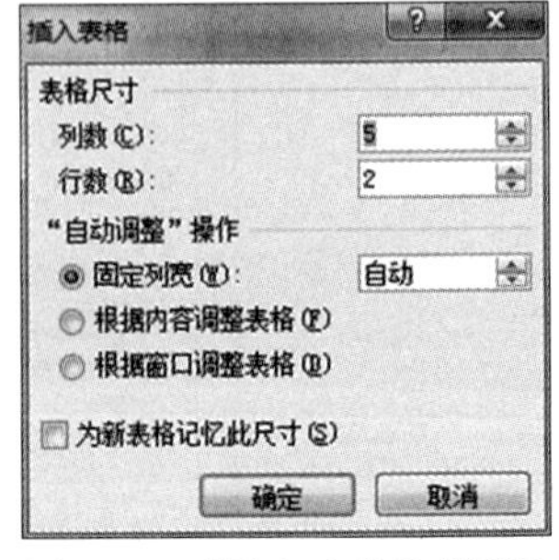

图 3-43　“插入表格”对话框

3）删除表格的行或列

选定要删除的行或列，单击“表格工具”选项卡“布局”功能区的“行和列”组中的“删除”按钮，即可删除。

4）调整表格

鼠标指针放在表格右下角的一个小正方形上，就变成了一个拖动标记，按下左键拖动鼠标，可以改变整个表格的大小，同时表格中的单元格的大小也会自动调整。

还可以把鼠标指针放到表格的框线上，鼠标指针会变成一个两边有箭头的双线标记，按下左键拖动鼠标，可以改变当前框线的位置，同时也就改变了单元格的大小。

或者拖动表格框线在标尺上对应的标记，改变表格中的单元格的大小。

精确设置行高和列宽，可以单击“表格”菜单中的“表格属性”命令，打开“表格属性”对话框（见图 3-44）中的“行”和“列”选项卡，进行相应的设置。

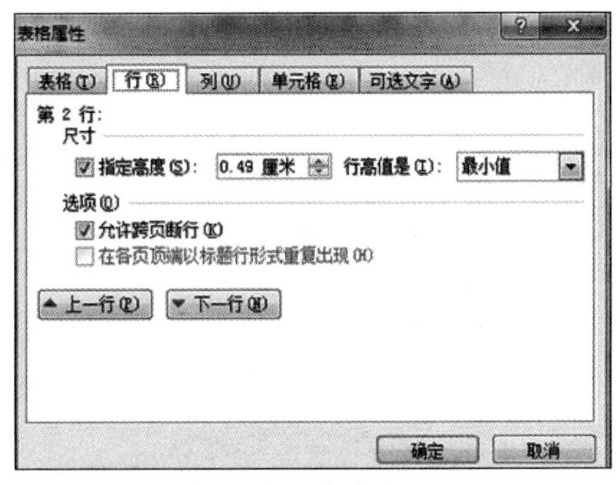

图 3-44 “表格属性”对话框

Word 2010 还提供了表格自动调整的方式：

在任一单元格中右击，在快捷菜单中选“自动调整”项，单击“根据内容调整表格”命令，可以看到表格的单元格的大小都发生了变化，仅能容下单元格中的内容了。

5)单元格的拆分与合并

拆分与合并单元格在设计复杂的单元格中经常使用，有时需要将表格的某些单元格拆分成若干个小单元，有时又需要将表格的某一行或某一列中的若干单元格合并为一个大的单元格。

• 合并单元格

【操作实例】 将“求职简历”文档的表格按图 3-45 所示合并单元格。

选定要合并的多个单元格，单击“表格工具”选项卡“布局”功能区“合并”组中的“合并单元格”按钮即可。

• 拆分单元格

选中要拆分的单元格或把光标移到该单元格，单击“表格工具”选项卡“布局”功能区“合并”组中的“拆分单元格”按钮，弹出如图 3-46 所示的“拆分单元格”对话框。在“行数”框中输入想要拆分的行数，在“列数”框中输入想要拆分的列数。设置好各选项后，单击“确定”按钮即可。

6）拆分表格

要将一个表格拆分成两个表格，请将插入点置于要作为新表格第一行的行中，然后单

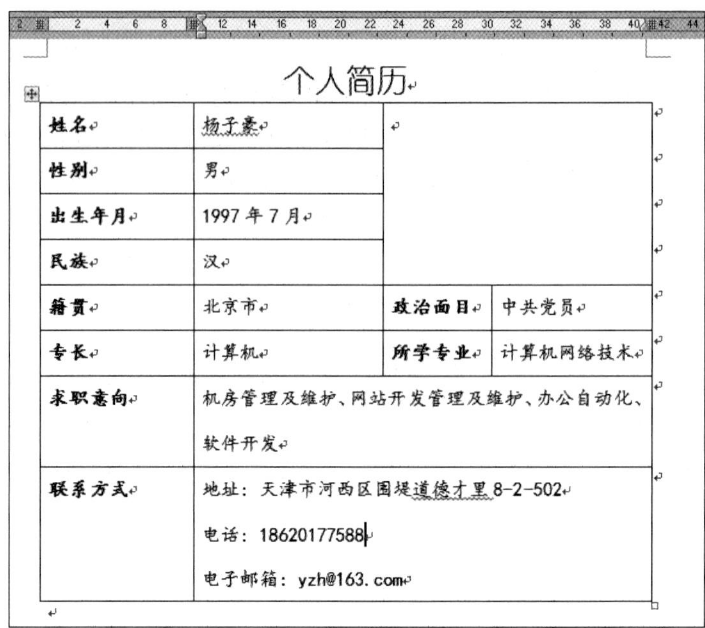

个人简历

姓名	杨子豪		
性别	男		
出生年月	1997 年 7 月		
民族	汉		
籍贯	北京市	政治面目	中共党员
专长	计算机	所学专业	计算机网络技术
求职意向	机房管理及维护、网站开发管理及维护、办公自动化、软件开发		
联系方式	地址：天津市河西区围堤道德才里 8-2-502 电话：18620177588 电子邮箱：yzh@163.com		

图 3-45　操作实例效果

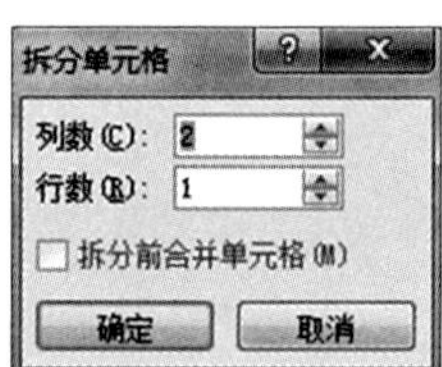

图 3-46　“拆分单元格”对话框

击“表格工具”选项卡“布局”功能区“合并”组中的“拆分表格”按钮，则从插入点所在的行开始，其之下的行就被拆分为另一个表格。

3. 表格外观

1）自定义修饰表格

表格的格式与段落的设置很相似，有对齐、底纹和边框修饰等。

选中整个表格，单击“开始”选项卡中“段落”组的“两端对齐”“居中”和“左对齐”等按钮即可调整表格的位置。

为了使表格更美观，可以对表格外观进行一些修饰。

【操作实例】 将“求职简历”文档中表格的外边框线设置为 2.5 磅、颜色设置为“蓝色”；将第 1 列和第 3 列单元格的底纹设置为“填充灰色－25％”；单元格之间的间隙设置为 0.2 厘米，如图 3-47 所示。

选中表格，单击“表格工具”选项卡中“设计”功能区中的“表样式”组中的“边框”按钮右侧的下拉按钮，单击“边框和底纹”命令，打开“边框和底纹”对话框。选中“边框”标签，

个人简历

姓名	杨子豪		
性别	男		
出生年月	1997年7月		
民族	汉		
籍贯	北京市	政治面目	中共党员
专长	计算机	所学专业	计算机网络技术
求职意向	机房管理及维护、网站开发管理及维护、办公自动化、软件开发		
联系方式	地址：天津市河西区围堤道德才里 8-2-502 电话：18620177588 电子邮箱：yzh@163.com		

图 3-47　操作实例效果

在此标签中设置颜色为“蓝色”，宽度为 2.5 磅，然后单击“预览”四周按钮，添加外框线。

选中第一列单元格，单击“表格工具”选项卡中“设计”功能区中的“表格样式”组中的“边框”按钮右侧的下拉按钮，打开“边框和底纹”对话框，选中“底纹”标签，在“填充”项中选择“白色 背景 1 深色－25％”（见图 3-48）。单击“确定”按钮，设置第 1 列底纹。采用同样的方法设置表格第 3 列的底纹。

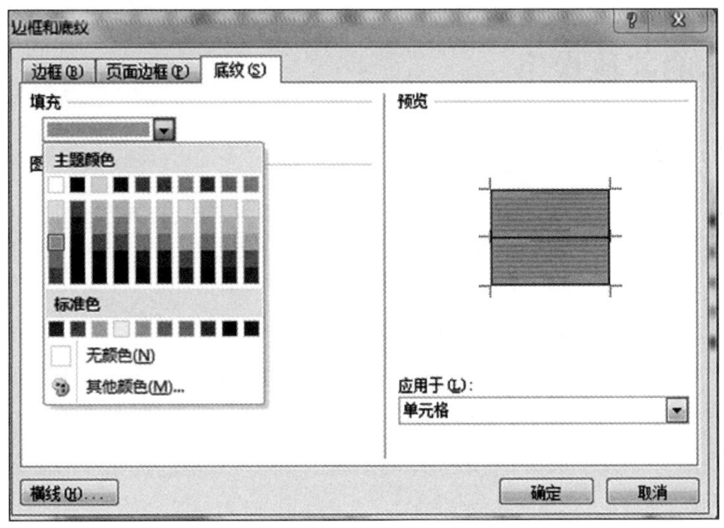

图 3-48　“边框和底纹”对话框

在表格中右击，选择“表格属性”命令，打开“表格属性”对话框(见图 3-49)。单击“选项”按钮，勾选“允许调整单元格间距”复选框(见图 3-50)，在后面的数字框中输入数值 0.2 厘米，单击“确定”按钮，回到“表格属性”对话框，单击“确定”按钮，可设置单元格之间的间隙。

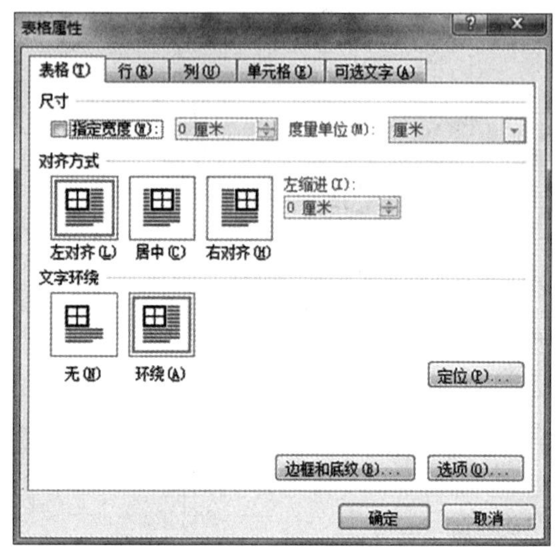

图 3-49 “表格属性”对话框

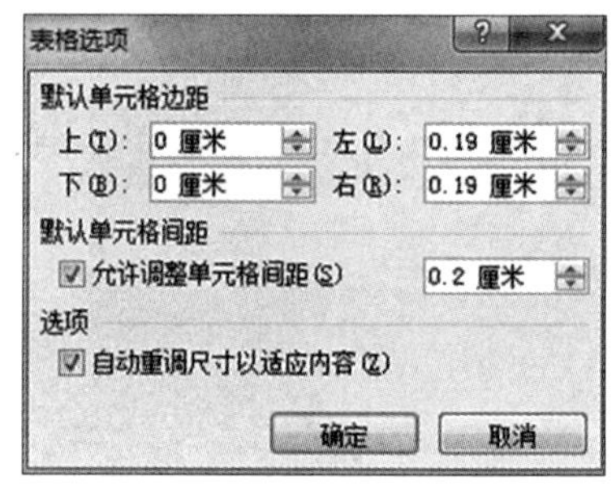

图 3-50 “表格选项”对话框

2) 表格自动套用格式

创建表格后，可以使用 Word 2010 在“表格工具”选项卡中“设计”功能区的“表样式”组中预设的表格样式进行套用美化修饰。

将插入点移动到要套用格式的表格内，单击“表格工具”选项卡中“设计”功能区的“表格样式”组中的“其他”按钮，打开“表格样式”列表框，如图 3-51 所示。在表格列表框中单击选定的表格样式即可。

3.4.3 表格的其他操作

1. 在表格中排序

Word 的排序功能可以将列表或表格中的文本、数字或数据按升序(A～Z、0～9，或最早到最晚的日期)排序，也可以按降序(Z～A、9～0，或最晚到最早的日期)排序。

1) 排序规则

文字：Word 首先排序以标点或符号开头的项目(如!、#、$、& 或%)，随后是以数字开头的项目，最后是以字母开头的项目。注意，Word 在排序时将日期和数字作为文本处理。

数字：Word 忽略数字以外的所有其他字符。数字可以位于段落中的任何位置。

2) 排序操作

插入点置于表格的任意位置。单击“表格工具”功能卡的“布局”功能区的“数据”组中

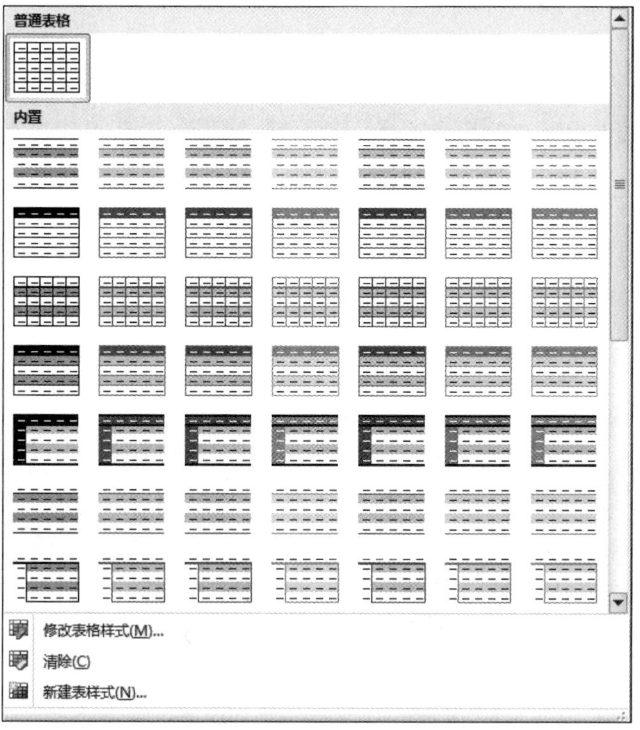

图 3-51　“表格样式”列表框

的“排序”按钮，打开“排序”对话框(见图 3-52)。在“主要关键字”列表框中选择作为第一个排序依据的列名称。在“类型”列表框中指定该列数据的类型，如“数字”“拼音”或“日期”，然后选择“升序”或“降序”单选按钮，决定排序的顺序。

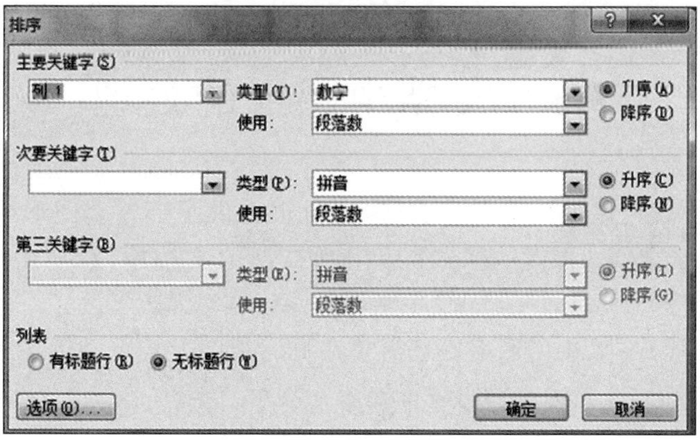

图 3-52　“排序”对话框

要用到更多的列作为排序的依据，在“次要关键字”及“第三关键字”的下拉列表框中重复操作。

如果表格的第一行是标题，在“列表”项中选择“有标题行”单选按钮，这样 Word 在排序时不排标题行，否则选择“无标题行”单选按钮。

设置完毕后，单击“确定”按钮。

2. 在表格中计算

在表格中可以进行基本的四则运算，即加、减、乘、除等，还可以进行几种其他类型的统计运算，如求和、求平均值、求最大值以及求最小值等。

在计算公式中用 A,B,C,…表示表格的列；用 1,2,3,…表示表格的行。例如，A2 表示第 1 列第 2 行的单元格数据。

对表格进行计算时，参与计算的单元表格中不能含有非数值型字符，如“A”“\”“￥”“空格”等符号。

操作如下：

单击放置计算结果的单元格，之后单击“表格工具”选项卡中“布局”功能区的“数据”组中的“公式”按钮，出现“公式”对话框（注意：如果 Word 提议的公式不是用户需要的，可以将其从“公式”框中删除，但不要删除等号）。在“粘贴函数”框中单击所需公式。

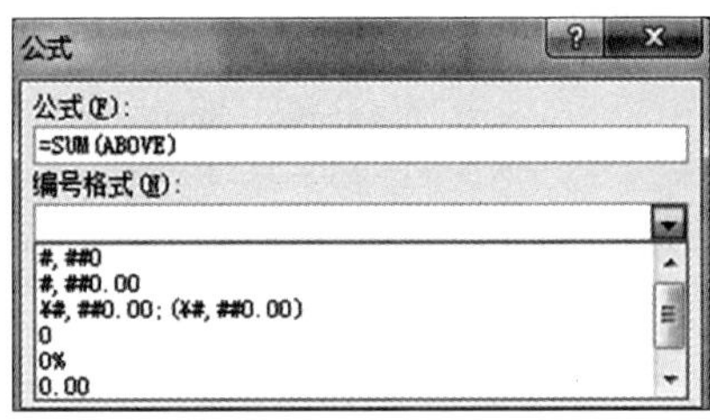

图 3-53 “编号格式”列表框

例如，要求平均值，则单击 AVERAGE。在公式的括号中输入单元格引用。

例如，想求出 A2 和 E3 单元格中的平均值，可以输入：=AVERAGE(A2,E3)。

单击“编号格式”列表框（见图 3-53）右边的下拉按钮，选择所需的数字格式。单击“确定”按钮，得到运算结果。

如果引用的单元格中的数据有改变，则应把光标再移到结果的单元格中的数值上，此时该数值变为灰色显示，按下 F9 键，即可更改计算的结果。

3.5 文档中图形的处理

Word 2010 不仅可以处理文字和表格，同时也提供了一整套图形绘制工具、图片工具、艺术字工具。将图形、图片、艺术字应用到自己的文档中，会产生图、文、表并茂的效果。

需要注意的是，Word 中的图形处理需要在页面视图方式下进行，普通视图下看不到文档中的图片和图形，也无法对它们进行处理。

3.5.1 图形绘制与处理

在 Word 的图形与图像编辑处理中，用户可以绘制需要的图形。Word 2010 提供了一整套绘图工具，每种工具都有其特定用途。

使用“插入”功能区“插图”组中的“形状”按钮，打开自选图形单元列表框，可以从中选择需要的图形并绘制。

1. 绘制自选图形

绘制自选图形包括绘制直线、箭头、矩形或者椭圆等。

单击“插入”功能区“插图”组中的“形状”按钮，在打开的自选图形列表框中选择需要的图形，在绘图起始位置按住鼠标左键，然后拖动至结束位置，再松开鼠标左键，就可以绘制出直线、箭头或矩形或者椭圆等。

【操作实例】 在“求职简历”文档表格中绘制一个“笑脸”图形（表示此处为贴照片处），如图 3-54 所示。

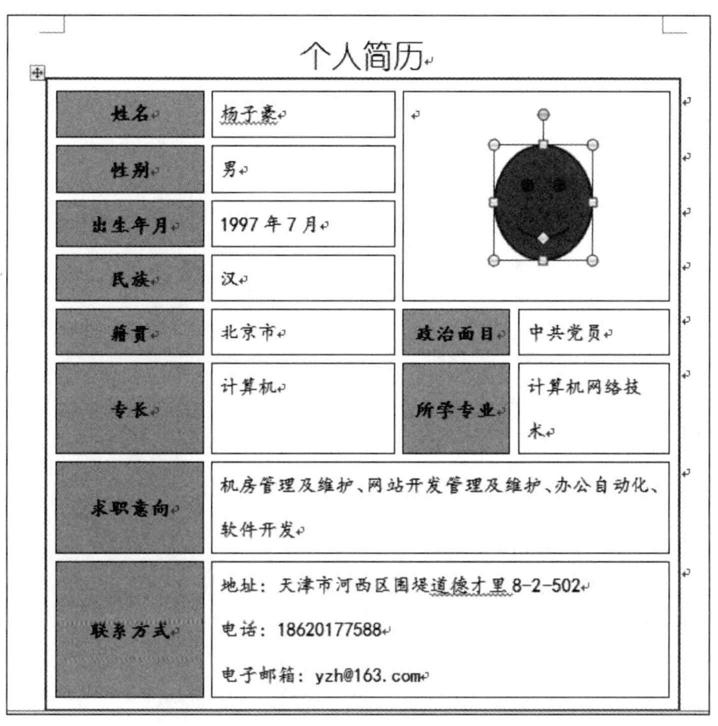

个人简历

姓名	杨子豪		
性别	男		
出生年月	1997 年 7 月		
民族	汉		
籍贯	北京市	政治面目	中共党员
专长	计算机	所学专业	计算机网络技术
求职意向	机房管理及维护、网站开发管理及维护、办公自动化、软件开发		
联系方式	地址：天津市河西区围堤道德才里 8-2-502 电话：18620177588 电子邮箱：yzh@163.com		

图 3-54　操作实例效果

单击“插入”功能区“插图”组中的“形状”按钮，打开的自选图形列表框中包括线条、矩形、基本形状、箭头总汇、公式形状、流程图、星与旗帜、标注等，如图 3-55 所示。在“基本形状”下一级菜单中单击“笑脸”图形。单击文档中要插入图形的位置，即可插入一个预设大小的“笑脸”图形。

要插入一个自定义尺寸图形，在绘图起始位置按住鼠标左键，然后拖动至结束位置，再松开鼠标左键即可。

绘制完图形后，图形的四周有 8 个白色的圆形控制点，拖动任意一个控制点，即可对图形进行缩放、移动等。手工绘制的自选图形可设置图片格式，如设置文字环绕、移动、缩放，或设置边框等，但自选图形不能设置亮度和对比度，也不能进行剪裁。

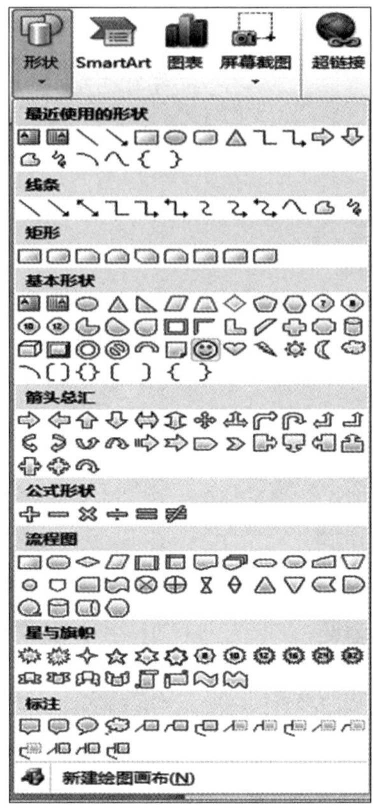

图 3-55 “基本形状”的图形

2. 在图形中加入文字

可以在自选图形中添加文字，同时也可设置文字的格式。

【操作实例】 在“求职简历”文档表格的“笑脸”图形下加入“星与旗帜”中的“横卷形”，并在该自选图形中加入“贴照片处”4 个字，如图 3-56 所示。

单击“插入”功能区“插图”组中的“形状”按钮，在打开的自选图形列表框中的“星与旗帜”组中单击“横卷形”图形。单击文档中要插入图形的位置，调整图形大小。右击该自选图形，在快捷菜单中选择“添加文字”命令，如图 3-57 所示。Word 在自选图形里显示插入点，输入“贴照片处”4 个字，单击图形之外的任何地方完成操作。

3. 组合与取消组合图形对象

【操作实例】 将“求职简历”文档表格的“笑脸”图形与“横卷形”图形组合成一幅图形，如图 3-58 所示。

1）组合图形

单击一个图形，按住 Shift 键，再单击另一个图形。或者单击“绘图工具”选项卡中“格式”组中的 “组合”命令，完成图形组合。

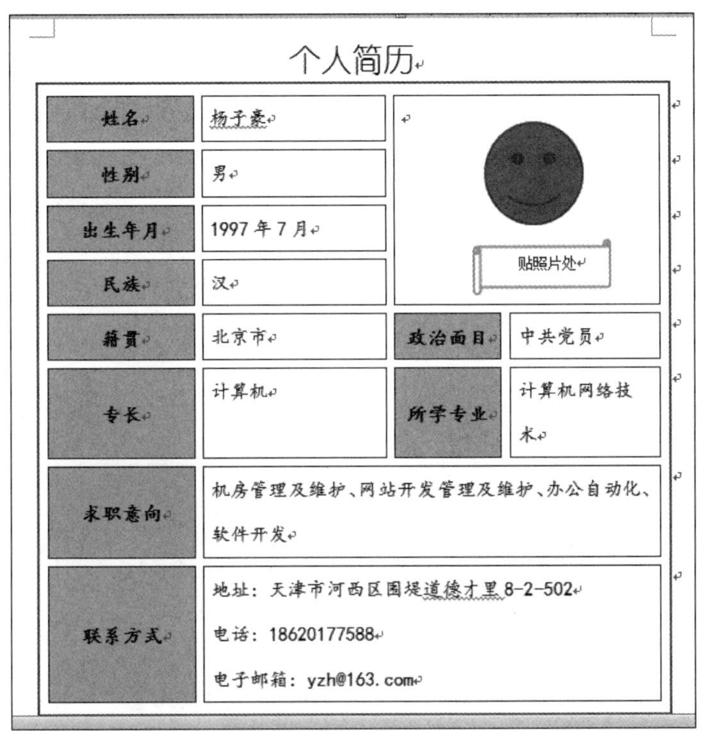

图 3-56　操作实例效果

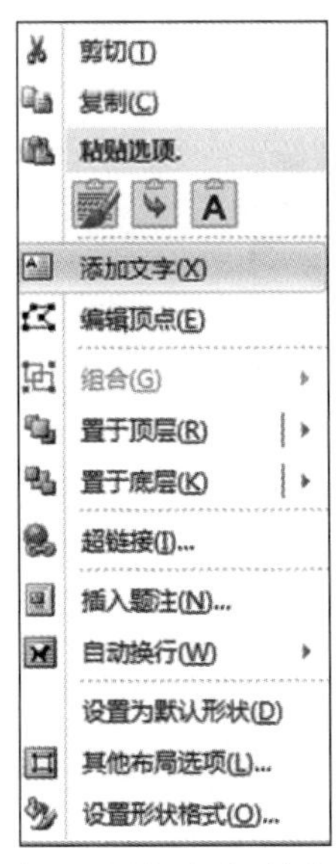

图 3-57　“添加文字”快捷菜单

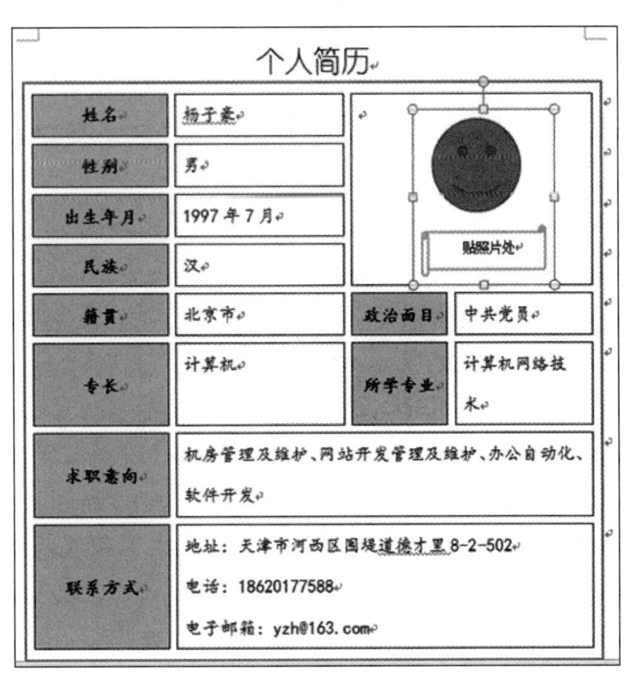

图 3-58　操作实例效果

2）取消图形组合

单击组合后的图形，之后单击“绘图工具”选项卡中“格式”组中的“组合”命令右侧的下拉按钮，在下拉菜单中选择“取消组合”命令。

注意：右击已选定的多个自选图形，在弹出的快捷菜单中选择“组合”或“取消组合”命令，也可以对多个自选图形进行组合或取消组合操作。

4. 设置图形格式

【操作实例】 将“求职简历”文档表格中的组合图形取消组合。将“笑脸”图形的线型设置为“1.5 磅”、线条颜色设置为“蓝色”，填充颜色设置为“茶色”，加“右上对角透视”阴影样式的阴影，如图 3-59 所示。

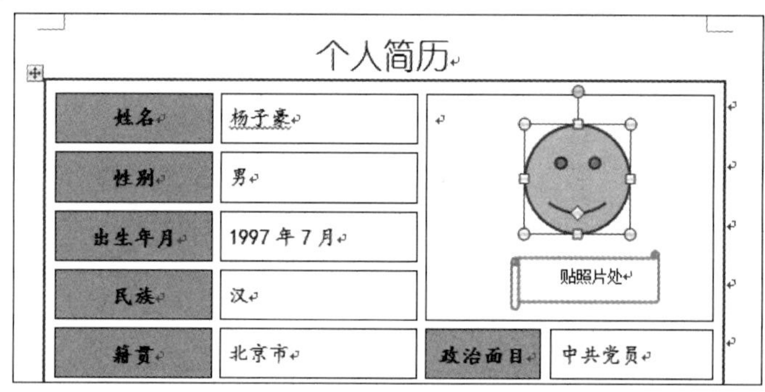

图 3-59 操作实例效果

- 设置线型及线条颜色

右击选定“笑脸”图形，在弹出的快捷菜单中单击“设置形状格式”，打开“设置形状格式”对话框，如图 5-60 所示。单击“线型”选项，选择 1.5 磅的线型。单击“线条颜色”选项，选择蓝色。

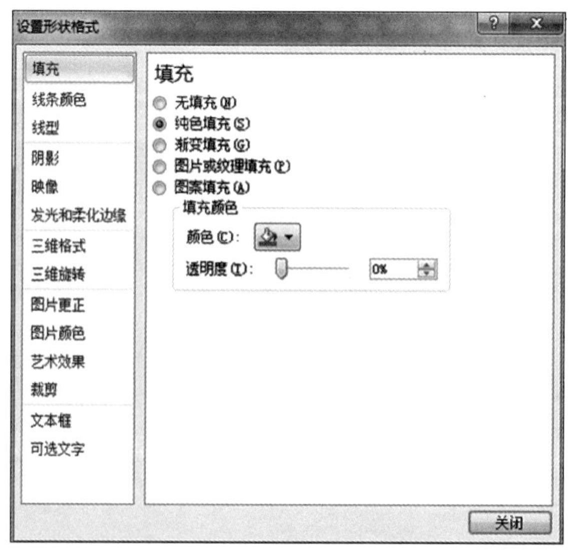

图 3-60 “设置形状格式”对话框

• 改变填充颜色

单击“填充”选项，选择“纯色填充”，在“填充颜色”项选择“茶色”，即给“笑脸”图形填充此颜色。

注意：如果“填充颜色”中的颜色不符合要求，可以单击“填充颜色”中的“其他填充颜色”命令，然后从“颜色”对话框中选择其他标准的颜色，或者定制所需的颜色。

如果要用过渡、纹理、图案或图片等填充图形，可以选择“填充”中的“图片或纹理填充”选项，然后从出现的“填充效果”对话框中选择所需的填充效果。

• 设置阴影效果

单击“阴影”选项，出现“阴影”列表，在“阴影”列表中选择“向内对角透视”即可。

除可以设置自选图形的阴影，还可以设置三维效果，方法如下：

右击选定要设置三维效果的图形，在打开的“设置形状格式”对话框中单击“三维格式”。在“三维格式”中选择一种预置三维效果，即可给选定的图形设置三维效果。

3.5.2 文本框

文本框是一种特殊的图形对象，可以置于页面中的任何位置，主要用来在文档中建立特殊文本。Word 2010 把文本框和自选图形对象同样对待，用户可以像对自选图形一样，设置它的边框、阴影三维效果的格式。

1. 插入文本框

【操作实例】 在“求职简历”文档中的第一页插入文本框，并在其中输入如图 3-61 所示的内容。

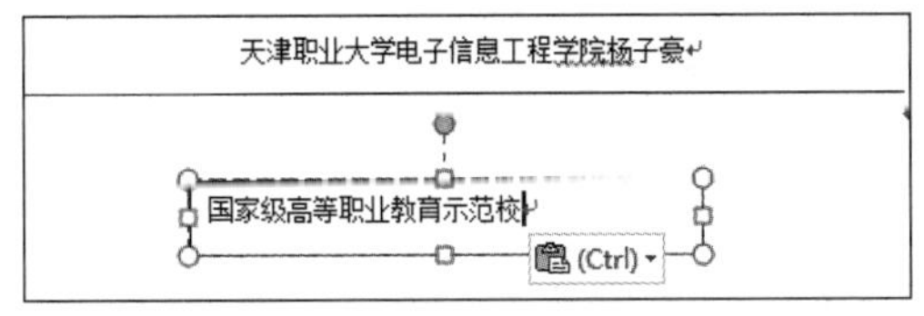

图 3-61 操作实例效果

单击“插入”功能区“文本”组的“文本框”按钮，打开文本框下拉列表框，单击所需文本框，在文档第一页下部拖动鼠标，会出现一个文本框。在其中输入“国家级高等职业教育示范校”。

2. 设置文本框格式

文本框具有图形的属性，可像图形一样进行格式设置。

【操作实例】 将“求职简历”文档中的文本框设置为“淡蓝”填充颜色、无线条颜色，如图 3-62 所示。

右击文本框，打开“文本框”快捷菜单。单击“文本框”快捷菜单中的“设置形状格式”，打开“设置形状格式”对话框。将填充颜色设置为“淡蓝”色、线条颜色设置为“无线条颜色”，单击“关闭”按钮。

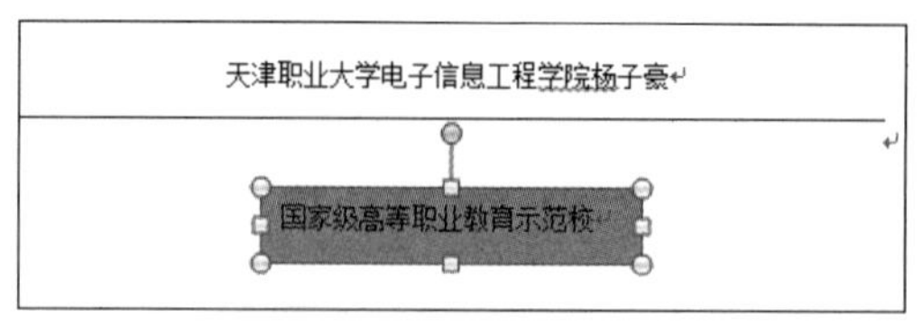

图 3-62　操作实例效果

3.5.3　艺术字

通过使用“插入”功能区的“文本”组中的“艺术字”按钮，插入装饰文字，从而创建出带阴影的、扭曲的、旋转的和拉伸的艺术字，还可以按预定义的形状创建艺术字。

单击“插入”功能区的“文本”组中的“艺术字”按钮，出现如图 3-63 所示的“艺术字库”列表框。

在列表框中选择所需的艺术字造型，出现“编辑‘艺术字’文字”文本框，如图 3-64 所示。

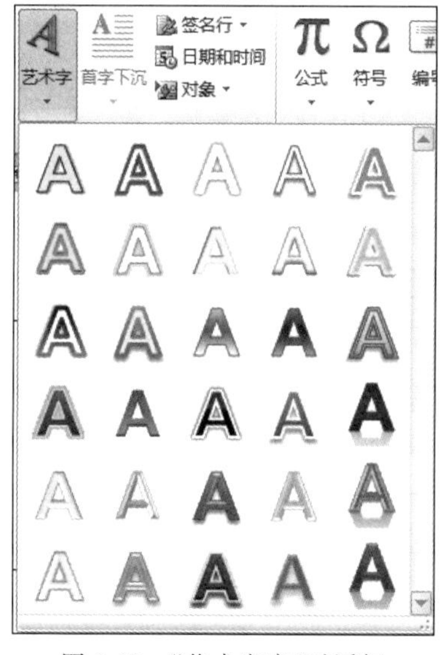

图 3-63　“艺术字库”对话框

图 3-64　“编辑‘艺术字’文字”文本框

在文本框中输入需要的文字，然后选中文字内容，在“开始”选项卡的“字体”功能区对文字设置字体、字号和字形等。艺术字是作为一种图形对象插入的，因此，对艺术字的操作也可以像对图形的操作。

3.5.4　图片的插入

1. 插入剪切画或图片

将插入点置于要插入剪贴画的位置，单击“插入”功能区的“插图”组中的“剪贴画”按钮，打开“插入剪贴画”任务窗格，如图 3-65 所示。在任务窗格上边的“搜索文字”文本框中输入图片的关键字，如“动物”“人”“建筑”等，单击“结果类型”右侧的下拉按钮，在下拉菜单中选中“插图”复选框，单击“搜索”按钮，在显示出的搜索结果中选择需要插入的剪贴画单击，完成操作。

注意：当鼠标指针指向“插入剪贴画”任务窗格中的某张图片时，会出现一个下拉箭头，单击该箭头会弹出一个快捷菜单，从中选择“插入”，也可将该张剪贴画插入文档中。选择其他命令，可以完成与剪贴画有关的多种任务。

剪贴画与图片的区别是，剪贴画是一种计算机绘制的由几何图形组成的相对比较粗糙的图形或图画；图片则是更精美的大部分来自真实图片的一种由点组成的图形或图画(计算机中称为位图)。

图 3-65 “插入剪贴画”任务窗格

2. 插入外部图像

Word 2010 可以将事先用外部图形图像处理软件处理好的图像插入文档中，这些图像文件可来自本地硬盘，也可来自网络驱动器，甚至可来自 Internet。

【操作实例】 在“求职简历”文档的第一页下部插入图片文件，如图 3-66 所示。

图 3-66 操作实例效果

将插入点置于第一页文本的下方。选择“插入”功能区的“插图”组中的“图片”，出现“插入图片”对话框，如图 3-67 所示。在列表框中指定图片文件所在的位置，双击要插入的图像文件名(或单击“插入”按钮)，所选图片即插入指定位置。

如果要将这个图片文件以链接的方式插入文档中，而不是直接将图片插入文档中，可单击“插入”按钮旁的下箭头，从弹出的下拉菜单中选择“链接文件”。对于链接的图形文件，在文档中可以看到该图片，但不能编辑。

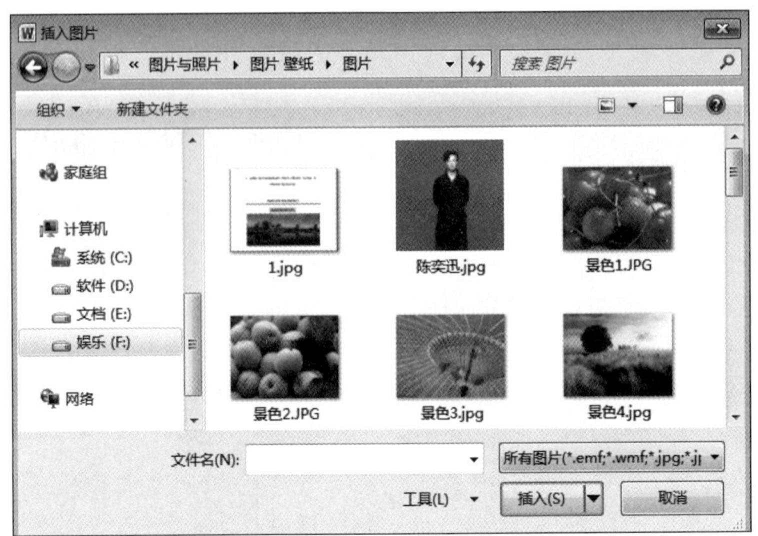

图 3-67 "插入图片"对话框

3.5.5 图片的编辑

插入 Word 文档中的图片要进行编辑，如调整其大小或位置等。

1. 图片位置的调整

调整图片在文档中的位置，可以用以下方法。

1）鼠标拖动

单击需要移动的图片，图片四周将出现 8 个控制点。将鼠标指针移至图片上，按下鼠标左键并向目标位置拖动，这时会出现一个代表图片的虚线框随之移动，当移动到合适的位置时松开鼠标即可。

2）精确调整

【操作实例】 将"求职简历"文档中图片的文字环绕方式设置为"紧密型"，设置"水平对齐"和"垂直对齐" 距页面分别为 3.5 厘米和 19.5 厘米。

右击图片，从弹出的快捷菜单中单击"设置图片格式"，打开"设置图片格式"对话框(也可选中图片后，单击"图片工具"选项卡中的"格式"标签，通过"图片样式"和"大小"组中的相关命令进行设置)，如图 3-68 所示。

右击图片，从弹出的快捷菜单中单击"大小和位置"，打开"布局"对话框，如图 3-69 所示，单击"文字环绕"选项卡，在"环绕方式"组中选择"紧密型"环绕方式。单击"位置"选项卡，在"水平对齐"和"垂直对齐"中选中"绝对位置"选项，设置对齐的依据为"页面"，度量值分别为 3.5 厘米和 19.5 厘米，就可以精确地给图片定位了。设置完毕之后，单击"确定"按钮，图片被移到指定的位置。

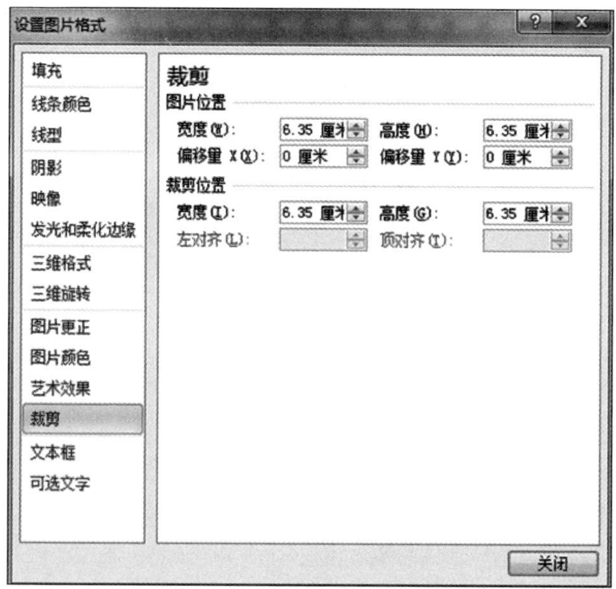

图 3-68 “设置图片格式”对话框

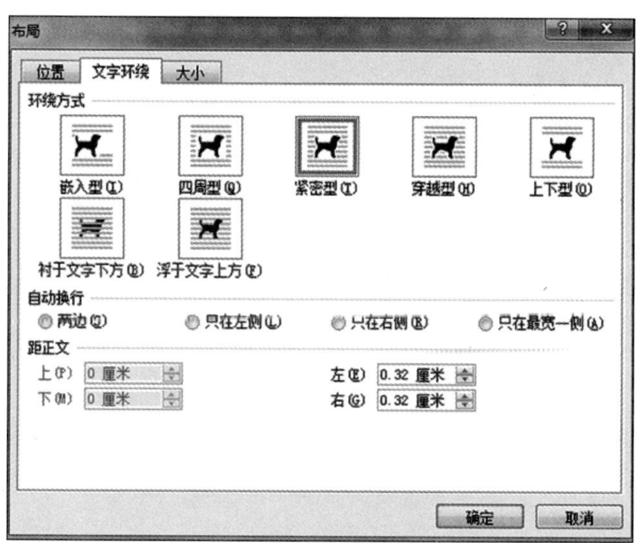

图 3-69 “布局”对话框

2. 图片的缩放

插入图片的大小不一定和文档匹配,多数情况都需要缩放图片的大小。改变图片的大小主要有两种方法。

【操作实例】 如图 3-70 所示,缩放“求职简历”文档中的图片。

1) 鼠标拖放

单击要缩放的图片,图片四周出现的 8 个小黑框称为控制点。把鼠标指针放到上面,

图 3-70　操作实例效果

鼠标指针就变成双箭头的形状，按下左键拖动鼠标，就可以改变图片的大小。

2）精确缩放

右击图片，从弹出的快捷菜单中单击“大小和位置”，打开“布局”对话框，如图 3-69 所示。单击“布局”对话框中的“大小”选项卡（见图 3-71）。勾选“锁定纵横比”复选框（如不需要固定图片的高度和宽度的比例，则无须选中该复选框）。在“高度”区中输入图片的高度 2.48 厘米，则图片的宽度会自动按比例改变。

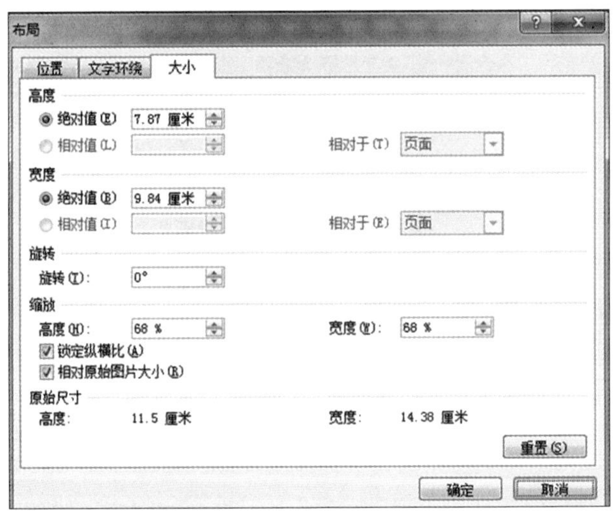

图 3-71　“布局”对话框中的“大小”选项卡

也可在“缩放”区中给出改变大小之后的图片与原始图片在高度或宽度上的百分比，设置完毕后单击“确定”按钮即可。

3. 图片的文字环绕

插入图片时，图片总是在文字的上下之间，占有较大的页面位置。为了使页面排版更加紧凑，往往要求文字环绕图片，从而使版面既整洁，又美观。

Word 2010 提供了多种文字环绕方式。设置文字环绕时，右击图片，从弹出的快捷菜单中单击“大小和位置”，打开“布局”对话框（见图 3-69）。单击“文字环绕”选项卡，在“环绕方式”中选择所需的文字环绕方式，之后单击“确定”按钮。

3.6 页面设置

文档在打印前要进行页面设计。页面设计是否合理直接关系到文档的打印输出质量和可读性。只有合理设计页面的格式，才能得到一份满意的打印文档。

页面格式主要包括确定每页的行数和字符数、页边距和打印输出用的纸张大小等；还有分页控制、设置页码、设置页眉和页脚等。

1. 页面的设置

1）页边距的设置

页边距是文本区到页边界的距离。合理设置页边距可以使文档结构更加清晰，也可以留出更充裕的装订空间。

【操作实例】 将“求职简历”文档的上、下、左、右页边距分别设置为 2.4 厘米、2.4 厘米、2.5 厘米、2.5 厘米。

单击“页面布局”功能区的“页面设置”组右下角的“页面设置”按钮，弹出“页面设置”对话框，如图 3-72 所示。在“页边距”选项卡中的“上”“下”“左”“右”框中分别输入 2.4 厘米、2.4 厘米、2.5 厘米、2.5 厘米。在“应用于”列表框中选择要应用新页边距设置的文档范围为“整篇文档”，设置完毕后单击“确定”按钮。

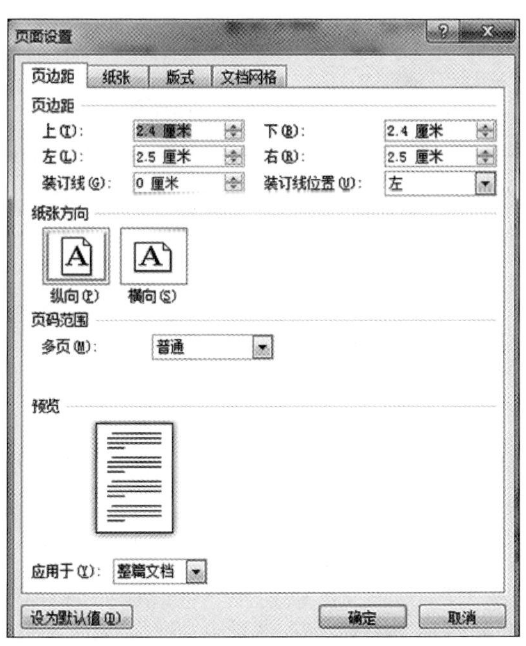

图 3-72 “页面设置”对话框

使用标尺快速设置页边距：

在页面视图中，将鼠标指针放在水平标尺和垂直标尺的页边距线上（标尺上深色与白色的交界处)，鼠标指针将变成双向箭头。按住鼠标左键拖动到所需的位置，边界随之移动。松开鼠标左键，完成页边距的设置。

2）纸张的设置

纸张设计包括“纸张大小”和“纸张来源”两项。

【操作实例】 将“求职简历”文档的“纸张大小”设置为“B5”。

在“页面设置”对话框中单击“纸张”选项卡，如图 3-73 所示，在“纸张大小”下拉列表中选中“B5”。

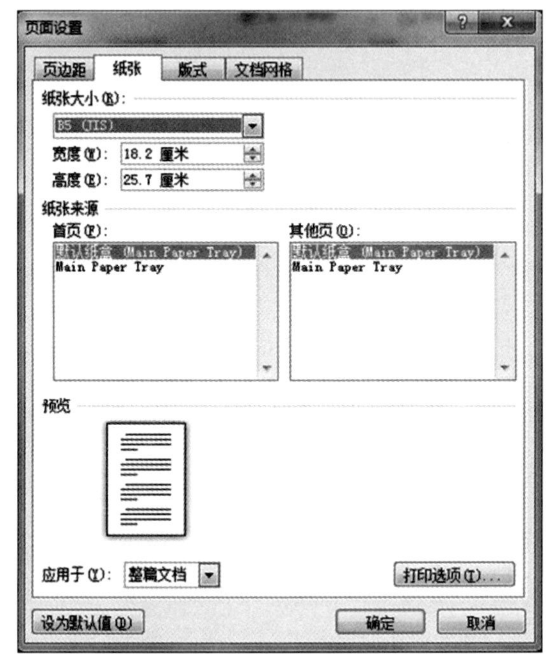

图 3-73 “页面设置”对话框的“纸张”选项卡

3）版式的设置

在“页面设置”对话框中单击“版式”选项卡，如图 3-74 所示，可设置页眉、页脚距边界的距离和页面在垂直方向上的对齐方式。

4）文档网格

有时文档上下的文字不能对齐是因为使用了两端对齐方式，同时又设置了标点压缩等段落格式，这些都是 Word 的默认设置，如要实现精确的对齐，则要通过文档网格设置。

【操作实例】 将“求职简历”文档设置为“每行”38 个字符和“每页”40 行，并指定水平间距为 1.5 个字符，垂直间距为 1 行。

在“页面设置”对话框中单击“文档网格”选项卡，打开“文档网格”选项卡，如图 3-75 所示。选中“指定行和字符网格”单选按钮，然后在“每行”和“每页”选项后面的列表框里输入每行中字符的个数 38 和每页中的行数 40。单击“绘图网格”按钮，打开“绘图网格”对话框，如图 3-76 所示。在“网格设置”中输入水平间距的字符数 1.5 和垂直间距的行数 1。单击“确定”按钮，回到“页面设置”对话框，单击“确定”按钮完成设置。

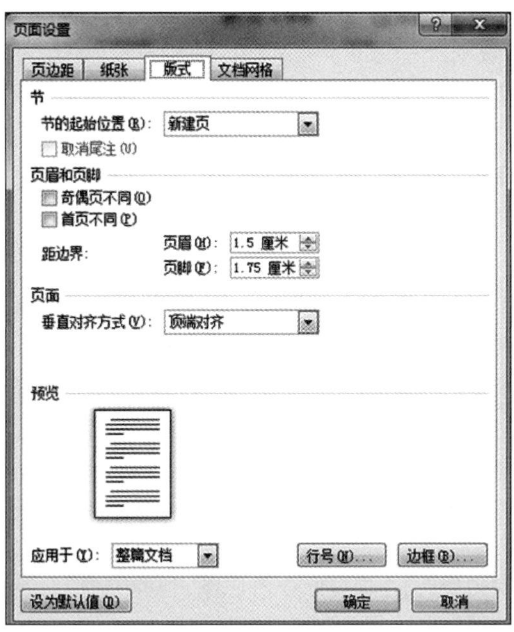

图 3-74 “页面设置”对话框的“版式”选项卡

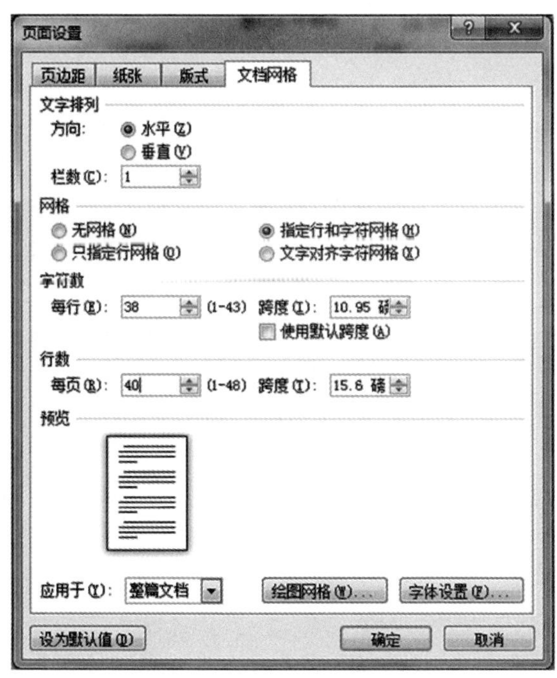

图 3-75 “文档网格”选项卡

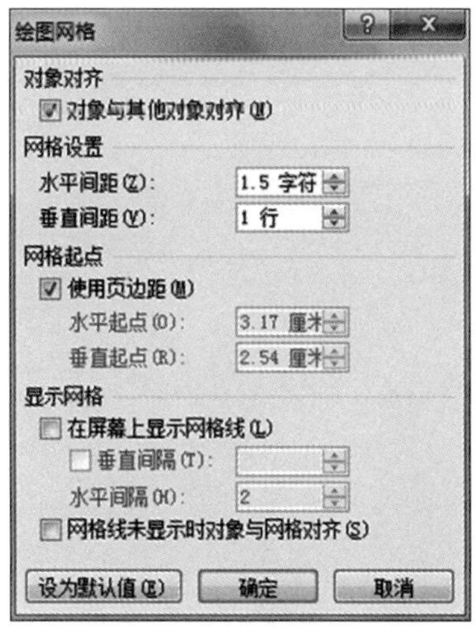

图 3-76 “绘图网格”对话框

2. 页眉和页脚的插入

页眉和页脚分别出现在文档的顶部和底部,在其中可以插入页码、文字或章节名称等内容。在 Word 2010 中,可建立复杂的页眉或页脚,其中可包含页码、日期、时间、文字或图形等。它不是随文本输入的,而是通过命令设置的。页码是最简单的页眉或页脚。页眉、页脚只在页面视图和打印预览方式下才能看到。页眉、页脚的设置方法是通过"插入"功能区的"页眉"和"页脚"组中的按钮或命令实现的。

1) 设置"页眉""页脚"

单击"插入"功能区"页眉和页脚"组中的"页眉"按钮,打开"页眉"版式列表,如图 3-77 所示。在"页眉"版式列表中选择所需的页眉版式,输入页眉内容。当选定页眉版式后,便激活了名为"页眉和页脚工具"的功能区,此时可对页眉进行编辑。若要退出页眉编辑状态,单击该功能区"关闭"组的"关闭页眉和页脚"按钮即可。如"页眉"版式列表中没有所需的版式,可以单击"页眉"版式列表下方的"编辑页眉",进入页眉编辑状态并输入页眉内容,并在"页眉和页脚工具"功能区中设置页眉相关参数。单击"关闭页眉和页脚"按钮,完成页眉的设置。

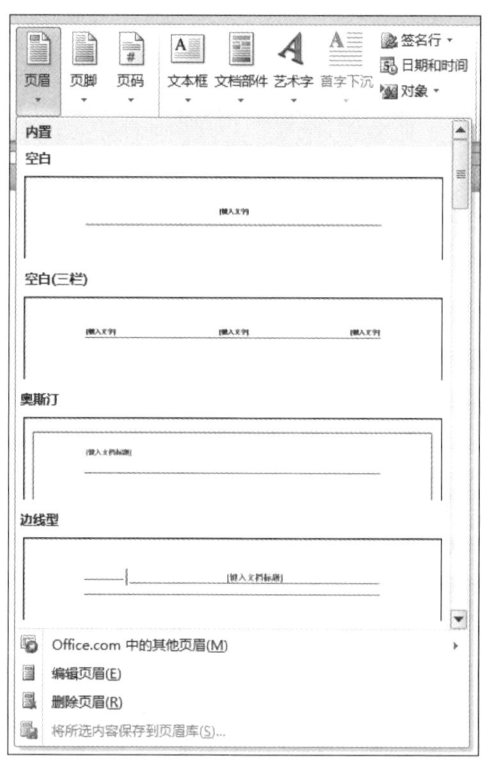

图 3-77 "页眉"版式列表

"页脚"的设置与"页眉"的设置方法类似,利用"插入"功能区的"页眉和页脚"组中的"页脚"按钮即可。

2) 设置奇偶页不同的页眉

单击"插入"功能区"页眉和页脚"组的"页眉"按钮,选择"编辑页眉"命令,进入页眉编辑状态。选中“页眉和页脚”功能区中“选项”组中的“奇偶页不同”复选框，如图 3-78 所示，分别输入编辑奇偶页页眉内容。单击“关闭页眉和页脚”按钮即完成设置。

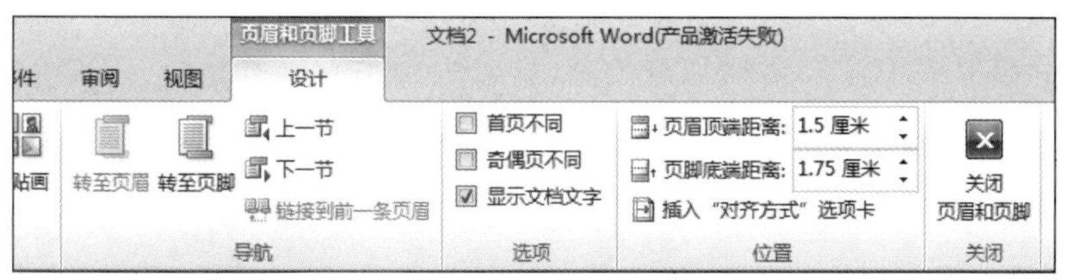

图 3-78 “奇偶页不同”复选框

3）页眉、页脚的删除

单击“插入”功能区“页眉和页脚”组中“页眉”下拉菜单中的“删除页眉”即可。删除页脚的操作与删除页眉的操作相似，单击“页脚”下拉菜单中的“删除页脚”即可删除页脚。

也可以选中页眉或页脚，按 Delete 键，直接删除页眉或页脚。

3. 页码的插入

插入页码的文档易于查阅。Word 提供了丰富的页码格式，可以直接套用。

【操作实例】 在“求职简历”文档的页面底端插入页码，页码居中，首页不显示。

单击“插入”功能区“页眉和页脚”组中的“页码”按钮，打开如图 3-79 所示的“页码”下拉菜单，选择页码将要出现的位置为“页面底端”，选择“页面底端”列表中对齐方式为“居中”的页码格式。

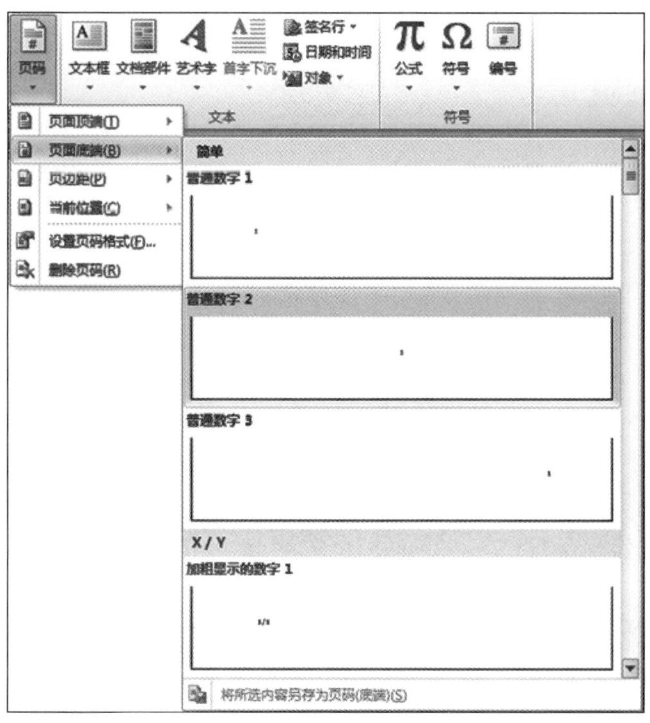

图 3-79 “页码”下拉菜单

改变页码的格式可在“页码”下拉菜单中单击“设置页码格式”，弹出如图 3-80 所示的“页码格式”对话框。在“编号格式”列表框中选择所需的数字格式；在“页码编号”框中选择“起始页码”单选按钮，在后面的数值框中输入文档的起始页码，单击“确定”按钮即可。

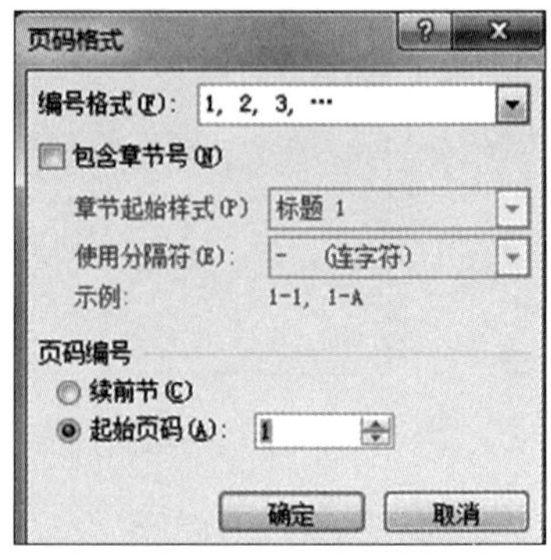

图 3-80 “页码格式”对话框

4. 分页的控制

需要进行强制分页时(如把标题放在页首或将表格完整地放在一页上)，可在分页的地方插入一个分页符。

在 Word 中输入文本时，Word 会按照页面设置中的参数使文字满一行后自动换行，满一页后自动分页。分页符可使文档从插入分页符的位置强制分页。

两段分开在两页显示时，把光标定位到第一段的后面，按 Ctrl＋Enter 组合键，或者单击“插入”功能区中“页”组中的“分页”按钮，还可以单击“页面布局”功能区中“页面设置”组中的“分隔符”按钮，在打开的列表中单击“分页符”即可将两段分别显示在两页上。

删除分页符的操作：普通视图下，插入分页符的地方会出现一个分页符标记，即一条水平虚线。单击该标记，光标定位到水平虚线中，按 Delete 键，分页符即被删除。

3.7 打印文档

3.7.1 打印预览

打印预览是打印文档前为预先观看打印效果而显示文档的一种视图。它可以在打印前事先查看文稿的打印结果，对编辑排版情况进行了解，也可用来查看页边距、页面宽度与高度是否合适，打印的格式是否需要改进等。该功能可以显示打印状态时的每一页。

启动打印预览

【操作实例】 为“求职简历”文档进行打印预览，如图 3-81 所示。

单击“文件”中的“打印”，打开的“打印”窗口面板右侧即显示打印预览的内容，如图 3-82 所示。

3.7.2 打印文档介绍

1. 快速打印

通过“打印预览”确定要打印的文件后，单击“打印”按钮，文档即被打印。

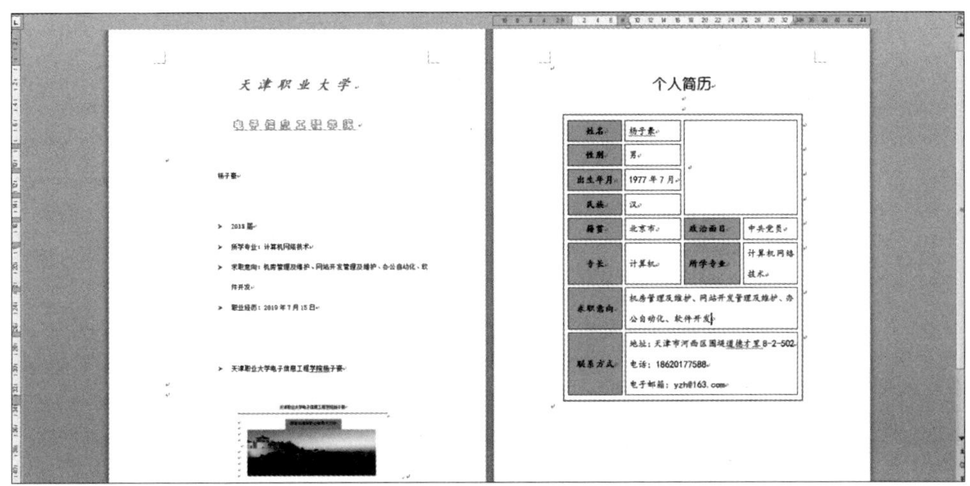

图 3-81　操作实例效果

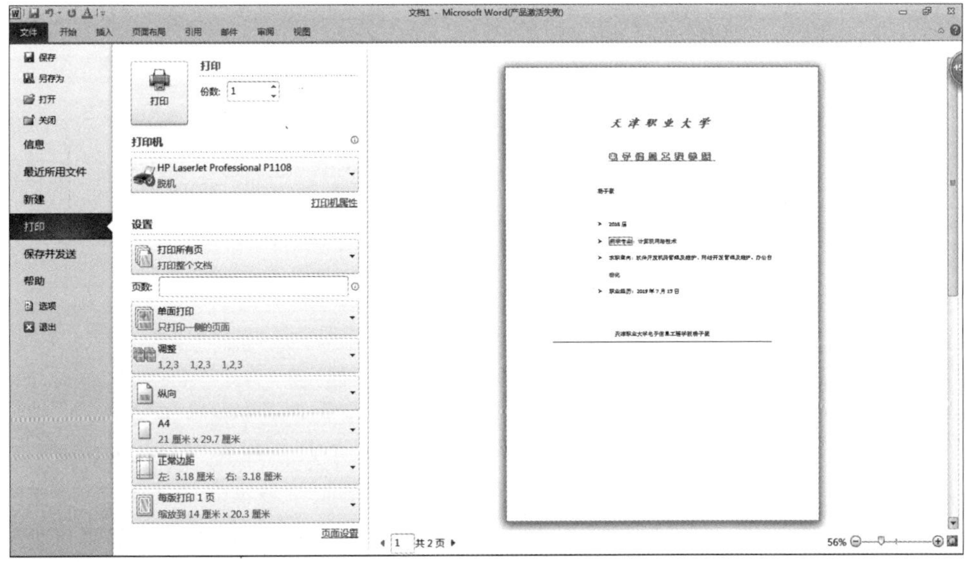

图 3-82　“打印”窗口面板

2. 打印部分文档

【操作实例】 打印“求职简历”文档的第 2 页。

单击“打印所有页”右侧的下拉列表按钮，打开下拉列表。在下拉列表中选定“自定义打印范围”，输入要打印的页码“2”，如图 3-83 所示。单击“确定”按钮，即可打印文档的第 2 页。

图 3-83 设置打印"求职简历"文档的第 2 页

本章小结

本章主要介绍了在中文 Word 2010 中有关文档的基本操作(主要包括文档的创建、编辑及其格式的设定)、文档中表格的基本操作以及图形的基本操作(主要包括表格的创建、编辑及表格的格式设定等操作)图形与图像的插入、绘制与编辑处理等操作。同时,本章还介绍了有关文档的页面设置及打印输出设置等操作,介绍功能与操作时给出了操作实例,便于边学习,边实践。

通过本章的学习,读者应能够熟练使用中文 Word 2010 进行文档的整体编辑及相关格式的设定,能进行文字、表格与图形图像的综合排版,并能输出图文并茂的精美文档。

习 题 3

一、选择题

1. 正确退出 Word 2010 的键盘操作为(　　)。

A. Shift+F4　　B. Alt+F4　　C. Ctrl+F4　　D. Ctrl+Esc

2. 在 Word 2010 中,关于页眉和页脚的设置,下列叙述错误的是(　　)。

A. 允许为文档的第一页设置不同的页眉和页脚

B. 允许为文档的每个节设置不同的页眉和页脚

C. 允许为偶数页和奇数页设置不同的页眉和页脚

D. 不允许页眉或页脚的内容超出页边距范围

3. Word 2010 文档的扩展名为(　　)。

A. DOT　　B. TXT　　C. DOCX　　D. BMP

4. Word 2010 中有一表格,求第 1 列至第 4 列数据之和,则应选择(　　)。

A. =SUM(A1:A4)　　B. =SUM(A1:D1)

C. =SUM(A1,A4)　　D. =SUM(A1,D1)

5. 在 Word 2010 中,文档的视图模式会影响字符在屏幕上的显示方式。为了保证字符格式的显示与打印完全相同,应设定(　　)。

A. 大纲视图　　B. 普通视图　　C. 页面视图　　D. 全屏显示

6. 在 Word 2010 的编辑状态,当前正编辑一个新建文档"文档 1",当执行"文件"菜单中的"保存"命令后,(　　)。

A. 该"文档 1"被存盘　　B. 弹出"另存为"对话框,供进一步操作

C. 自动以"文档 1"为名存盘　　D. 不能以"文档 1"存盘

7. 在 Word 2010 的编辑状态,进行字体设置操作后,按新设置的字体显示的文字是(　　)。

A. 插入点所在段落中的文字　　B. 文档中被选择的文字

C. 插入点所在行中的文字　　D. 文档的全部文字

二、操作题

1. 在文档中输入 Fe_2O_3,并将其设置为黑体、二号字、蓝色,加一个字符边框。

2. 制作如下表格,并为该表首行设置黄色底。

课程表

<table>
<tr><th>星期
节次</th><th>星期一</th><th>星期二</th><th>星期三</th><th>星期四</th><th>星期五</th></tr>
<tr><td>1～2</td><td>大学英语</td><td>大学英语</td><td>高等数学</td><td rowspan="2">计算机文化基础</td><td>大学物理</td></tr>
<tr><td>3～4</td><td>高等数学</td><td>思想道德和法律基础</td><td>英语口语</td><td>英语口语</td></tr>
<tr><td>5～6</td><td>大学物理</td><td>心理健康教育</td><td></td><td>思想道德和法律基础</td><td></td></tr>
<tr><td>7～8</td><td>体育</td><td></td><td></td><td></td><td></td></tr>
<tr><td>9～10</td><td></td><td></td><td></td><td></td><td></td></tr>
</table>

3. 绘制如下图形,将边框设为 1.5 磅,并将其向左转 90°,不得进行其他修改。

4. 按如下表格式制作一份学生社团报名表。

学生社团报名表

<table>
<tr><td>姓名</td><td></td><td>性别</td><td></td><td rowspan="4">[贴照片处]</td></tr>
<tr><td>民族</td><td></td><td>出生日期</td><td>年　月　日</td></tr>
<tr><td>籍贯</td><td colspan="3"></td></tr>
<tr><td>所学专业</td><td colspan="3">学院　　　　专业</td></tr>
<tr><td>电话</td><td colspan="4"></td></tr>
<tr><td>E-mail</td><td colspan="4"></td></tr>
<tr><td>申请社团</td><td colspan="4"></td></tr>
<tr><td>自我简介</td><td colspan="4">[加入社团原因,你的特长等]</td></tr>
</table>

第4章 Excel 2010 应用基础

知识目标	能力目标
1. Excel 2010 的新增功能 2. 工作表的编辑及格式化的要求 3. 公式与函数在使用中的区别 4. 数据排序、筛选、分类汇总及数据透视表的概念 5. 图表的结构及功能	1. 建立、编辑及格式化工作表的操作能力 2. 公式与函数在工作表中的使用能力 3. 工作表中数据排序、筛选及分类汇总的操作能力 4. 图表的生成、编辑、修改及工作表的输出打印的操作能力

Excel 2010 是 Microsoft Office System 中的电子表格程序,利用它可制作出各种复杂的电子表格,完成烦琐的数据计算,将枯燥的数据转换为彩色的图形形象地显示出来,大大增强了数据的可视性,并且可以将各种统计报告和统计图打印出来。掌握了 Excel 可以成倍地提高工作效率。

4.1 Excel 2010 基础知识

4.1.1 Excel 2010 的功能

1. 利用列表功能管理数据

Excel 2010 利用列表功能可以将表格中的某一部分指定为列表,然后可以方便地管理和分析列表中的数据,而不用担心列表之外的其他数据。在列表中可以进行排序、筛选、汇总、求平均值、建立图表等操作。在一个工作表中可以建立多个列表。

2. XML 支持

Excel 2010 对 XML 提供了更广泛的支持,使得用户分析和共享信息更加容易。利用 Excel 不但可以将工作表保存为 XML 表格或 XML 数据,而且可以在任何客户定义的 XML 架构中读取数据,当 XML 数据变化时,动态更新图表、表格和曲线图。

3. 增强的智能标记

Excel 2010 中的智能标记更灵活,可以将智能标记操作与电子表格中的特定部分关联在一起，并使适当的智能标记操作仅在用户将鼠标指针悬停在关联的单元格区域上时出现。

4. "并排比较"功能

利用"并排比较"功能可以很方便地比较两个工作簿中的内容。

5. 增强的统计功能

Excel 2010 对大多数的统计函数进行了改进，使它们的外观和精确性都得到增强。

4.1.2 Excel 2010 的启动和退出

1. 启动

Excel 2010 的启动操作如图 4-1 所示。

图 4-1 Excel 2010 的启动操作

Excel 2010 是 Windows 下的应用软件，像其他应用软件一样，启动 Excel 2010 非常简单，执行"开始"→"所有程序"→Microsoft Office→Microsoft Office Excel 2010 命令即可。

Excel 2010 启动后的主界面如图 4-2 所示。

2. 退出

退出 Excel 2010 非常容易，执行"文件"选项卡中的"退出"命令即可。也可以单击 Excel 工作窗口右上角的关闭按钮 ☒ 退出，或者双击 Excel 工作窗口标题栏左端的 Excel

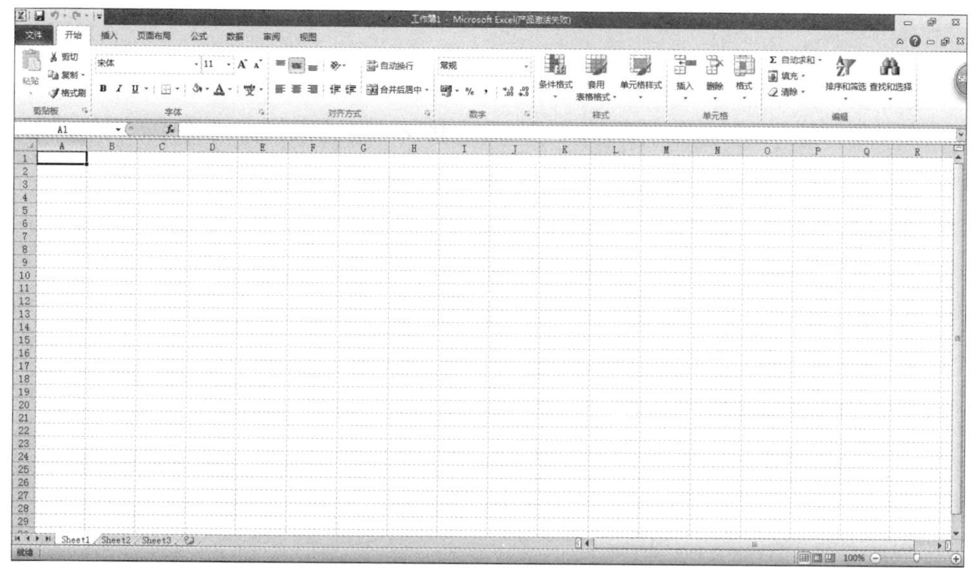

图 4-2 Excel 2010 启动后的主界面

控制菜单图标,或者按 Alt+F4 组合键退出。

4.1.3 Excel 2010 的窗口组成

Excel 2010 的窗口主要包括标题栏、选项卡、功能区、编辑栏、工作区及状态栏等部分,如图 4-3 所示。

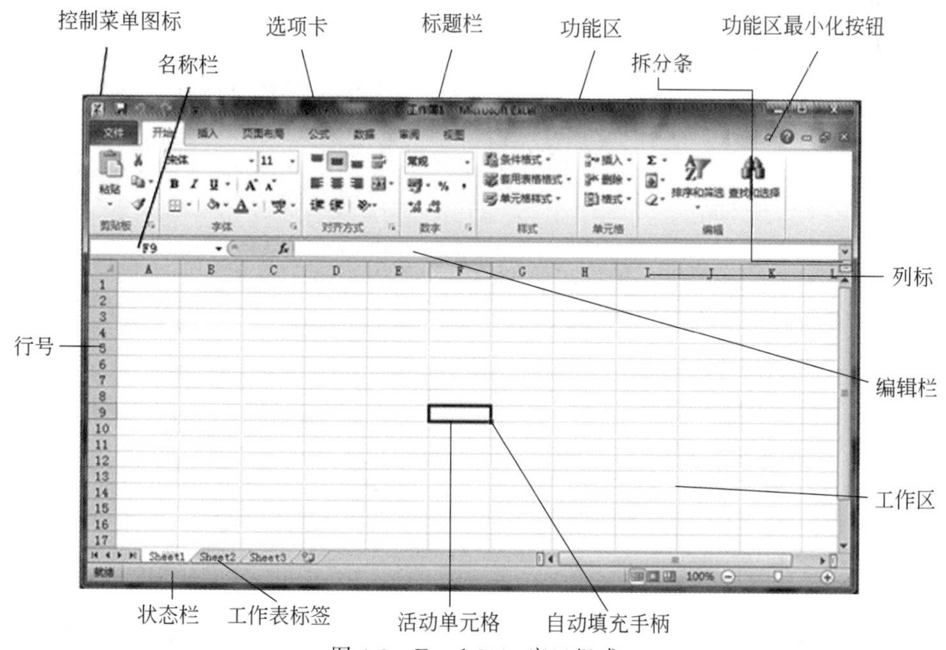

图 4-3 Excel 2010 窗口组成

1. 标题栏

标题栏位于窗口最上方，其左边显示 Excel 窗口控制图标、应用程序名称和当前打开的工作簿名称，右上角的 _ □ × 分别为“最小化窗口”“最大化窗口”“关闭窗口”按钮。

2. 选项卡

每个选项卡中都包含一些命令按钮。选项卡主要包括“文件”“开始”“插入”“页面布局”“公式”“数据”“审阅”“视图”等。根据操作对象的不同，还会自动增加相应的选项卡。

3. 名称栏和编辑栏

名称栏和编辑栏位于工具栏下方，当选中单元格或区域时，该单元格的地址或区域名称等信息显示在名称栏中。编辑栏用来输入或编辑单元格中的内容，也可以用来显示活动单元格中存放的数据或公式。

4. 行号

行号位于各行左侧的灰色编号区，是工作表中标识每行用的名称，用数字 1，2，…表示。

5. 列标

列标位于各列上方的灰色字母编号区，是工作表中标识每列用的名称，用英文字母 A，B，…表示。如果当前使用的是 R1C1 引用样式，列标将以数字编号显示。

6. 单元格和活动单元格

在工作表中，行列交叉的位置形成一个方框，称为单元格。当选中某个单元格时，该单元格的边框变为黑色粗线，即活动单元格。

7. 自动填充手柄

自动填充手柄是活动单元格或选中区域右下角的黑色小方块。拖动自动填充手柄可以为相邻的单元格复制内容或快速建立一个填充序列。

8. 工作表标签

工作表标签位于工作表区底部，用于在不同工作表之间切换。

9. 状态栏

状态栏位于 Excel 窗口底部，用于显示有关操作过程中的选定命令或操作进程信息。

4.1.4 Excel 基本对象

1. 工作簿

工作簿是在 Excel 环境中用来存储并处理数据的文件。每个 Excel 文件都叫作一个工作簿，其扩展名为.XLSX。在一个工作簿中可以包含多个工作表，启动 Excel 时，系统会自动生成一个包含 3 个工作表（默认的工作表名为 Sheet1、Sheet2 和 Sheet3）的工作簿文件 Book1。用户可以根据实际情况增减或选择工作表，如图 4-3 所示。一个工作簿中最多可以包含 255 个工作表。

2. 工作表

工作表可视为工作簿中的一页，是 Excel 窗口中由暗灰色横竖线组成的表格，是 Excel 的基本工作平台。在工作表界面上，行号从 1～1 048 576；列号从 A～Z，"AA""AB"～"Ⅳ"…XFD，共 16 348 列。因此，每张工作表最大为 16 348 列×1 048 576 行。

工作簿与工作表的关系就像是书与书页的关系。一本书可以包含若干页。类似的一个工作簿可以包含若干个工作表。一个工作簿文件，不论包含多少个工作表，都会保存在同一个工作簿文件中，而不是按照工作表的个数分别保存。

3. 单元格

单元格是组成工作表的最基本的存储单元，是由暗灰色横竖线分隔成的长方形格子。工作表中的单元格与单元格的地址一一对应，其名称由它所在的列名和行名组成，如单元格位于第一列第五行，那么它的名称为 A5。有时为了区分不同工作表的单元格，要在地址前面增加工作表名称，如 Sheet2!B6。当单击某个单元格时，该单元格即被选定为活动（当前）单元格。该单元格的框线为粗黑线，在其边框的右下角出现一个黑点，该黑点即填充柄。该单元格的名称会显示在编辑栏左端的名称框里。该单元格中的内容同时显示在编辑栏中。

4.2 创建、保存和打开工作簿

学习了 Excel 2010 的基础知识后，要想使用电子表格软件 Excel，首先从建立工作簿开始。下面开始学习创建、保存和打开工作簿的操作。

4.2.1 创建工作簿

在 Excel 2010 中创建工作簿与在 Word 2010 中创建新文档的方法非常相似。

【操作实例】 在 Excel 2010 中创建新的空白工作簿。

启动 Excel 2010 后，系统自动创建一个名为“工作簿 1”的包含 3 张空白工作表的工作簿，可直接在其工作表中进行数据处理。Excel 还允许通过其他方法建立新工作簿。

(1) 启动 Excel 2010 后，单击“文件”选项卡中的“新建”命令，在“可用模板”中双击“空白工作簿”创建一个新文档，如图 4-4 所示。

图 4-4 “新建”对话框

(2) 使用右键菜单建立。在桌面上的空白处右击，从快捷菜单中单击“新建”项，之后从弹出的子菜单中选择“Microsoft Excel 文档”，如图 4-5 所示，给这个文档起好名字，这个文档就建立好了。

图 4-5 新建“Microsoft Excel 文档”

(3) 按 Ctrl+N 组合键可以快速建立空白工作簿。

4.2.2 保存工作簿

创建新工作簿或者对已有的工作簿修改之后,应随时保存。保存工作簿有多种方法,可选择下列方法之一进行保存。

1. 保存新建工作簿

刚创建的工作簿要保存到磁盘上时,必须对它进行命名,并指定存放的路径。

【操作实例】 将新建的工作簿以"学生成绩表"为文件名保存到 C 盘上。

在"文件"选项卡中单击"保存"或"另存为"命令,弹出"另存为"对话框,如图 4-6 所示。在"保存位置"确定新工作簿存放的路径为 C 盘根目录,在"文件名"框中输入新工作簿名"学生成绩表",如图 4-6 所示。最后单击"保存"按钮,新建的工作簿就以指定的名字存盘。

图 4-6 "另存为"对话框

2. 保存已命名过的工作簿

对于以前已存在的工作簿,修改或输入新的内容后仍须保存。

【操作实例】 将"学生成绩表"工作簿内容进行编辑后更名再次保存。

执行"文件"选项卡中的"保存"命令或者单击"快捷访问工具栏"上的"保存"按钮(见图 4-7),即可将正在编辑的"学生成绩表"工作簿以该文件名再次保存。

图 4-7 “快捷访问工具栏”上的“保存”按钮

3. 将当前编辑的工作簿另起一个名字保存

对已有的工作簿进行修改而建立新工作簿，或建立工作簿的一个副本，可用另一个名字保存工作簿。

【操作实例】 将“学生成绩表”工作簿以“学生成绩统计表”为名重新保存。

执行“文件”选项卡中的“另存为”命令，打开“另存为”对话框。在“文件名”框中输入新文档名“学生成绩统计表”，单击“保存”按钮。

4.2.3 打开工作簿

打开工作簿和新建工作簿一样，也有多种方法。

【操作实例】 打开已经保存过的“学生成绩统计表”工作簿。

(1) 在“文件”选项卡中单击“最近所用文件”，通常会列出几个近期刚编辑过的工作簿名称，如图 4-8 所示，单击“学生成绩统计表”即可打开。

图 4-8 “最近所用文件”窗口

(2) 如果“学生成绩统计表”工作簿不在“最近所用文件”中，则单击“打开”命令，弹出“打开”对话框(见图 4-9)，选定文档所在的路径为 C:，然后在文件列表中单击“学生成绩统计表”，最后单击“打开”按钮(也可双击文档名直接打开)。

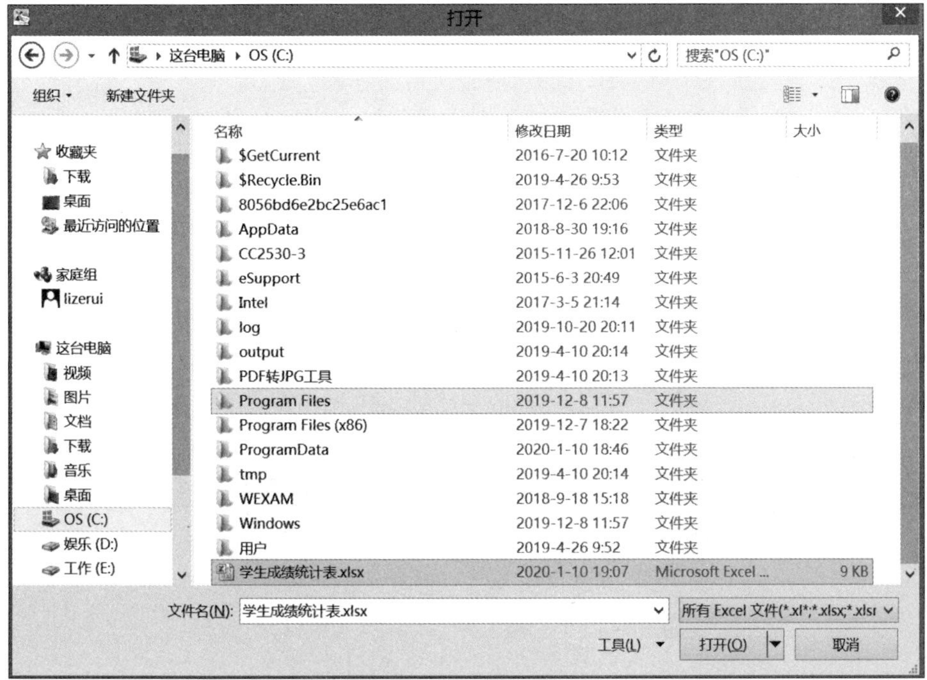

图 4-9 “打开”对话框

4.3 工作表的基本操作

工作表的基本操作主要包括在工作中经常会使用到的工作表的选定、工作表的插入与删除、工作表的移动与复制、对工作表进行重命名、工作表的拆分与冻结等操作。

4.3.1 工作表的选定

对工作表进行操作时，必须首先选定要操作的工作表。工作表的选定可通过鼠标单击工作表标签栏进行。其选定操作包括选定单个工作表、选定相邻工作表、选定不相邻工作表和选定所有工作表。

【操作实例】 在“学生成绩统计表”工作簿中，选定 Sheet2 工作表、选定 Sheet1 和 Sheet2 工作表、选定 Sheet1 和 Sheet3 工作表、选定全部工作表。

单击 Sheet2 工作表标签，该工作表便被激活，标签栏中的相应标签变为白色，表明该工作表被选中。

单击 Sheet1 工作表标签，然后按下 Shift 键，再单击 Sheet2 工作表标签，即可选定 Sheet1 和 Sheet2 工作表。

单击 Sheet1 工作表标签，然后按下 Ctrl 键，再单击 Sheet3 工作表标签，即可选定

Sheet1 和 Sheet3 工作表。

在任意一个工作表标签上右击，从弹出的快捷菜单中单击“选定全部工作表”命令(见图 4-10)，即可选定所有工作表。

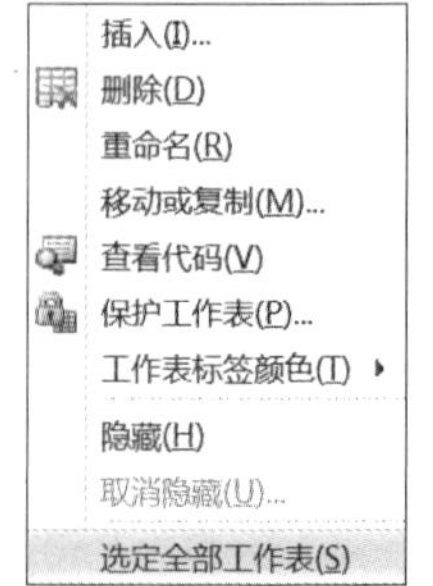

图 4-10 选定全部工作表

4.3.2 工作表的插入与删除

1. 插入工作表

【操作实例】 在“学生成绩统计表”工作簿中插入一个空白的工作表。

在任意一个工作表标签上右击，从弹出的快捷菜单中单击“插入”命令，打开“插入”对话框，如图 4-11 所示。

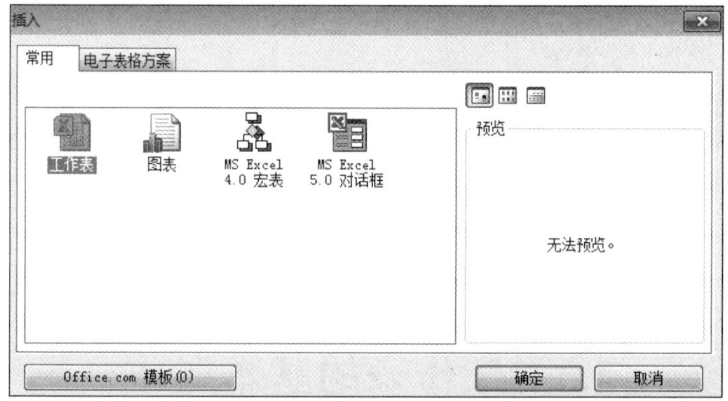

图 4-11 “插入”对话框

在“常用”选项卡中选择“工作表”(见图 4-11)，单击“确定”按钮。

也可以单击 Sheet3 后的“插入工作表”按钮，直接添加工作表。

2. 增加新建工作簿中工作表的个数

【操作实例】 增加新建工作簿中工作表的个数为“8”。

执行“文件”选项卡中的“Excel 选项”命令，打开“Excel 选项”对话框，如图 4-12 所示。

单击“常规”项，在“新建工作簿时”下的“包含的工作表数”中选择或输入工作表数“8”。

单击“确定”按钮，再新建工作簿，其包含的工作表个数就改变了。

3. 删除工作表

【操作实例】 将“学生成绩统计表”工作簿中的 Sheet3 工作表删除。

单击想要删除的工作表的标签，单击“开始”功能区中“单元格”组中的“删除”按钮右侧的下拉按钮，在弹出的下拉菜单中单击“删除工作表”命令。

也可以在 Sheet3 工作表标签上右击，从弹出的快捷菜单中单击“删除”命令(见图 4-10)，删除工作表。

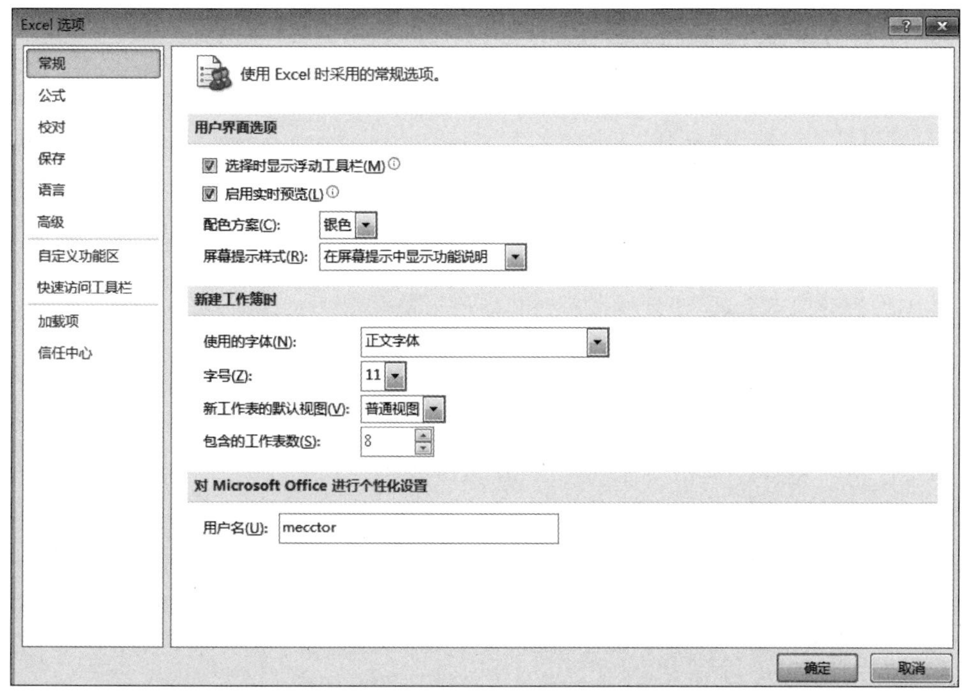

图 4-12 “Excel 选项”对话框的“常规”选项卡

4.3.3 工作表的移动与复制

实际操作过程中经常需要移动或复制工作表。移动或复制工作表可以在同一个工作簿内进行，也可以在不同工作簿之间进行。

【操作实例】 将“学生成绩统计表”工作簿中的 Sheet1 工作表复制到 Sheet2 工作表之后。

将鼠标指针指向 Sheet1 工作表标签。按住 Ctrl 键的同时按住鼠标左键沿标签行拖动鼠标。当拖动到 Sheet2 之后时，松开鼠标左键，工作表即被复制到新的位置。

在不同工作簿之间移动或复制工作表的方法如下：右击原工作表中要移动或复制的工作表标签，在弹出的快捷菜单中单击“移动或复制工作表”命令，弹出“移动或复制工作表”对话框(见图 4-13)。在该对话框的“将选定工作表移至工作簿”下拉列表中选择目的工作簿。在“下列选定工作表之前”列表框中选中某个工作表，单击“确定”按钮。

如勾选“移动或复制工作表”对话框中的“建立副本”选项，即可完成不同工作簿间工作表的复制。

图 4-13 “移动或复制工作表”对话框

4.3.4 对工作表进行重命名

Excel 默认将工作表按顺序依次命名为 Sheet1,Sheet2,Sheet3,…显示在工作表的标签上,如需要工作表的名字能够反映出工作表的内容,就必须对工作表进行重命名。

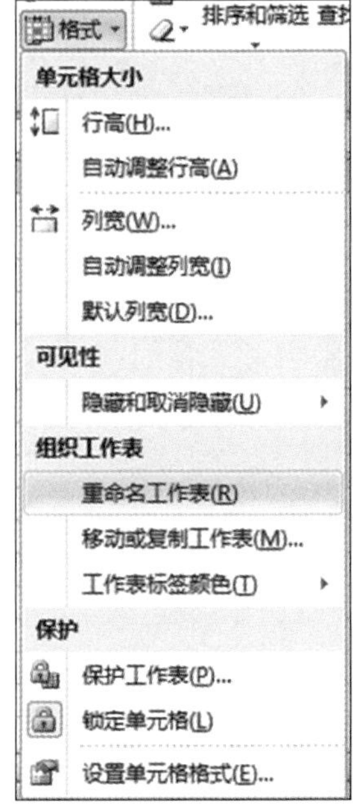

图 4-14 重命名工作表

【操作实例】 将“学生成绩统计表”工作簿中的 Sheet1 和 Sheet2 工作表分别重命名为“软件 1 班”和“通信 1 班”。

可以双击 Sheet1 工作表的标签,工作表标签上的名字反白显示。在工作表标签上输入“软件 1 班”,按 Enter 键或单击工作表的任意区域。

也可以选定 Sheet1 工作表标签右击,在弹出的快捷菜单中选“重命名”命令,然后在工作表标签上输入“软件 1 班”。

还可以选中 Sheet1 工作表标签,单击“开始”功能区的“单元格”组中的“格式”按钮右侧的下拉按钮,在弹出的下拉列表中的“组织工作表”命令组中单击“重命名工作表”命令,如图 4-14 所示。然后在工作表标签上输入“软件 1 班”并按 Enter 键。

采用同样的方法将 Sheet2 工作表重命名为“通信 1 班”。

4.3.5 工作表的拆分与冻结

1. 工作表的拆分

可按“纵向”或“横向”拆分工作表,拆分后的部分称为“窗格”,有滚动条,便于观察。

(1) 使用“拆分条”拆分。

将鼠标指针指向水平滚动条上方的“拆分条”(见图 4-3),当鼠标指针变成双箭头时,沿箭头方向拖动鼠标至合适位置后松开鼠标左键即可。拆分后的工作表如图 4-15 所示。窗口被拆分后,拖动分隔条可以调整分隔后窗格的大小。

(2) 使用功能区命令拆分。

单击要拆分的行或列所在的单元格,单击“视图”选项卡的“窗口”组中的“拆分”按钮即可。

如要取消拆分,可将拆分条拖回到原来位置或再次单击“视图”选项卡的“窗口”组中的“拆分”按钮。

2. 工作表的冻结

工作表的冻结实际是冻结行标题和列标题,这样就可以将屏幕外的单元格和行标题与列标题对应起来查看了。

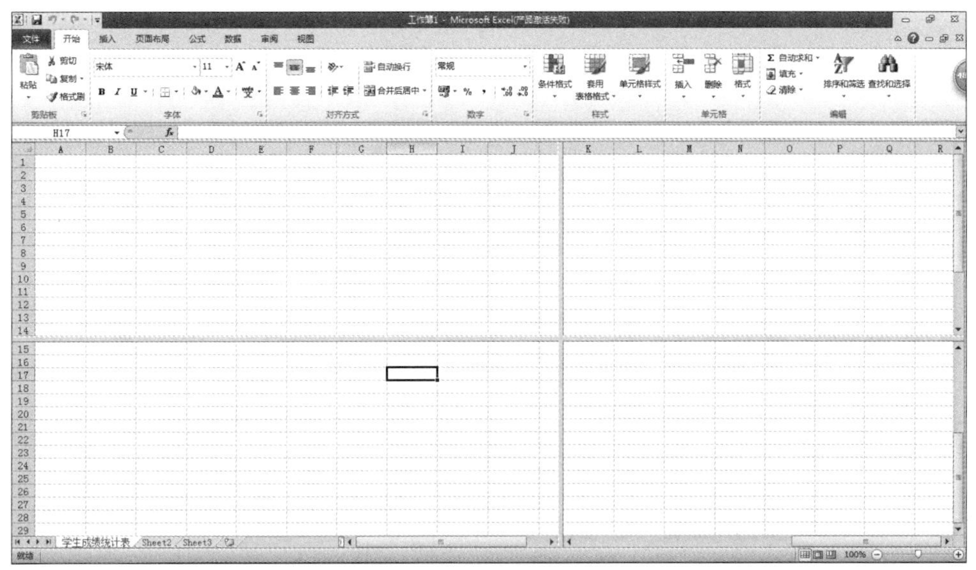

图 4-15　拆分后的工作表

(1) 冻结列标题。将要冻结的列标题下一行的第一个单元格设置为活动单元格，然后单击“视图”选项卡的“窗口”组中的“冻结窗格”按钮，在弹出的下拉列表中执行“冻结拆分窗格”命令。

(2) 冻结行标题。将要冻结的行标题的右边一列中的第一单元格设置为活动单元格，单击“视图”选项卡的“窗口”组中的“冻结窗格”按钮，在弹出的下拉列表中执行“冻结拆分窗格”命令。

(3) 同时将行标题和列标题冻结。选中合适的单元格作为活动单元格即可。因为单击执行“视图”选项卡的“窗口”组中的“冻结窗格”按钮，在弹出的下拉列表中执行“冻结拆分窗格”命令后，活动单元格左边的列和上方的行均已被冻结。

(4) 将冻结的行和列“解冻”。单击“视图”选项卡的“窗口”组中的“冻结窗格”按钮，在弹出的下拉列表中执行“取消冻结窗格”命令就可以了。

例如，将图 4-15 的第 1、2 行和 A、B 两列冻结起来，具体操作如下。

选中 C3 为活动单元格，单击“视图”选项卡的“窗口”组中的“冻结窗格”按钮，在弹出的下拉列表中执行“冻结拆分窗格”命令。如果滚动滚动条，第 1、2 行和 A、B 两列的数据就不会随之滚动，如图 4-16 所示。

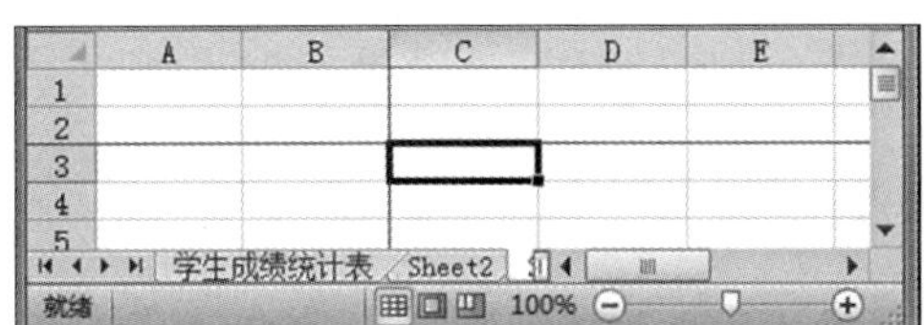

图 4-16　冻结工作表

4.4 单元格的基本操作

Excel 中的数据是以单元格为单位进行存储、接收及处理的。所以，单元格是 Excel 存储和处理数据的基本单位。一个单元格就意味着一个独立的数据。在工作表中浏览单元格内容并对其中的数据进行操作，是使用 Excel 进行数据处理的必备技能。

4.4.1 选定及移动

在使用 Excel 的过程中，正在使用的单元格是"活动单元格"，其周围有一个黑色的方框。Excel 的任何数据操作都是对活动单元格进行的。

1. 单元格的选定

1）选定一个单元格

选定一个单元格就是将这个单元格设置为当前的活动单元格，以便对它进行各种数据处理。

【操作实例】 在"学生成绩统计表"工作簿中，选取"软件 1 班"工作表的 B4 单元格。

可以用白色十字样的鼠标指针单击 B4 单元格，也可以在"单元格名称栏"输入要选中的单元格地址。

2）多个连续单元格的选取

【操作实例】 在"学生成绩统计表"工作簿中，选取"软件 1 班"工作表的 B1 到 C7 单元格。

可以选中 B1 单元格，拖动鼠标到 C7 单元格。

也可以选中 B1 单元格，按下 Shift 键，同时按箭头键拉伸欲选区域，直到到达 C7 单元格为止。松开 Shift 键，即完成 B1 到 C7 单元格区域的选取。

单元格区域的引用地址是用冒号连接两个对角单元格地址的。

3）不连续单元格的选取

如须选定多个不相邻的区域，可以用鼠标和键盘的联合操作完成。

【操作实例】 在"学生成绩统计表"工作簿中，选取"软件 1 班"工作表的 C1、B3 和 D5 单元格。

首先选定 C1 单元格，然后按住 Ctrl 键，再单击 B3、D5 单元格，即可同时选中 C1、B3、D5 单元格。

4）选定整行、整列或整个工作表

【操作实例】 在"学生成绩统计表"工作簿中，选定"软件 1 班"工作表的第一行、第一列、整个工作表。

单击第一行行标或第一列列标，可以选定第一行或第一列（拖动鼠标可选定连续的若干行或列）。单击行标和列标交叉处（即工作表的左上角）的按钮，可以选定整个工作表

(该功能可以对整个工作表做全局的编辑,如改变整个工作表的字符格式或字体颜色等)。

2. 单元格的移动

单元格的移动,是指将单个单元格或单元格区域的内容“搬”到新的位置,也可以理解为先将原数据区“剪切”下来,存放在系统的“剪切板”中,然后再“粘贴”到新的位置。

【操作实例】 在“学生成绩统计表”工作簿中,将“软件1班”工作表的A1到A8单元格区域移动到C1到C8单元格区域。

可以使用菜单命令选取A1到A8单元格区域。单击“开始”选项卡中“剪贴板”组中的“剪切”按钮,可以看到选中的单元格区域的边界变成流动的虚线,表示这个数据区已经被“剪切”到系统的剪切板中。选中C1单元格,然后单击“开始”选项卡中“剪贴板”组中的“粘贴”按钮,单元格区域的移动工作就完成了。

也可以利用鼠标拖动,在选中A1到A8单元格区域后,将鼠标光标移至区域的任一边界处,这时可以看到光标由通常状态下的“粗十字”形状变成“箭头”形状。按下鼠标左键,拖动鼠标到C1到C8单元格区域,鼠标光标所指的单元格四周为粗虚线框,此时松开鼠标,即完成了单元格的移动。

4.4.2 数据输入

输入原始数据是Excel最基本的操作。Excel中的数据输入必须在活动单元格中进行,输入结束后按Enter键、Tab键,或单击另一个单元格,都可确认输入。按Esc键,可取消输入。

在Excel的工作表中可以输入两类数据:常量和公式。常量是可以直接输入到单元格中的数据,可以是数值,包括日期、时间、货币、百分比、分数、科学记数等,也可以是文字。公式可以是一个常量值、单元格引用、函数或操作符的序列。

1. 输入文本

在Excel中,文本可以是汉字、字母、字符型数字和空格等符号的任意组合。通常情况下,输入的文本默认左对齐。

初始状态下,每个单元格的宽度为8个字符。输入数据时,若紧挨该单元格右边的单元格为空,文字允许超过列宽,扩展到右边单元格显示;若右侧单元格不为空,则截断显示。电话号码、邮政编码等被视为文本。Excel 2010规定,输入文本型数字时,必须在其前面加一个英文的撇号“'”(如'01234)。

2. 输入数字

在Excel中,单元格默认的数字格式为右对齐。数字格式一般包括整数和小数两种。当输入数据的长度超出单元格的宽度时,会自动采用科学记数法表示数字(如输入“123456789987”,系统会自动表示为“1.23457E+11”)。

向单元格输入数字时,应遵循下列规则。

(1) 数字前面的正号“+”被忽略。

(2) 负数前面加一个负号或用括号把数字括起来。

(3) 输入分数时,要先输入“0”和空格,然后输入分数,否则系统将按日期对待。

(4) 数字中的单个圆点“.”作为小数点处理(如输入“.12”,系统会自动表示为“0.12”)。

3. 数据填充

操作中,经常需要输入连续的数据,利用 Excel 提供的“填充”功能可实现数据的快速填充输入。

1) 填充相同的数据

填充相同的数据相当于数据的复制。

【操作实例】 在“学生成绩统计表”工作簿的“软件 1 班”工作表中输入如图 4-17 所示的文字,并将 C3 单元格中的内容填充到 C7 单元格,将 C8 单元格中的内容填充到 C11 单元格。

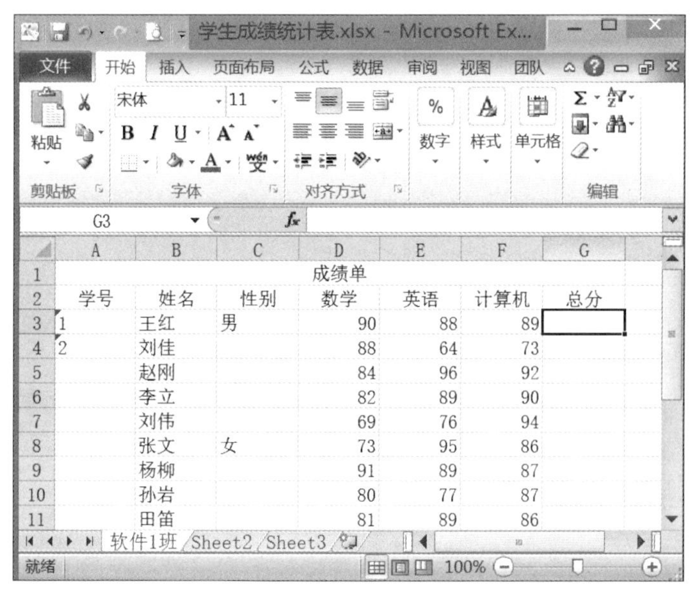

图 4-17 “软件 1 班”工作表

按图 4-17 所示输入内容。选中 C3 单元格,将鼠标指针移到该单元格右下角,鼠标指针为细十字形状(**+**)。拖动填充手柄(活动单元格黑色外框右下角的黑点)到 C7 单元格,数据自动填充。

采用同样的方法将 C8 单元格的内容填充到 C11 单元格。

2) 填充有规律的数字序列

用创建序列的方法可以输入具有某种有规律的数据。

- 等差序列

选中填充内容所在区域,按住鼠标左键向右或向下拖动填充手柄,即可建立等差序列。

【操作实例】 在“学生成绩统计表”工作簿的“软件1班”工作表中，以A3、A4单元格的内容为等差数列前两项，将该等差数列填充到A11单元格。

选中A3、A4单元格区域(见图4-18)。鼠标指针指到填充柄，按住鼠标左键向下拖动填充手柄到A11单元格。

- 等比序列

【操作实例】 将如图4-19所示等比序列填充到A10单元格。

	A	B
1		
2	学号	姓名
3	1	王红
4	2	刘佳
5		赵刚
6		李立
7		刘伟
8		张文
9		杨柳
10		孙岩
11		田笛

软件1班 She
就绪

图4-18 填充等差序列

	A	B
1	2	
2	6	
3	18	
4		
5		
6		
7		
8		
9		
10		
11		

软件1班 Shee
平均值: 8.666666667

图4-19 等比序列

选中A1到A10单元格(见图4-20)。

单击“开始”选项卡的“编辑”组中的“填充”按钮，弹出下拉列表，单击“序列”命令，打开“序列”对话框(见图4-20)。在“序列产生在”区域选择“列”，在“类型”区域选择“等比序列”，将“步长值”(即公比)设置为3，单击“确定”按钮，完成等比序列的填充，如图4-21所示。

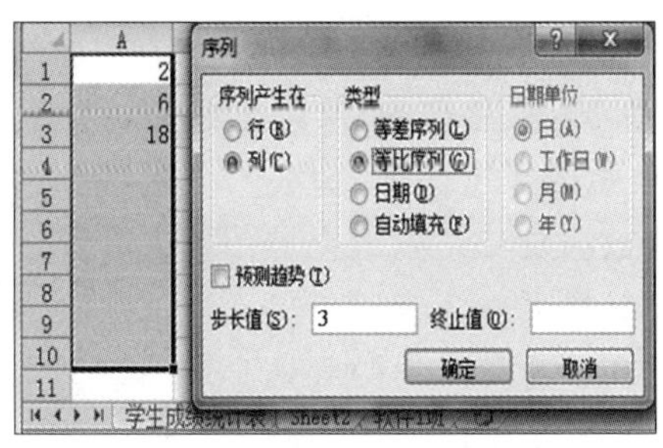

图4-20 “序列”对话框

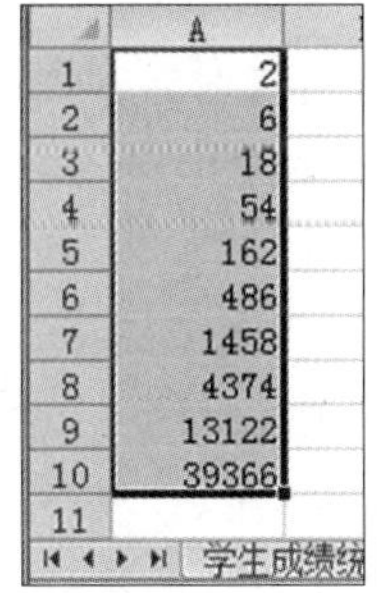

图4-21 填充等比序列

4. 时间和日期的输入

时间和日期的输入既可以直接输入，也可以通过函数输入。

工作表中的时间和日期的显示方式取决于所在单元格中对时间或日期显示格式的设置。可以通过“开始”选项卡的“单元格”组的“格式”按钮的下拉菜单中的“设置单元格格式”命令设置。

在Excel中，系统把输入的时间和日期当作数值处理，也就是说，日期型数据之间可以相减得到天数，日期型数据与另一数值相加可得到另一日期型数据。

若要在同一单元格中输入时间和日期，应在时间和日期之间插入一个空格。如果要输入当前日期，可按组合键 Ctrl+；；输入当前时间用组合键 Ctrl+Shift+；。

4.4.3 数据编辑

1. 编辑单元格数据

对一个单元格中的数据进行修改，有两种情况：彻底重新输入和对原有内容作部分改动。

1）彻底重新输入

单击需要重新输入内容的单元格，然后直接输入新的内容。

2）对原有内容作部分改动

双击需要改动内容的单元格，用方向键←和→移动插入点光标到需要修改的位置，然后进行删除或插入操作。

2. 清除单元格中的数据

【操作实例】 在"学生成绩统计表"工作簿的"软件1班"工作表中，清除 F1 到 F11 单元格区域的内容。

可以选中 F1 到 F11 单元格区域，按 Delete 键（采用这种方式删除单元格中的内容，它的格式和批注等仍然保留）。

也可以选中 F1 到 F11 单元格区域右击，从弹出的快捷菜单中选择"清除内容"命令清除单元格中的所有内容。

还可以选中 F1 到 F11 单元格区域，单击"开始"选项卡"单元格"组中的"删除"按钮，在弹出的下拉菜单中单击"删除单元格"命令，或者右击，从弹出的快捷菜单中选择"删除"命令，弹出如图 4-22 所示的对话框，从中选择所需的选项。当单元格被删除时，Excel 工作表中的某些数据及其位置也会被删除。这里的删除与通过按 Delete 键将单元格的内容清除不一样。按下 Delete 键，仅清除当前单元格或单元格区域中的数据内容，清除内容之后的空白单元格将继续保留在工作表中。删除操作是将选中的单元格或单元格区域（如行、列等）连同所在的位置一起从工作表中删除，空出的位置将由相邻的单元格进行填补。填补的方式由用户决定。

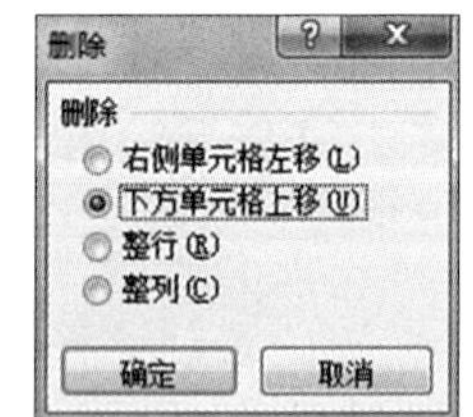

图 4-22 "删除"对话框

4.4.4 插入、复制与删除

1. 插入单元格

Excel 允许用户插入一个单独的单元格，也可以整行、整列地插入新的单元格。

1）插入一个单元格

【操作实例】 在“学生成绩统计表”工作簿“软件 1 班”工作表中的 E2 单元格前插入空单元格（活动单元格下移），并在该单元格中输入 98。

选中 E2 单元格，单击“开始”选项卡的“单元格”组中的“插入”按钮，在打开的下拉菜单中选择“插入单元格”命令，出现如图 4-23 所示的对话框。在对话框中选中“活动单元格下移”，单击“确定”按钮，然后在该单元格中输入 98。

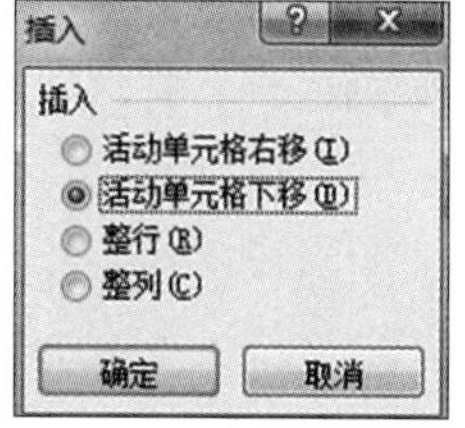

图 4-23 “插入”对话框

2）插入行

【操作实例】 在“学生成绩统计表”工作簿“软件 1 班”工作表的第一行前插入一行，并在该行的第一个单元格中输入“学生成绩统计表”。

单击第一行中的任意单元格（系统默认插入的新行位于选中行的上面）。如果要插入多行，则选定需要插入的新行下相邻的若干行，选定的行数与待插入空行的数量相等。单击“开始”选项卡的“单元格”组中的“插入”按钮，在打开的下拉菜单中选择“插入单元格”命令。在“插入”对话框中选定“整行”，单击“确定”按钮，即插入一个新行，然后在该行的第一个单元格中输入“学生成绩统计表”。

3）插入列

【操作实例】 在“学生成绩统计表”工作簿“软件 1 班”工作表的 F 列后插入一列单元格，并按图 4-24 所示输入内容。

	A	B	C	D	E	F	G	H
1				成绩单				
2	学号	姓名	性别	数学	英语	计算机		总分
3	1	王红	男	90	88	89		
4	2	刘佳		88	64	73		
5		赵刚		84	96	92		
6		李立		82	89	90		
7		刘伟		69	76	94		
8		张文	女	73	95	86		
9		杨柳		91	80	87		
10		孙岩		80	77	87		
11		田笛		81	89	86		

软件1班 / Sheet2 / Sheet3

图 4-24 操作实例

单击 G 列中的任意单元格（系统默认插入的新列位于选中列的左侧）。如果要插入多列，应选定需要插入的新列右侧相邻的若干列，选定的列数应与待插入的新列数量相等。在“插入”对话框中选中“整列”，即可插入一列单元格，然后按图 4-24 输入相应内容。

2. 复制单元格

单元格的复制就是单元格内数据的复制。Excel 将某个单元格或者单元格区域内的数据复制到指定的位置上，而原先位置上的数据仍然存在。

【操作实例】 在“学生成绩统计表”工作簿中，将“软件 1 班”工作表的 D2 到 D12 单元格区域移动到 G2 到 G12 单元格区域。

可以利用命令按钮选中 D2 到 D12 单元格区域。单击“开始”选项卡中“剪贴板”组的“复制”按钮，选择 G2 单元格，单击“剪贴板”组中的“粘贴”按钮，完成单元格区域的复制。

还可以利用鼠标拖动。

在选中 D2 到 D12 单元格区域后，将鼠标光标移至区域的任一边界处，这时可以看到光标由通常状态下的“粗十字”形状变成“箭头”形状。按下鼠标左键，同时按下 Ctrl 键不放，拖动数据区到目标区域(“箭头”光标旁边出现了一个加号)先松开鼠标，后松开 Ctrl 键。

4.5 工作表的基本操作

要想使工作表的外观更和谐、漂亮，或者使它变得更有个性，需要对工作表进行格式化。格式化的内容包括格式化行高和列宽，设置数据对齐方式，设置单元格字体，设置数字显示格式，设置单元格的边框、颜色及图案，自动套用格式，复制单元格格式等。

4.5.1 格式化行高和列宽

设置行高和列宽的方法有两种：一种是通过命令按钮实现，这种方法可以实现对行高和列宽的精确设定；另一种是直接用鼠标操作对行高和列宽进行调整。

【操作实例】 将“学生成绩统计表”工作簿“软件 1 班”工作表中第一行的行高设置为 38。

选中第一行任意一个单元格。单击“格式”选项卡的“单元格”组中的“格式”按钮，在弹出的下拉菜单中单击“单元格大小”组中的“行高”命令，打开“行高”对话框，如图 4-25 所示。在“行高”后的文本框中输入 38。

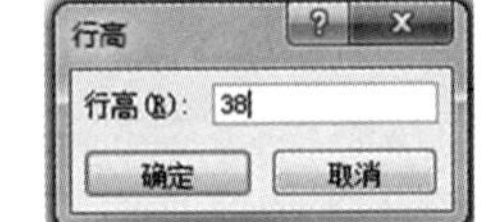

图 4-25 “行高”对话框

也可以使用鼠标调节行高，操作方法如下：

移动鼠标指针到要设置行的行标的下边框处，当变成双箭头时，按下鼠标左键，拖动行标的边界设置所需的行高，这时将自动显示高度值，调整到合适的高度后放开鼠标左键。

列宽的调整与行高类似，不再赘述。

4.5.2 设置数据对齐方式

单元格数据的系统默认对齐方式为：文字左对齐、数字右对齐、逻辑值居中对齐。可以根据需要设置对齐方式。

Excel 中常用的对齐方式有水平对齐和垂直对齐两种，此外还提供了任意角度的对齐方式。

1. 用功能区按钮设置对齐方式

选定需要对齐的单元格或单元格区域，单击“开始”选项卡的“对齐方式”组中的左对齐、居中对齐、右对齐、合并及居中、减少缩进量、增加缩进量等按钮即可。

【操作实例】 将“学生成绩统计表”工作簿“软件1班”工作表中的A1到G1单元格合并且居中。

选中A1到G1单元格。单击“开始”选项卡的“对齐方式”组中的“合并后居中”按钮即可。

2. 使用对话框设置对齐方式

选定需要对齐的单元格或单元格区域，单击“开始”选项卡的“单元格”组中的“格式”按钮，在弹出的下拉菜单中单击“设置单元格格式”。在弹出的“设置单元格格式”对话框的“对齐”选项卡中(见图4-26)，设定所需的对齐方式。

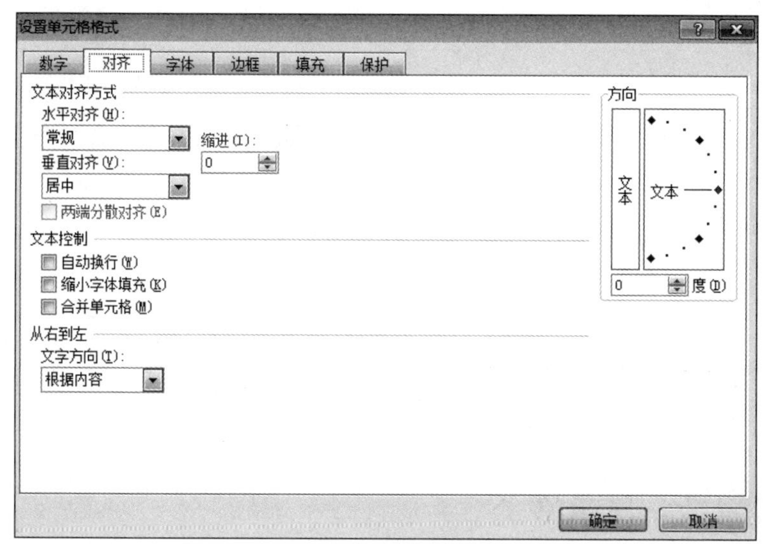

图4-26 “对齐”选项卡

“水平对齐”的格式有常规(系统默认的对齐方式)、靠左(缩进)、居中、靠右(缩进)、填充、两端对齐、跨列居中、分散对齐(缩进)。

“垂直对齐”的格式有靠上、居中、靠下、两端对齐、分散对齐。

另外，在“方向”列表框中可以改变单元格内容的显示方向；如果选中“自动换行”复选框，则当单元格中的内容宽度大于列宽时，会自动换行。

若要在单元格内使文本内容强行换行，双击要换行的位置，按Alt+Enter组合键即可。

4.5.3 设置单元格字体

单元格中使用的字体、字号、字形、颜色等，既可以在输入前设定，也可以完成输入后重新设置。

【操作实例】 将“学生成绩统计表”工作簿“软件1班”工作表中A1单元格中的文本的字体、字号、字形、颜色分别设置为“黑体”“22”“加粗”“蓝色”。

选中A1单元格。单击“开始”选项卡的“单元格”组中的“格式”按钮，在弹出的下拉菜单中单击“设置单元格格式”，或者右击，在弹出的快捷菜单中单击“设置单元格格式”，均可打开“设置单元格格式”对话框。在“字体”选项卡中将字体、字号、字形、颜色分别设置为“黑体”“22”“加粗”“蓝色”，如图4-27所示，单击“确定”按钮。

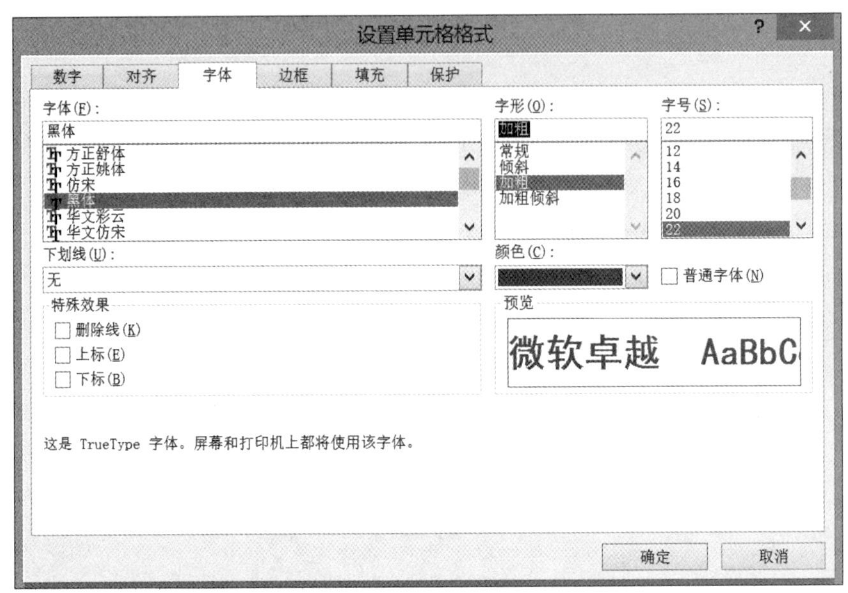

图4-27 “设置单元格格式”对话框

4.5.4 设置数字显示格式

在Excel中，数字、时间和日期都是以纯数字的方式存储的，但在单元格中却是按照该单元格规定的格式显示。

Excel提供了多种数字格式，可以将一个数表示成分数、千位分隔、货币等形式，这时屏幕上的单元格显示的是设置的格式，编辑栏中显示的却是系统实际存储的数据。

1. 用功能区按钮设置数字格式

选中含数字的单元格，例如选中数字122.67所在的单元格后，单击“开始”选项卡的“数字”组的“货币样式”“百分比样式”“千位分隔样式”“增加小数位数”“减少小数位数”等按钮，可设置数字格式。

2. 用对话框设置数字格式

【操作实例】 在“学生成绩统计表”工作簿的“软件1班”工作表中，将E3到E10单元格中的数字设置为保留1位小数。

选中 E3 到 E10 单元格区域，在其上右击，在弹出的快捷菜单中单击“设置单元格格式”，打开“设置单元格格式”对话框。在“数字”选项卡的“分类”下选“数值”，小数位数后输入“1”，单击“确定”按钮，如图 4-28 所示。

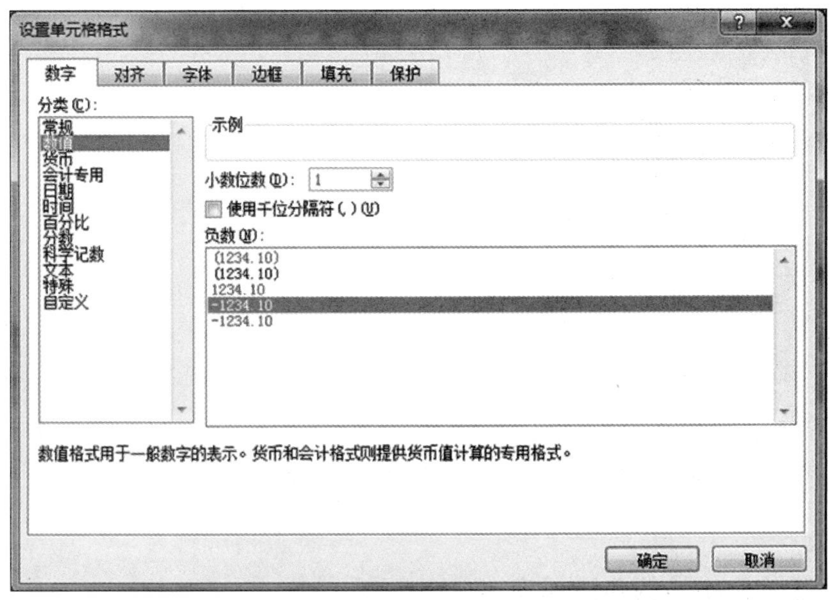

图 4-28 “设置单元格格式”对话框

4.5.5 设置单元格的边框、颜色及图案

1. 设置单元格的边框

【操作实例】 为“学生成绩统计表”工作簿的“软件 1 班”工作表添加表格线，如图 4-29 所示。

	A	B	C	D	E	F	G
1	学生成绩统计表						
2	学号	姓名	性别	数学	英语	计算机	总分
3	1	王红	男	90	88	89	
4	2	刘佳		88	64	73	
5		赵刚		84	96	92	
6		李立		82	89	90	
7		刘伟		69	76	94	
8		张文	女	73	95	86	
9		杨柳		91	89	87	
10		孙岩		80	77	87	
11		田笛		81	89	86	

图 4-29 操作实例

选中 A2 到 G12 单元格右击，在弹出的快捷菜单中单击“设置单元格格式”，在“设置单元格格式”对话框中的“边框”选项卡（见图 4-30）中单击“外边框”和“内部”。

还可以选中 A2 到 G12 单元格，单击“开始”选项卡的“字体”组中的 “边框”按钮 ▾，在弹出的下拉菜单中选“所有框线”。

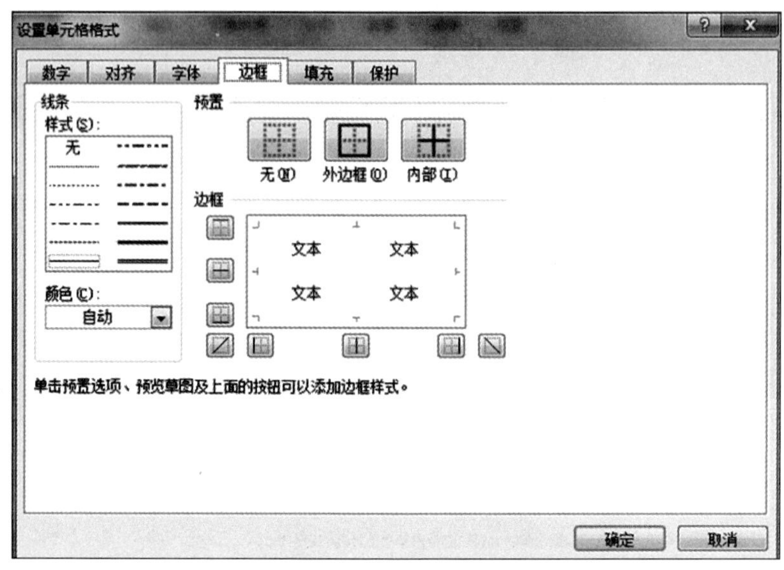

图 4-30 “边框”选项卡

2. 设置单元格的颜色及图案

【操作实例】 将“学生成绩统计表”工作簿的“软件 1 班”工作表中的 A1 单元格的颜色设置为“绿色”、图案颜色设置为“50% 灰色”。

选中 A1 单元格右击，在弹出的快捷菜单中单击“设置单元格格式”，打开“设置单元格格式”对话框。在“填充”选项卡(见图 4-31)中的背景色区选“绿色”，在图案颜色的下拉列表中选“50% 灰色”。

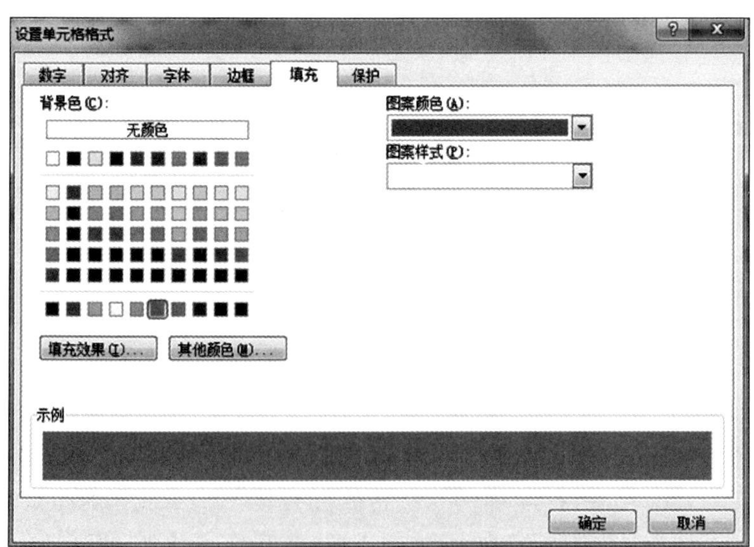

图 4-31 “填充”选项卡

4.5.6 自动套用格式

自动套用格式是把 Excel 2010 内置工作表格式，应用于指定的单元格区域。

【操作实例】 将“学生成绩统计表”工作簿的“软件 1 班”工作表中的表格设置为“中等浅色 2”的自动套用格式，如图 4-32 所示。

	A	B	C	D	E	F	G
1	学生成绩统计表						
2	学号	姓名	性别	数学	英语	计算机	总分
3	1	王红	男	90	88	89	
4	2	刘佳		88	64	73	
5		赵刚		84	96	92	
6		李立		82	89	90	
7		刘伟		69	76	94	
8		张文	女	73	95	86	
9		杨柳		91	89	87	
10		孙岩		80	77	87	
11		田笛		81	89	86	

图 4-32 操作实例

选定表格的 A2:G11 单元格区域。单击“开始”选项卡的“样式”组中的“套用表格格式”按钮，在打开的列表(见图 4-33)中选择“中等浅色 2”，此时出现“套用表格式”对话框，如图 4-34 所示。勾选“表包含标题”复选项，单击“确定”按钮，已套用格式的表格中每一列的列标题会出现筛选按钮，如不需要筛选操作，则单击“数据”选项卡，在“排序和筛选”组中单击“筛选”按钮，以取消自动添加的筛选。

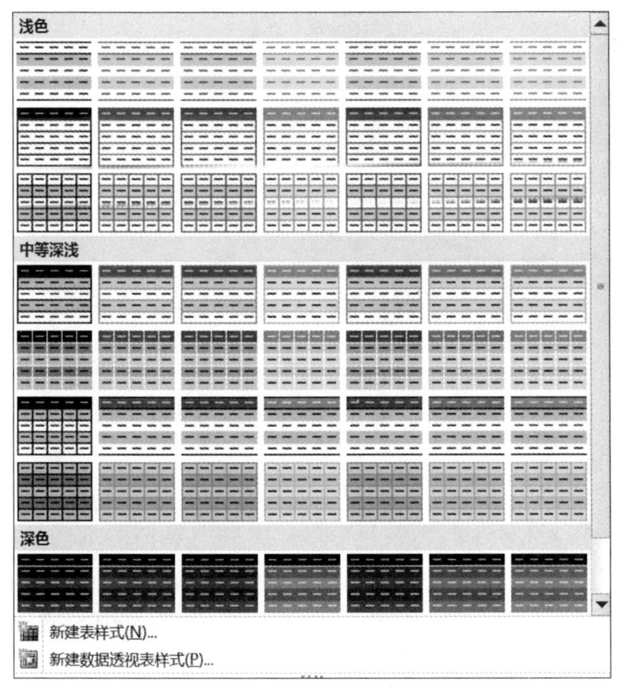

图 4-33 “套用表格格式”列表

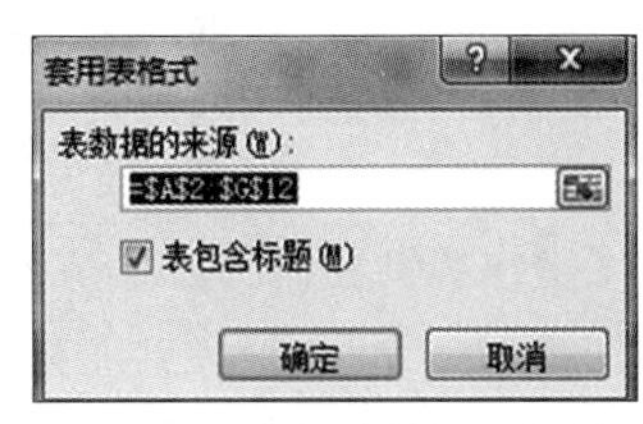

图 4-34 “套用表格式”对话框

4.5.7　复制单元格格式

【操作实例】 在“学生成绩统计表”工作簿的“软件 1 班”工作表中，将 A2 单元格的格式复制到 A3 到 A11 单元格。

1. 用功能区按钮复制格式

选中 A2 单元格后，双击“开始”选项卡的“剪贴板”组中的“格式刷”按钮(这时所选择单元格出现闪动的虚线框)，然后用带有格式刷的光标选择 A3 到 A11 单元格。

2. 用快捷菜单命令复制格式

右击 A2 单元格，在弹出的快捷菜单中单击“复制”命令(这时所选单元格出现闪动的虚线框)，选中 A3 到 A11 单元格右击，在弹出的快捷菜单中单击“粘贴”，在弹出的子菜单中单击“选择性粘贴”，在打开的“选择性粘贴”对话框中(见图 4-35)的在“粘贴”区选中“格式”，单击“确定”按钮。

图 4-35　“选择性粘贴”对话框

4.5.8　条件格式

利用 Excel 2010 提供的条件格式功能，可以有选择或有条件地显示不同格式的数据。根据指定的公式或数值动态设置符合条件的数据与不符合条件的数据的不同格式，使设置的格式更加灵活。

【操作实例】 在“学生成绩统计表”工作簿的“软件 1 班”工作表中，将各科成绩中大于或等于 80 分的用蓝色、加粗、倾斜显示。

选择各科成绩单元格区域(D3:F11)。选择“开始”选项卡的“样式”组中的“条件格式”按钮，在打开的列表中单击“突出显示单元格规则”的下级列表中的“其他规则”，打开

“新建格式规则”对话框。在该对话框中的“选择规则类型”项中选中“只为包含以下内容的单元格设置格式”，在“编辑规则说明”项左边的两个列表框中分别选择“单元格值”和“大于或等于”选项，在右边文本框中输入“80”，如图 4-36 所示。

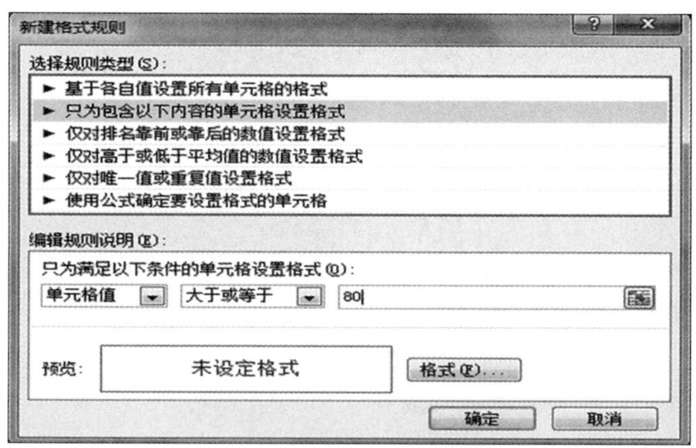

图 4-36 “新建格式规则”对话框

单击“格式”按钮，弹出“设置单元格格式”对话框。在“字体”选项卡的“字形”下选择“加粗倾斜”，并在“颜色”下拉列表中选择“蓝色”。单击“确实”按钮，返回“新建格式规则”对话框，单击“确定”按钮，完成条件格式的设置，结果如图 4-37 所示。

	A	B	C	D	E	F	G
1	学生成绩统计表						
2	学号	姓名	性别	数学	英语	计算机	总分
3	1	王红	男	90	88	89	
4	2	刘佳		88	64	73	
5		赵刚		84	96	92	
6		李立		82	89	90	
7		刘伟		69	76	94	
8		张文	女	73	95	86	
9		杨柳		91	89	87	
10		孙岩		80	77	87	
11		田笛		81	89	86	

图 4-37 操作实例

4.6 引用、公式与函数

4.6.1 使用引用

学习使用公式时，先要清楚引用的概念，并能正确使用。

引用的作用在于标识工作表上的单元格或区域，并指明公式中使用的数据位置。通过引用可以在公式中使用工作表不同部分的数据，或在多个公式中使用同一单元格的数值。还可以引用同一工作簿不同工作表的单元格、不同工作簿的单元格，甚至其他应用程序中的数据。

1. A1 引用类型

默认状态下，Excel 2010 工作表单元格的位置通常都以列标和行号表示，称为 A1 引用类型，如 A1,B2,C3,…是相对引用位置；而A1,B2,C3,…为绝对引用位置；$A1 或 A$1 是混合引用位置。这种类型用字母标识“列”，用数字标识“行”。

如：A10——列 A 中行 10 处的单元格。

A10:A15——列 A 中行 10 到行 15 的单元格区域。

B5:G5——行 5 中列 B 到列 G 的单元格区域。

3:3——行 3 中的所有单元格。

3:10——行 3 到行 10 中的所有单元格。

E:E——列 E 中的所有单元格。

E:H——从列 E 到列 H 的所有单元格。

生成公式时，对单元格或区域的引用通常基于它们与公式单元格的相对位置。

1）相对引用

相对引用是指引用相对于公式所在单元格位置的单元格，当复制“使用相对引用的公式”时，被粘贴公式中的“引用”将被更新，并指向与当前公式位置对应的其他单元格。

2）绝对引用

绝对引用是指引用工作表中固定不变的单元格。如果复制公式时不希望引用发生改变，即从一个单元格复制到另一单元格时，公式不发生变化，则要使用绝对引用。

3）混合引用

包含一个绝对引用和一个相对引用的公式引用时，对于又被引用的某个单元格而言，它也许是行固定，也许是列固定。如$A1，表示 A 列固定，而行是可变的。又如 A$1，表示 A 列是可变的，而行是固定的。

4）三维地址的引用

三维地址的引用是指在一本工作簿中从不同的工作表引用单元格。三维引用的一般格式为：工作表名！：单元格地址。例如：Sheet2！B2 表示工作表 2 中的 B2 单元格。引用时，系统规定用冒号（:）代表连续区域；用逗号（,）代表间隔。

2. R1C1 引用类型

单元格位置的另一种表示方法是使用工作表上行和列都是数字的引用样式：R1C1。在 R1C1 样式中，R 表示行号，C 表示列号，单元格的位置由 R 加行数字和 C 加列数字表达。

如：R[−2]C——对同一列、往上第 2 行的单元格的相对引用。

R[2]C[2]——对往下第 2 行、往右第 2 列的单元格的相对引用。

R2C2——对工作表的第 2 行、第 2 列的单元格的绝对引用。

R[−2]——对活动单元格往上第 2 行中所有单元格区域的相对引用。

R——对当前行的绝对引用。

4.6.2 公式

1. 公式的输入与修改

选择要输入公式的单元格，在编辑栏的输入框中输入一个等号“＝”，并输入参与运算的数值、单元格地址或其他运算对象和运算符号，然后按 Enter 键（如选定 A1，在编辑栏中输入“＝5＋3＊3”，按 Enter 键后，A1 中会显示 14）。

如果公式输入有误，修改公式的操作与修改文本的操作一样。

公式中允许使用的运算符有＋、－、＊、/、()、%、＝、＜、＞、＜＝和＞＝等。

【操作实例】 用公式方法求“学生成绩统计表”工作簿的“软件 1 班”工作表中每个学生的总分。

（1）选中“总分”下的 G3 单元格，然后在编辑栏中输入“＝D3＋E3＋F3”，如图 4-38 所示。

SUM ✕ ✓ fx =D3+E3+F3

	A	B	C	D	E	F	G
1	学生成绩统计表						
2	学号	姓名	性别	数学	英语	计算机	总分
3	1	王红	男	90	88	89	=D3+E3+F3
4	2	刘佳		88	64	73	
5		赵刚		84	96	92	
6		李立		82	89	90	
7		刘伟		69	76	94	
8		张文	女	73	95	86	
9		杨柳		91	89	87	
10		孙岩		80	77	87	
11		田笛		81	89	86	

图 4-38 用公式求和

（2）按 Enter 键，即求出“王红”的总分。

（3）选中 G3 单元格，向下拖动填充手柄到 G11 单元格释放鼠标，即可求出其他学生的总分，如图 4-39 所示。

G3 fx =D3+E3+F3

	A	B	C	D	E	F	G
1	学生成绩统计表						
2	学号	姓名	性别	数学	英语	计算机	总分
3	1	王红	男	90	88	89	267
4	2	刘佳		88	64	73	225
5		赵刚		84	96	92	272
6		李立		82	89	90	261
7		刘伟		69	76	94	239
8		张文	女	73	95	86	254
9		杨柳		91	89	87	267
10		孙岩		80	77	87	244
11		田笛		81	89	86	256

图 4-39 求和结果

2. 自动求和

为了简化对多个单元格数据累加求和公式的编辑，Excel“常用”工具栏设置了自动求和按钮Σ，利用它可以完成对行或列中相邻单元格中数据的求和。

具体操作方法为：选定需要求和的单元格区域和结果存放的单元格区域，单击常用工具栏上的自动求和按钮Σ即可。

【操作实例】 在“学生成绩统计表”工作簿的“软件1班”工作表中，用自动求和的方法求总分。

选中D3到G11单元格区域，如图4-40所示。

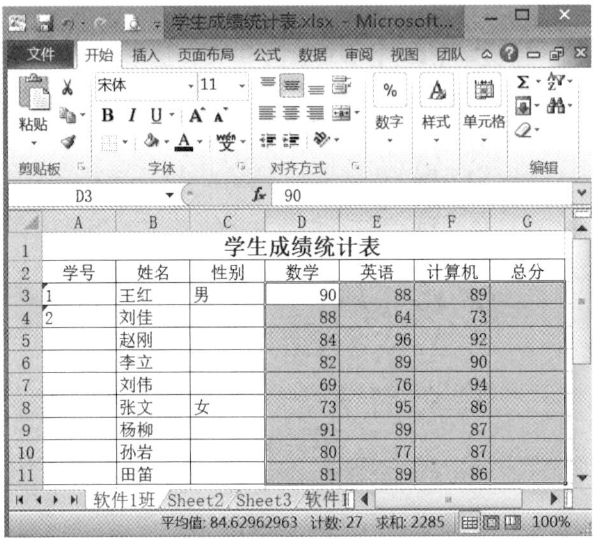

图4-40 选中D3到G11单元格区域

单击“开始”选项卡的“编辑”组中的自动求和按钮Σ，如图4-41所示。

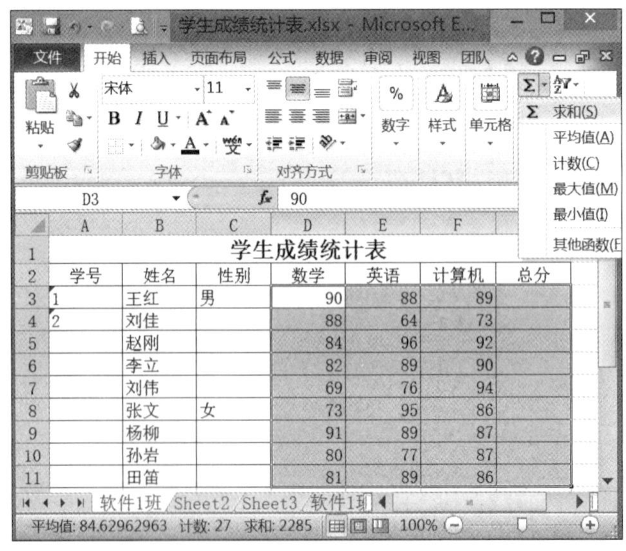

图4-41 求和结果

4.6.3 函数

函数是对一个或多个执行运算的数据进行指定的计算并返回计算值的公式。执行运算的数据(包括文字、数字、逻辑值)称为函数的参数。经函数执行后传回来的数据称为函数的结果。

函数是预定义的内置公式。它使用被称为参数的特定数值,按被称为语法的特定顺序进行计算。例如,SUM 函数对单元格或单元格区域进行加法运算等。

1. 函数的分类

Excel 2010 中的函数通常分为常用函数、工程函数、财务函数、数学与三角函数、统计函数、查询与引用函数、数据库函数、文本函数、逻辑函数、信息函数等。

2. 输入函数

函数的一般格式为

```
函数名(参数 1,参数 2,参数 3,…)
```

输入函数时必须遵守函数要求的格式,即函数名称、括号和参数,如 SUM(Number1,Number2,Number3,…)。

输入函数有两种方法:手动输入函数、利用"插入函数"按钮输入函数。

1) 手动输入函数

选中要存放结果的单元格,然后单击编辑栏,在编辑栏中输入等号和函数(如"=SUM(A1:A12)")。

2) 利用"插入函数"按钮输入函数

利用"插入函数"按钮输入函数的方法:选中要存放结果的单元格,然后单击"公式"选项卡中的"插入函数"按钮 f_x,打开"插入函数"对话框(见图 4-42),从"选择类别"的下

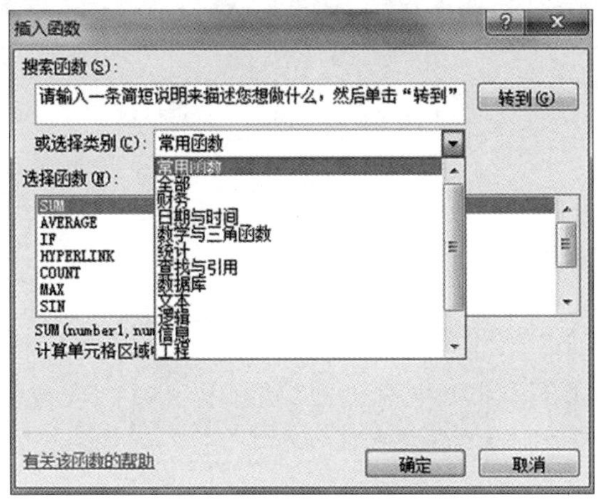

图 4-42 "插入函数"对话框

拉列表框中选择需要的函数类别，再从“选择函数”列表框中选择需要的函数。

【操作实例】 在“学生成绩统计表”工作簿的“软件1班”工作表中，用“插入函数”的方法求总分。

选中“总分”下的G3单元格，单击“公式”选项卡中的“插入函数”按钮，打开“插入函数”对话框(见图4-42)。从“选择类别”下拉列表框中选择“常用函数”，再从“选择函数”列表框中选择SUM，单击“确定”按钮，打开“函数参数”对话框，如图4-43所示。

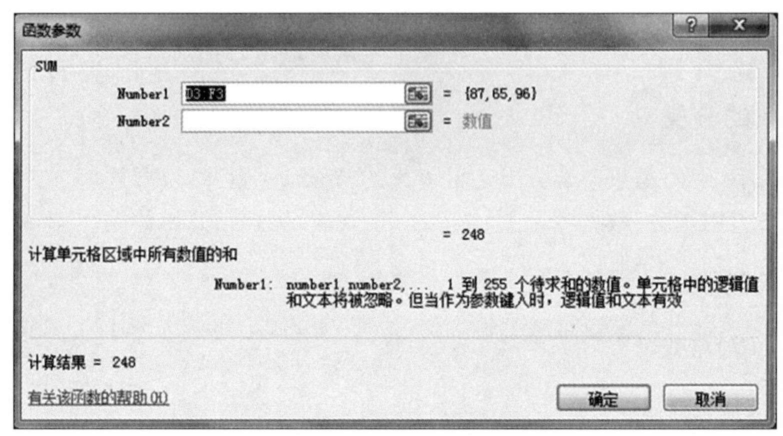

图4-43 “函数参数”对话框

单击Number1后的折叠按钮，选择待求和的数据区域，如图4-44所示。

SUM =SUM(D3:F3)

	A	B	C	D	E	F	G	H	I	J
1				学生成绩统计表						
2	学号	姓名	性别	数学	英语	计算机	总分			
3	1	王红	男	90	88	89	D3:F3)			
4	2	刘佳		88	64	73				
5		赵刚		84	96	92				
6		李立		82	89	90				
7		刘伟		69	76	94				
8		张文	女	73	95	86				

函数参数

D3:F3

软件1班 Sheet2 Sheet3 软件1班 (2)

图4-44 选择待求和的数据区域

单击折叠按钮，打开折叠面板，单击“确定”按钮，即可求出学生“王红”的总分。选中G3单元格，向下拖动填充手柄到G11单元格释放鼠标，即可求出其他学生的总分。

3. 常用函数

1) 求和函数SUM

功能：返回参数表中所有参数之和。

例如：

SUM(3,2)的值为5。

已知：A1=“3”,B1=TRUE,则 SUM(A1,B1,2)的值为 6。

注意：TRUE 为 1;FALSE 为 0。对非数值型值的引用不能转换成数值。

已知 A1～E1 的值,如图 4-45 所示,分别求下列函数：

SUM(A1,C1)的值为 28。

SUM(B1:E1,10)的值为 135。

	A	B	C	D	E
1	3	15	25	40	45
2					

图 4-45　A1～E1 的值

2) 求平均值函数 AVERAGE

功能：返回参数表中所有参数的算术平均值。

例如：

AVERAGE(A1:A5)的值为(A1+A2+…+A5)/5。

AVERAGE(10,20,60)的值为 30。

3) 求最大值函数 MAX

功能：返回一组参数中的最大数值。若参数中不包含数字,则函数 MAX 返回 0。

例如：如图 4-46 所示,MAX(A1:A5)的值为 43。

4) 求最小值函数 MIN

功能：返回给定参数表中的最小值。

例如：如图 4-46 所示,MIN(A1:A5)的值为 9。

5) 统计个数函数 COUNT

功能：计算包含数字的单元格以及参数列表中的数字个数(计算数字项个数含日期项)。

例如：

COUNT(A1:A7)的值为 3,如图 4-47 所示。

COUNT(A1:A7,2)的值为 4。

	A
1	9
2	23
3	43
4	22
5	16
6	

图 4-46　A1～A5 的值

	A
1	数字
2	
3	67
4	91.9
5	2011-7-27
6	#DIV/0!
7	TRUE

图 4-47　A1～A7 的值

6) 统计非空单元格个数函数 COUNTA

功能：计算非空单元格个数。

使用 COUNTA 函数的一般形式为 COUNTA(参数 1,参数 2,…)。

7) 统计空单元格个数函数 COUNTBLANK

功能：计算空单元格个数。

使用 COUNTBLANK 函数的一般形式为 COUNTBLANK(参数 1,参数 2,…)。

8) 有条件计数函数 COUNTIF

功能:计算给定区域内满足特定条件的单元格的数目。

使用 COUNTIF 函数的一般形式为 COUNTIF(单元格区域,条件)。其中,条件为数字、表达式或文本。

例如:

若 A3:A6 中的内容分别为 22、34、68、95,则 COUNTIF(A3:A6,">50")的值为 2。

9) 四舍五入函数 ROUND

功能:计算"数值型参数"四舍五入到第 n 位的近似值。

使用 ROUND 函数的一般形式为 ROUND(数值型参数,n)。

n>0,对数据的小数部分从左到右的第 n 位四舍五入。

n=0,对数据的小数部分最高位四舍五入取数据的整数部分。

n<0,对数据的整数部分从右到左的第 n 位四舍五入。

10) 条件函数 IF

功能:符合逻辑条件的,函数值为"表达式 1",否则,函数值为"表达式 2"。

使用 IF 函数的一般形式为 IF(逻辑表达式,表达式 1,表达式 2)。

11) 数字排位函数 RANK

功能:计算某数字在一列数字中相对其他数值的大小排名。

RANK 函数的一般形式为 RANK (number,ref,[order])。

其中,number——需要找到排位的数字。

ref——数字列表或对数字列表的引用。ref 中的非数值型值被忽略。

order——数字,指明数字排位的方式。

如果 order 为 0(零)或省略,则 Microsoft Excel 对数字的排位按照降序排列。

如果 order 不为 0,则 Microsoft Excel 对数字的排位按照升序排列。

12) 有条件求和函数 SUMIF

功能:对满足条件的单元格求和。

SUMIF 函数的一般形式为 SUMIF(条件区域,条件,求和区域)。

例如:

若 A1:A6 中的数值分别为 15、34、54、23、13、51,则 SUMIF(A1:A6,>50,A1:A6)的值为 105。

4.6.4 出错值及原因

如果公式不能计算出结果,Excel 2010 将显示一个出错值。出错值可能不是由公式本身产生的。

1) 出现出错值#####!

一种情况是输入到单元格中的数值太长,在单元格中显示不下。可通过拖动列标之间的边界修改列的宽度。

另一种情况是单元格公式产生的结果太长，单元格容纳不下。可通过拖动列标之间的边界增加列的宽度或修改单元格的数字格式，以显示结果值。

2）产生出错值＃VALUE!

使用错误的参数或运算对象类型，或者当自动更正公式功能不能更正公式时会产生出错值＃VALUE!。

3）产生出错值＃DIV/O!

公式被0(零)除时会产生出错值＃DIV/O!。

4）产生出错值＃NAME?

在公式中使用Excel 2010不能识别的文本时会产生出错值＃NAME?。

5）产生出错值＃N/A

在函数或公式中没有可用数值时会产生出错值＃N/A。如果工作表中的某些单元格暂时没有数值，可在这些单元格中输入＃N/A。公式在引用这些单元格时，将不进行数值计算，而是返回＃N/A。

6）产生出错值REF!

单元格引用无效时会产生出错值REF!。

7）产生出错值＃NUM!

公式或函数中某个数字有问题时会产生出错值＃NUM!。

8）产生出错值＃NULL!

试图为两个并不相交的区域指定交叉点时会产生出错值＃NULL!。

4.7 图表制作

Excel 2010提供了强大的图表功能和绘制及导入图形功能。用户可以很方便地创建数据图表，还可以对数据图表进一步修饰，如添加文字、标题、图例或改变底纹，使工作表中本来枯燥乏味的数据形象化。同时，根据数据分析的要求使用适当的数据图表类型，便于寻找和发现数据中的相互关系，从而发挥数据的价值。

4.7.1 创建图表

Excel 2010中的数据图表有两种存在方式：一种是嵌入图，即数据图表与相关的数据同时显示，存在于一个工作表中；另一种是独立图标，即数据图表单独存在于一个工作表中，也就是在工作簿中当前数据源工作表之外另建立一个独立的数据图表作为特殊工作表，即图表与数据是分开的。

【操作实例】 创建“学生成绩统计表”工作簿的“软件1班”工作表的内嵌数据簇状圆柱图表，图表的标题为“学生成绩统计表”，X轴为“姓名”，Y轴为“分数”。

同时选中B2:B11和D2:F11单元格区域。单击“插入”选项卡的“图表”组中的“柱形图”按钮(见图4-48)，之后单击“簇状圆柱图”。

学号	姓名	性别	数学	英语	计算机	总分
1	王红	男	90	88	89	
2	刘佳		88	64	73	
	赵刚		84	96	92	
	李立		82	89	90	
	刘伟		69	76	94	
	张文	女	73	95	86	
	杨柳		91	89	87	
	孙岩		80	77	87	
	田笛		81	89	86	

图 4-48 “柱状图”按钮

出现如图 4-49 所示的默认图表。单击选中默认图表，此时功能区出现“图标工具”选项卡，选择“设计”选项卡的“图表样式”组的按钮可以改变图表颜色。单击“布局”选项卡的“标签”组的“图表标题”按钮，在出现的下拉菜单中单击“图标上方”，输入“学生成绩统计图”，如图 4-50 所示。

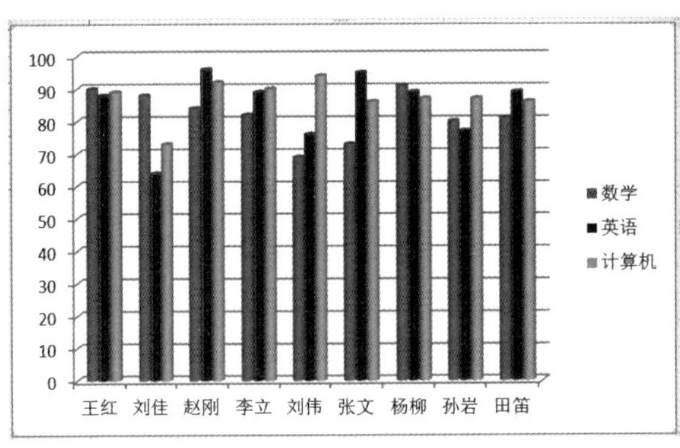

图 4-49 簇状柱形图

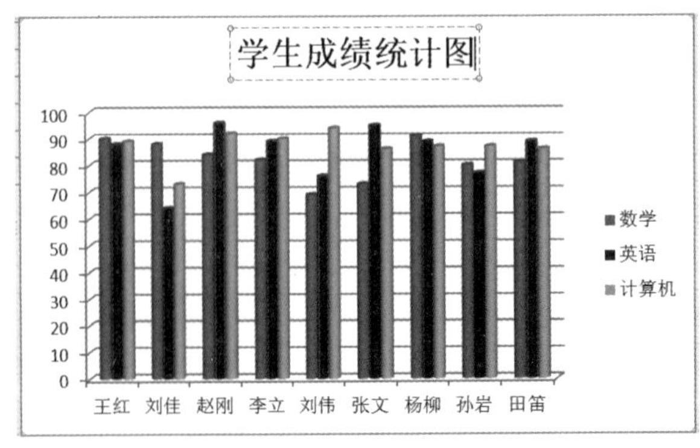

图 4-50 输入图表标题

单击“布局”选项卡的“标签”组的“坐标轴标题”按钮，之后选择下拉菜单中的“主要横坐标轴标题”命令，在打开的下一级菜单中单击“坐标轴下方标题”。输入“姓名”，如图 4-51 所示。

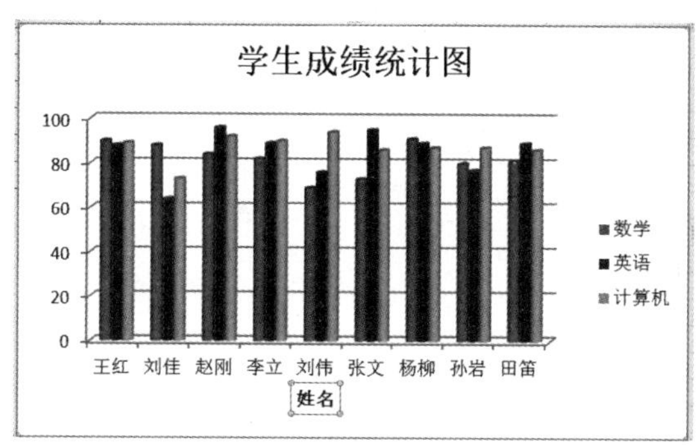

图 4-51 输入横坐标标题

单击“布局”选项卡的“标签”组的“坐标轴标题”按钮，选择下拉菜单中的“主要纵坐标轴标题”命令，在打开的下一级菜单中单击“竖排标题”。输入“分数”，如图 4-52 所示。

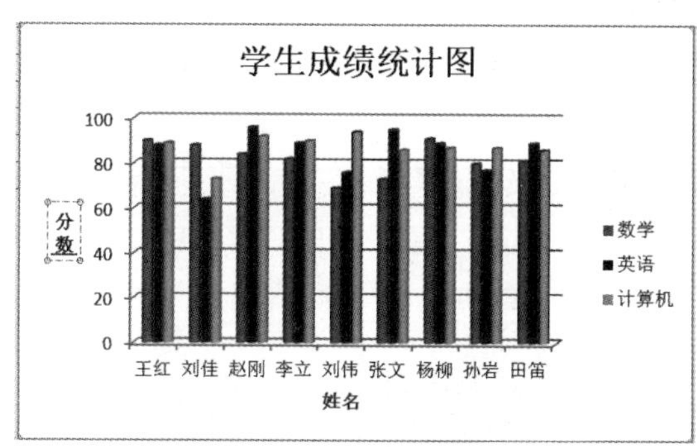

图 4-52 输入纵坐标标题

4.7.2 图表的修饰与编辑

默认创建的图表显示效果不一定能满足用户的需要，这时就需要对其进行修饰或编辑。

根据需要可利用“图表工具”选项卡中的“设计”“布局”“格式”中的命令按钮对已建立好的图表进行修改与编辑。

也可以右击图表内容，使用快捷菜单中的命令(见图 4-53)对图表进行修饰与编辑。

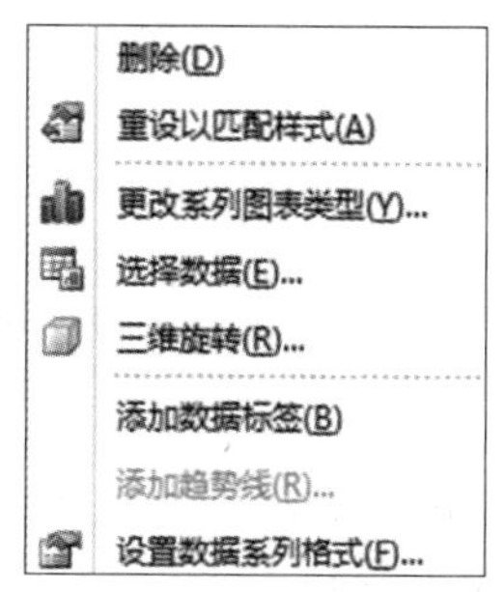

图 4-53 修改图表快捷菜单

1. 图表对象的修饰

1) 图表标题的修饰

双击图表的标题，弹出“设置图表标题格式”对话框，如

图 4-54 所示。“图表标题格式”对话框中包含“图案”“字体”“对齐”选项卡，可根据实际需要选择某项进行相关设置，以修饰图表的标题。

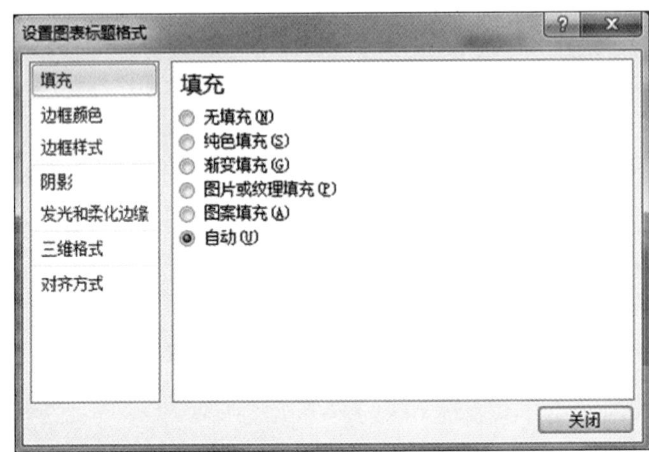

图 4-54 “设置图表标题格式”对话框

2）图表坐标轴的修饰

双击坐标轴刻度线旁的刻度数字或文字，弹出“设置坐标轴格式”对话框，如图 4-55 所示。

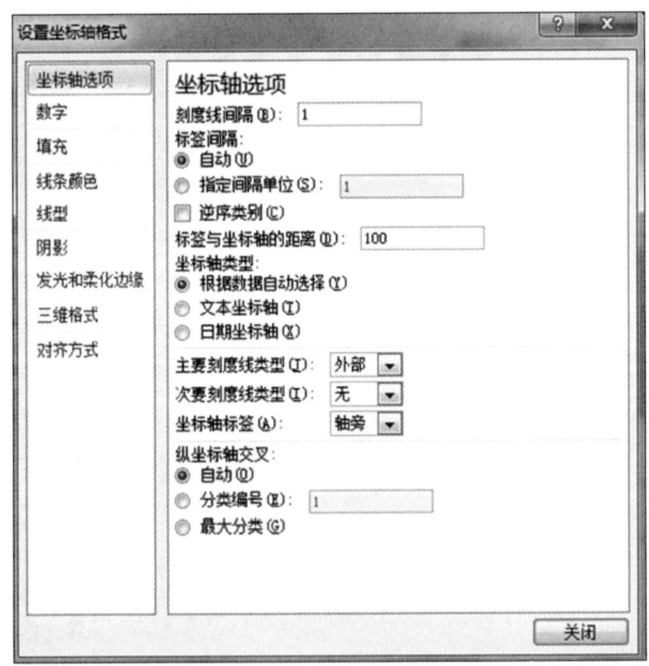

图 4-55 “设置坐标轴格式”对话框

该对话框包含“坐标轴选项”“数字”“填充”“线型”“对齐方式”等选项，可根据需要选择某选项卡后进行相关设置，以修饰图表的坐标轴。

2. 改变图表数据区域

1）添加数据区域

如要将“学生成绩统计”表中的“总分”列数据添加到图表中，可以选择图表绘图区后，单击“图标工具”选项卡的“数据”组中的“选择数据”按钮，也可以右击图表，在弹出的快捷菜单中（见图 4-53）单击“选择数据”。以上两种方法均会打开“选择数据源”对话框（见图 4-56），在该对话框中添加“总分”数据即可。

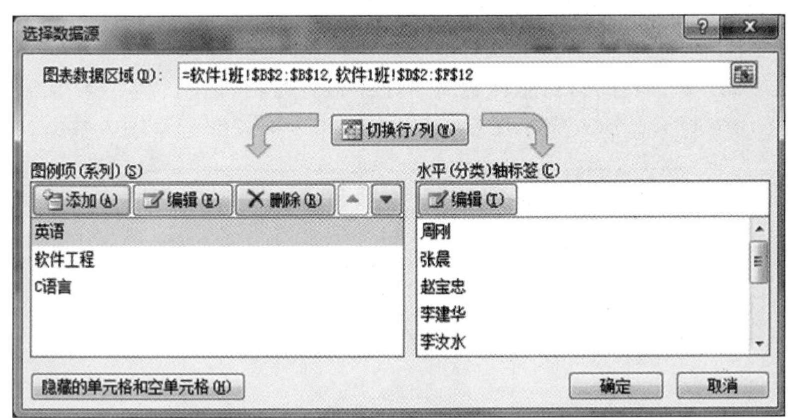

图 4-56 “选择数据源”对话框

2）删除图表中的数据

删除工作表中的所有数据时，图标也随之删除。

删除工作表中部分生成图表的数据时，图表也随之更新。

删除图表中的数据时，单击要删除的图标系列，之后按 Delete 键即可。也可以使用“选择数据源”对话框的“图例项”中的“删除”按钮删除数据。

3. 改变图表类型

对于大部分二维图表，既可以修改数据系列的图表类型，也可以修改整个图表的图表类型。

单击要修改的图表，在“图表工具”选项卡中单击“类型”组中的“更改图表类型”按钮，在打开的列表中选择新的图表类型。

4.8 数据管理

Excel 2010 具备数据库的一些特点，即可以把工作表中的数据做成一个类似数据库的数据清单。数据清单相当于数据库表，它是一张采用二维结构的表格，由行（记录）和列（字段）构成。

4.8.1 数据清单的建立

在 Excel 2010 中建立数据清单，只在工作表中输入数据清单具体的字段名（表头）和相应的数据即可。

1. 输入数据

【操作实例】 在“学生成绩统计表”工作簿的“通信 1 班”工作表中建立一个“学生成绩”数据清单。

在“通信 1 班”工作表的首行依次输入各个字段：姓名、性别、高数、C 语言、基站原理和总分，如图 4-57 所示。输入完字段后，可以在工作表中按照记录输入数据。

	A	B	C	D	E	F
1	姓名	性别	高数	C语言	基站原理	总分
2						
3						

图 4-57　建立一个“学生成绩”数据清单

2. 修改记录

数据清单中的记录可以在相应的单元格上修改。

3. 添加批注

数据清单建立后，可以为单元格内的数据添加批注，也可以随时删除批注。

【操作实例】 在“学生成绩统计表”工作簿的“软件 1 班”工作表中，为“学生成绩统计表”中的 B6 单元格数据添加批注，内容为“学习委员”。

选中 B6 单元格右击，在弹出的快捷菜单中单击“插入批注”命令，输入“学习委员”，如图 4-58 所示。

	A	B	C	D	E	F	G
1	学生成绩统计表						
2	学号	姓名	性别	数学	英语	计算机	总分
3	1	王红	男	90	88	89	267
4	2	刘佳	男	88	64	73	225
5	3	赵刚	男	[illegible]	96	92	272
6	4	李立	[illegible]	[illegible]	89	90	261
7	5	刘伟	[illegible]	[illegible]	76	94	239
8	6	张文	[illegible]	[illegible]	95	86	254
9	7	杨柳	[illegible]	[illegible]	89	87	267
10	8	孙岩	女	80	77	87	244
11	9	田笛	女	81	89	86	256

学习委员

图 4-58　添加批注

4.8.2 数据的排序

排序是数据库的基本功能之一。为了查找数据方便，往往需要对数据进行排序。排序是根据某一指定列的数据的顺序重新对行的位置进行调整。Excel 2010 为用户提供了多级排序，分别为主要关键字和多个次要关键字，每个关键字均可按“升序”（即递增）方式或“降序”（即递减）方式及“自定义序列”方式排序。

1. 主关键字排序

可以用“数据”选项卡的“排序和筛选”组的“降序 A↓Z”或“升序 Z↓A”按钮进行主关键字排序。方法为：单击工作表中排序依据的列中的任意一个单元格，然后再单击“数据”选项卡的“排序和筛选”组的 A↓Z 或 Z↓A 按钮。

注意：使用升序或降序按钮只能进行单一关键字的排序。

2. 使用选项卡的命令对数据库进行排序

如果要进行排序的列中有重复的数据，单一关键字无法进行排序，此时可以借助多级“次要关键字”排序，具体方法为：选中工作表中要进行排序的数据清单内容，选择“数据”选项卡的“排序和筛选”组的“排序”命令，打开“排序”对话框（见图 4-59），“主要关键字”和 2 级“次要关键字”分别选择列 A、列 B 和列 C，再选择“递增”或“递减”，然后单击“确定”按钮即可排序。

图 4-59 “排序”对话框

【操作实例】 在“学生成绩统计表”工作簿的“软件 1 班”工作表中，将“学生成绩统计表”数据清单以“总分”为主要关键字，以“计算机”为次要关键字，以“英语”为第二次要关键字升序排序。

选中工作表中要进行排序的“学生成绩统计表”（注意，表格标题“学生成绩统计表”不在选中范围内），选“数据”选项卡的“排序和筛选”组的“排序”命令，打开“排序”对话框，如图 4-60 所示。

在“主要关键字”下拉列表中选“总分”，再选中其后的“升序”选项；单击“添加”按钮，在出现的“次要关键字”下拉列表中选“计算机”，之后选中其后的“升序”选项；再次单击“添加”按钮，在出现的第二个“次要关键字”下拉列表中选“英语”，再选中其后的“升序”选项。

单击“确定”按钮，就按要求完成了数据的排序。排序结果如图 4-61 所示。

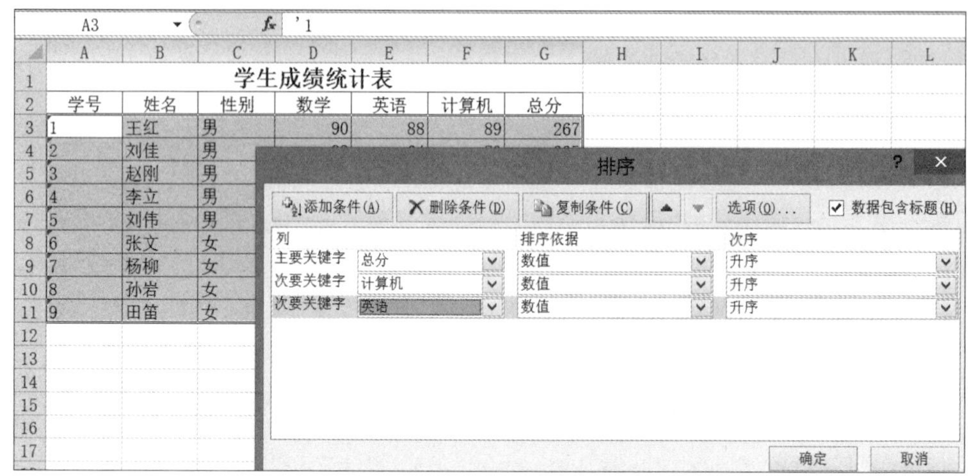

图 4-60　用“排序”对话框排序

	A	B	C	D	E	F	G
1	学生成绩统计表						
2	学号	姓名	性别	数学	英语	计算机	总分
3	2	刘佳	男	88	64	73	225
4	5	刘伟	男	69	76	94	239
5	8	孙岩	女	80	77	87	244
6	6	张文	女	73	95	86	254
7	9	田笛	女	81	89	86	256
8	4	李立	男	82	89	90	261
9	7	杨柳	女	91	89	87	267
10	1	王红	男	90	88	89	267
11	3	赵刚	男	84	96	92	272

图 4-61　排序结果

如果对排序有特殊要求，可以使用“排序”对话框的“次序”下拉列表中的“自定义序列”命令，在弹出的对话框中实现。

如仅对某列或某几列排序，其他列不随之改变排列顺序，则可以仅选中要排序的某一列或某几列，其余操作不变，即可实现仅对列排序。

4.8.3　数据的筛选

筛选数据只是将数据清单中满足条件的记录显示出来，而将不满足条件的记录暂时隐藏。使用筛选功能可以从一个很大的数据库中检索到所需的信息，实现方法是使用筛选命令中的“自动筛选”和“高级筛选”。

一般情况下，“自动筛选”就能够满足大部分的需要。不过，当需要利用复杂的条件筛选数据清单时，必须使用“高级筛选”。

1. 自动筛选

自动筛选分为单一条件筛选和自定义筛选。单一条件筛选是指筛选的条件只有一个。自定义筛选是指筛选的条件有两个或在某个条件范围内。

1）单一条件筛选

【操作实例】 在“学生成绩统计表”工作簿的“软件 1 班”工作表中的“学生成绩统计”数据清单中筛选出女学生。

在数据清单中选定所有表格内容(表格标题不在选择范围内)。执行“数据”选项卡的“排序和筛选”组的“筛选”命令,此时 Excel 自动在数据清单中每一个列标记的旁边插入下拉箭头,如图 4-62 所示。单击筛选条件所在数据列(“性别”)右侧的箭头按钮,打开一个下拉列表,如图 4-63 所示。选定要显示的项(“女”),单击“确定”按钮,就可以看到筛选后的结果,如图 4-64 所示。

	A	B	C	D	E	F	G
1	学生成绩统计表						
2	学号	姓名	性别	数学	英语	计算机	总分
3	2	刘佳	男	88	64	73	225
4	5	刘伟	男	69	76	94	239
5	8	孙岩	女	80	77	87	244
6	6	张文	女	73	95	86	254
7	9	田笛	女	81	89	86	256
8	4	李立	男	82	89	90	261
9	7	杨柳	女	91	89	87	267
10	1	王红	男	90	88	89	267
11	3	赵刚	男	84	96	92	272

图 4-62　使用自动筛选后的数据清单

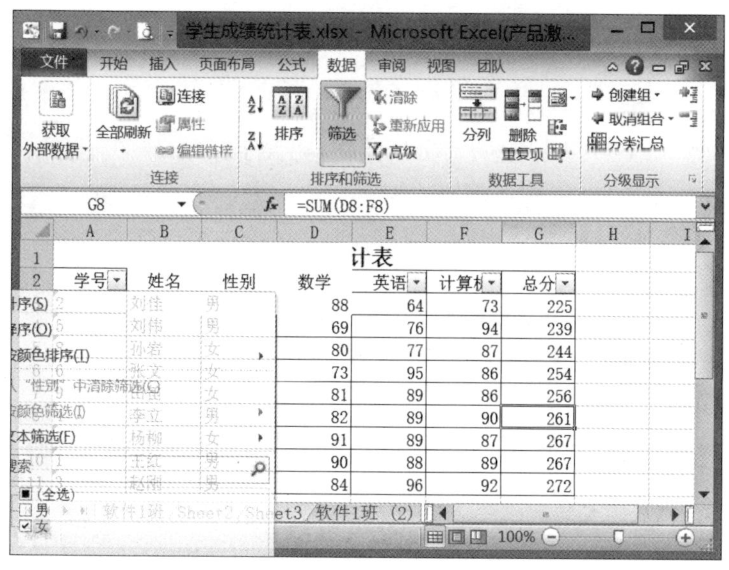

图 4-63　打开“性别”自动筛选下拉列表

2）自定义筛选

【操作实例】 在“学生成绩统计表”工作簿的“软件 1 班”工作表中,找出“英语”成绩

	A	B	C	D	E	F	G
1	学生成绩统计表						
2	学号	姓名	性别	数学	英语	计算机	总分
5	8	孙岩	女	80	77	87	244
6	6	张文	女	73	95	86	254
7	9	田笛	女	81	89	86	256
9	7	杨柳	女	91	89	87	267

图 4-64　筛选后的结果

大于或等于 85 分的学生。

在数据清单中选定所有表格内容(表格标题不在选择范围内)。执行"数据"选项卡的"排序和筛选"组的"筛选"命令,此时 Excel 自动在数据清单中每一列标记的旁边插入下拉箭头,单击"英语"右侧的箭头按钮,打开下拉列表。在下拉列表中执行"数字筛选"命令,在下一级菜单中单击"自定义筛选",出现"自定义自动筛选方式"对话框,如图 4-65 所示。在"英语"的第一个下拉列表框中选中"大于或等于",在其右侧的下拉列表框中输入条件数值 85。单击"确定"按钮,筛选结果如图 4-66 所示。

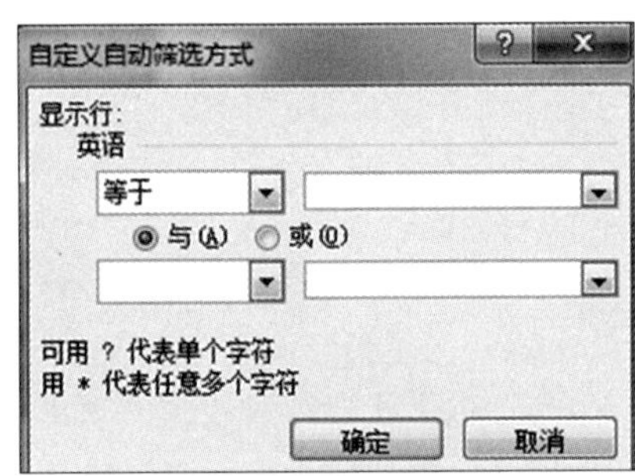

图 4-65　"自定义自动筛选方式"对话框

	A	B	C	D	E	F	G
1	学生成绩统计表						
2	学号	姓名	性别	数学	英语	计算机	总分
6	6	张文	女	73	95	86	254
7	9	田笛	女	81	89	86	256
9	7	杨柳	女	91	89	87	267

图 4-66　筛选结果

若要取消自动筛选,可单击"数据"选项卡的"排序与筛选"组的"清除"命令,再单击"筛选"命令,即可恢复到筛选前的数据清单。

3）多条件筛选

当筛选字段为多个字段内容时,即多字段条件筛选。可通过多次执行自动筛选的方式完成多条件筛选。

【操作实例】 在"学生成绩统计表"工作簿的"软件 1 班"工作表中,找出"英语"成绩大于或等于 85 分并且小于 90 分的男生。

根据操作要求分析:条件 1,英语成绩大于或等于 85 分且小于 90 分;条件 2,性别为"男"。

在数据清单中选定所有表格内容(表格标题不在选择范围内)。执行"数据"选项卡的

“排序和筛选”组的“筛选”命令，此时 Excel 自动在数据清单中每一列标记的旁边插入下拉箭头，单击“英语”右侧的箭头按钮，打开下拉列表。执行下拉列表中的“数字筛选”命令，在下一级菜单中单击“自定义筛选”，出现“自定义自动筛选方式”对话框，如图 4-65 所示。在“英语”的第一个下拉列表框中选中“大于或等于”，在其右侧的下拉列表框中输入条件数值 85。在第二行下拉列表框中选中“小于”，在其右侧的下拉列表框中输入 90，在两行之间的逻辑关系单选按钮中，选中“与”。单击“确定”按钮，筛选出满足条件 1 的记录。

在条件 1 筛选出的数据清单中，再进行条件 2 的筛选即可。多字段条件自动筛选结果如图 4-67 所示。

	A	B	C	D	E	F	G
1	学生成绩统计表						
2	学号	姓名	性别	数学	英语	计算机	总分
7	9	田笛	女	81	89	86	256
9	7	杨柳	女	91	89	87	267

图 4-67　多字段条件自动筛选结果

2. 高级筛选

高级筛选主要用于多字段条件的筛选。

【操作实例】 在“学生成绩统计表”工作簿的“软件 1 班”工作表中，找出“英语”成绩都大于或等于 80 分且小于 90 分、“计算机”大于或等于 90 分的学生。

在数据清单的上方或下方建立条件区域(注意，条件区域的第一行为条件字段名，并且必须与数据清单中的字段名完全一致。条件区域与数据清单之间至少要有一行空行。筛选条件中“与”的关系的条件必须在同一行，“或”的关系的条件不能在同一行出现)，如图 4-68 所示。

在数据清单中选定所有表格内容(表格标题不在选择范围内)。执行“数据”选项卡的“排序和筛选”组的“高级”命令，打开“高级筛选”对话框，如图 4-69 所示。

1	学生成绩统计表						
2	学号	姓名	性别	数学	英语	计算机	总分
3	2	刘佳	男	88	64	73	225
4	5	刘伟	男	69	76	94	239
5	8	孙岩	女	80	77	87	244
6	6	张文	女	73	95	86	254
7	9	田笛	女	81	89	86	256
8	4	李立	男	82	89	90	261
9	7	杨柳	女	91	89	87	267
10	1	王红	男	90	88	89	267
11	3	赵刚	男	84	96	92	272
12							
13							
14		英语	英语	计算机	计算机		
15		>80	<90	>90			

图 4-68　建立条件区域

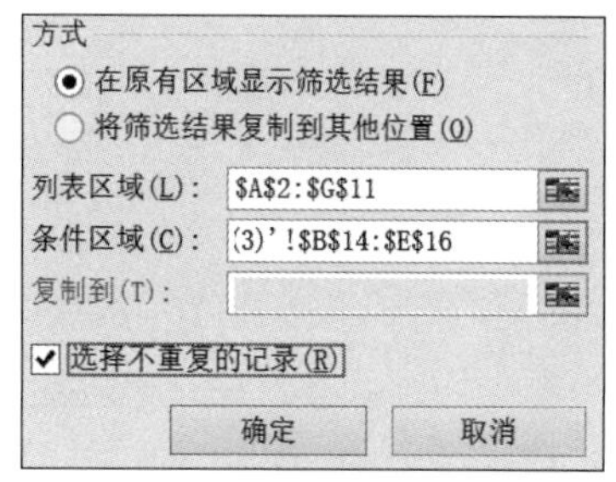

图 4-69　“高级筛选”对话框

在“方式”框中选中“在原有区域显示筛选结果”。在“列表区域”框中指定数据区域。在“条件区域”框中指定条件区域，包括条件标记。若要从结果中排除相同的行，可以勾选

“选择不重复的记录”复选框。单击“确定”按钮，完成高级筛选操作，高级筛选的结果如图 4-70 所示。

	A	B	C	D	E	F	G
1	学生成绩统计表						
2	学号	姓名	性别	数学	英语	计算机	总分
8	4	李立	男	82	89	90	261
12							
13							
14		英语	英语	计算机	计算机		
15		>80	<90	>90			
16					90		

图 4-70　高级筛选的结果

4.8.4　分类汇总报表

分类汇总是指在数据清单中快速汇总各项数据的方法。Excel 2010 中提供了分类汇总命令，通过这些命令，可直接对数据清单进行汇总。

在分类汇总前，首先对数据清单中要分类汇总的项(字段)进行排序。按指定字段排序的作用是将数据清单的数据分类。因此，分类汇总选择的分类字段必须是排序依据的关键字段。汇总只能对数值型字段进行。

分类汇总的操作为：以分类字段作为关键字进行排序，在数据清单中选定所有表格内容(表格标题不在选择范围内)，然后执行“数据”选项卡的“分级显示”组的“分类汇总”命令，打开“分类汇总”对话框(见图 4-71)。在“汇总方式”下拉列表中选中用于分类汇总计算的函数，从“选定汇总项”列表框中选中要进行分类汇总计算的数值字段，单击“确定”按钮。

图 4-71　“分类汇总”对话框

【操作实例】　在“学生成绩统计表”工作簿的“软件 1 班”工作表中，以“性别”为分类字段，将各科成绩及总分进行分类汇总求和。

以分类字段“性别”为关键字进行升序(或降序)排序，如图 4-72 所示。

学生成绩统计表						
学号	姓名	性别	数学	英语	计算机	总分
1	王红	男	90	88	89	267
2	刘佳	男	88	64	73	225
3	赵刚	男	84	96	92	272
4	李立	男	82	89	90	261
5	刘伟	男	69	76	94	239
6	张文	女	73	95	86	254
7	杨柳	女	91	89	87	267
8	孙岩	女	80	77	87	244
9	田笛	女	81	89	86	256

图 4-72 以"性别"为关键字进行升序排序

选定所有表格内容(表格标题不在选择范围内),执行"数据"选项卡的"分级显示"组的"分类汇总"命令,打开"分类汇总"对话框(见图 4-73),在"汇总方式"下拉列表中选"求和",在"选定汇总项"列表框中勾选"英语""数学""计算机""总分"。单击"确定"按钮,完成分类汇总操作。分类汇总结果如图 4-74 所示。

图 4-73 "分类汇总"对话框

	A	B	C	D	E	F	G
1	学生成绩统计表						
2	学号	姓名	性别	数学	英语	计算机	总分
3	1	王红	男	90	88	89	267
4	2	刘佳	男	88	64	73	225
5	3	赵刚	男	84	96	92	272
6	4	李立	男	82	89	90	261
7	5	刘伟	男	69	76	94	239
8			**男 汇总**	413	413	438	1264
9	6	张文	女	73	95	86	254
10	7	杨柳	女	91	89	87	267
11	8	孙岩	女	80	77	87	244
12	9	田笛	女	81	89	86	256
13			**女 汇总**	325	350	346	1021
14			**总计**	738	763	784	2285

图 4-74 分类汇总结果

若要取消分类汇总,单击"分类汇总"对话框中的"全部删除"按钮,即可取消分类汇总结果的显示,并恢复至原始数据清单。

4.8.5 数据透视表

数据透视表是一种可以对大量数据快速汇总和建立交叉列表的交互式表格。它能够对行和列进行转换，以查看源数据的不同汇总结果，并显示不同页面以筛选数据，还可以根据需要显示区域中的明细数据。数据透视表是一种动态工作表，它提供了一种以不同角度观看数据清单的简便方法。

1. 数据透视表

数据透视表一般由以下 6 个部分组成。

页字段：数据透视表中指定为页方向的源数据清单或表单中的字段。单击页字段的不同项，在数据透视表中会显示与该项相关的汇总数据。源数据清单或表单中的每个字段，或列条目，或数值都将成为页字段列表中的一项。

数据字段：是指含有数据的源数据清单或表单中的字段，它通常汇总数值型数据。数据透视表中的数据字段值来源于数据清单中同数据透视表行、列、数据字段相关的记录的统计。

数据项：是数据透视表中的分类，它代表源数据中同一字段或列中的单独条目。数据项以行标或列标的形式出现，或出现在页字段的下拉列表框中。

行字段：数据透视表中指定为行方向的源数据清单或表单中的字段。

列字段：数据透视表中指定为列方向的源数据清单或表单中的字段。

数据区域：数据透视表中含有汇总数据的区域。数据区中的单元格用来显示行和列字段中数据项的汇总数据。数据区每个单元格中的数值代表源记录或行的一个汇总。

2. 创建数据透视表

【操作实例】 将“学生成绩统计表”工作簿的“软件 1 班”工作表中的数据作为数据源创建数据透视表，显示男生和女生的“数学”“英语”“计算机”3 门课程的总成绩，如图 4-75 所示。

1	学生成绩统计表						
2	学号	姓名	性别	数学	英语	计算机	总分
3	1	王红	男	90	88	89	267
4	2	刘佳	男	88	64	73	225
5	3	赵刚	男	84	96	92	272
6	4	李立	男	82	89	90	261
7	5	刘伟	男	69	76	94	239
8	6	张文	女	73	95	86	254
9	7	杨柳	女	91	89	87	267
10	8	孙岩	女	80	77	87	244
11	9	田笛	女	81	89	86	256

图 4-75 数据源

在数据清单中选定所有表格内容(表格标题不在选择范围内)，执行“插入”选项卡的“表格”组中的“数据透视表”命令，出现如图 4-76 所示的“创建数据透视表”对话框。

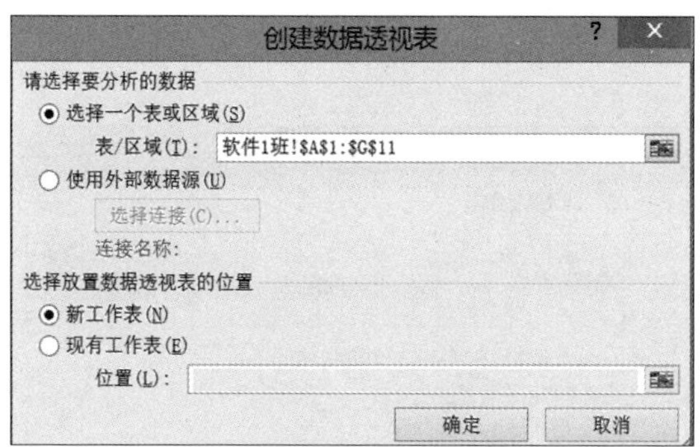

图 4-76 “创建数据透视表”对话框

在图 4-76 所示对话框中,“选择一个表或区域”项的“表/区域”输入框中显示的区域默认为以选中的数据清单的数据区域。在“选择放置数据透视表的位置”选项组中选择“现有工作表”,单击其下面的“位置”输入框右侧的折叠按钮,选中数据透视表在工作表中建立的位置区域,再单击折叠按钮,在展开的“创建数据透视表”对话框中单击“确定”按钮,弹出“数据透视表字段列表”对话框(见图 4-77)及未完成的数据透视表。

在弹出的“数据透视表字段列表”对话框中选中数据表的列标签、行标签,将“性别”移动到“列标签”,将 “∑数值”移动到“列标签”,3 个字段会自动显示为“求和项：数学”“求和项：英语”“求和项：计算机”。这样,在选中的放置数据透视表的位置出现完成的数据透视表,如图 4-78 所示。

图 4-77 “数据透视表字段列表”对话框

3		列标签		
4	值	男	女	总计
5	求和项:数学	413	325	738
6	求和项:英语	413	350	763
7	求和项:计算机	438	346	784
8	求和项:总分	1264	1021	2285

图 4-78 数据透视表

选中数据透视表右击,在弹出的快捷菜单中单击“数据透视表选项”,出现“数据透视表选项”对话框。在该对话框中可以改变数据透视表的布局和格式、汇总和筛选以及显示等，如图 4-79 所示。

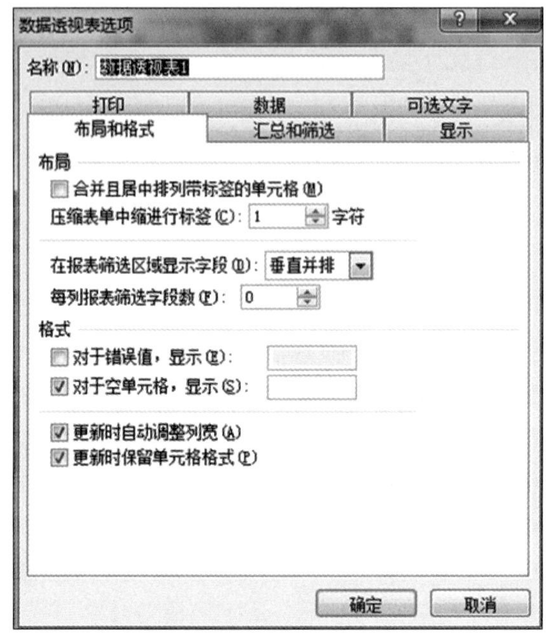

图 4-79 “数据透视表选项”对话框

4.9 打 印

创建工作表后，经过编辑、格式化后通常需要将它打印出来。打印之前，需要对打印的工作表进行一些必要的打印设置，这样可以使它打印出来更美观。

4.9.1 页面设置

页面设置是指打印页面布局和格式的合理安排，如行号、列标、页边距、页眉页脚等一系列设置都可以通过“页面布局”完成。

工作表在打印之前要进行页面的设置。单击“页面布局”选项卡的“页面设置”组右下角的打开对话框小按钮，就可激活“页面设置”对话框，在该对话框中可以对页面、页边距、页眉/页脚和工作表进行设置。

1. “页面”选项卡中的选项

选择“页面设置”对话框中的“页面”选项卡（见图 4-80）。在这个对话框中，用户可以将“方向”调整为纵向或横向；调整打印的“缩放比例”，可选择 10%至 400%尺寸的效果打印，100%为正常尺寸；设置“纸张大小”，从下拉列表中可以选择用户需要的打印纸的类型；“打印质量”列表中列出了可供选择的选项。如果用户只打印某一页码之后的部分，可以在“起始页码”中设定。

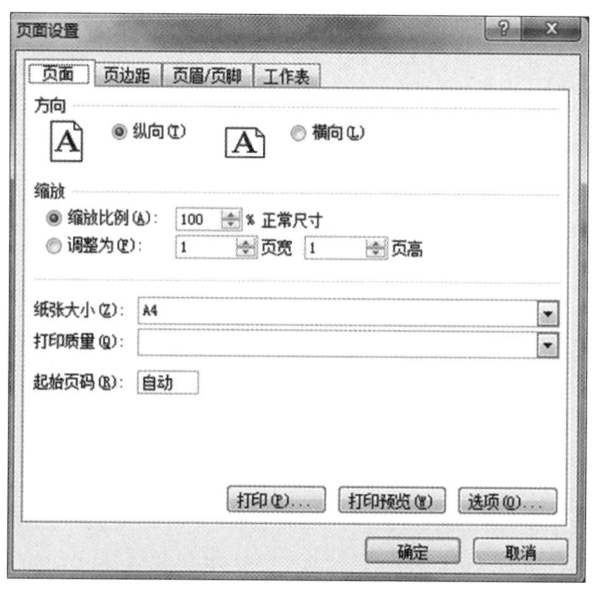

图 4-80 “页面设置”对话框

2. 设置页边距

“页边距”选项卡中，分别在“上”“下”“左”“右”编辑框中设置页边距；在“页眉”“页脚”编辑框中设置页眉、页脚的位置；在“居中方式”中可选“水平”和“垂直”两种方式。

3. 设置页眉/页脚

“页眉/页脚”选项卡中，单击“页眉”下拉列表可选定一些系统定义的页眉。同样，在“页脚”下拉列表中可以选定一些系统定义的页脚。单击“自定义页眉”或“自定义页脚”按钮，就可以进入下一个对话框，进行用户自己定义的页眉、页脚的编辑。

单击“自定义页眉”或“自定义页脚”按钮后，系统会弹出一个如图 4-81 所示的对话框。在这个对话框中，可以在“左”“中”“右”框中输入自己期望的页眉、页脚。另外，在上方还有 10 个不同的按钮，其功能分别如下。

A：引出“字体”对话框，可为要输入的文本或选定的文本设置字体、字号等格式。

：当前页码，显示方式为“&[页码]”。

：当前打印总页数，显示方式为“&[总页数]”。

：当前日期，显示方式为“&[日期]”。

：当前时间，显示方式为“&[时间]”。

：当前文件路径，显示方式为“&[路径]&[文件]”。

：当前文件名，显示方式为“&[文件]”。

：当前工作表名，显示方式为“&[标签名]”。

：插入图片，显示方式为“&[图片]”。

：引出设置图片格式对话框，只有当插入图片后才有效。

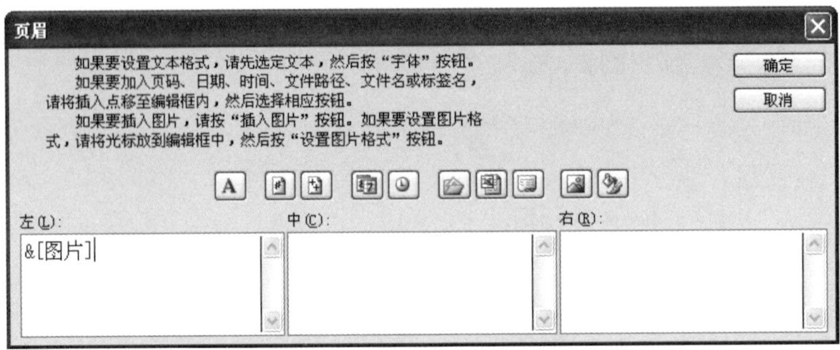

图 4-81　自定义页眉或页脚

4. 工作表

选择“工作表”选项卡(见图 4-82)，如果要打印某个区域，则可在“打印区域”文本框中输入要打印的区域。如果打印的内容较长，要打印在两张纸上，而又要求在第二页上具有与第一页相同的行标题和列标题，则在“打印标题”框中的“顶端标题行”“左端标题列”指定标题行和标题列的行与列，还可以指定打印顺序等。

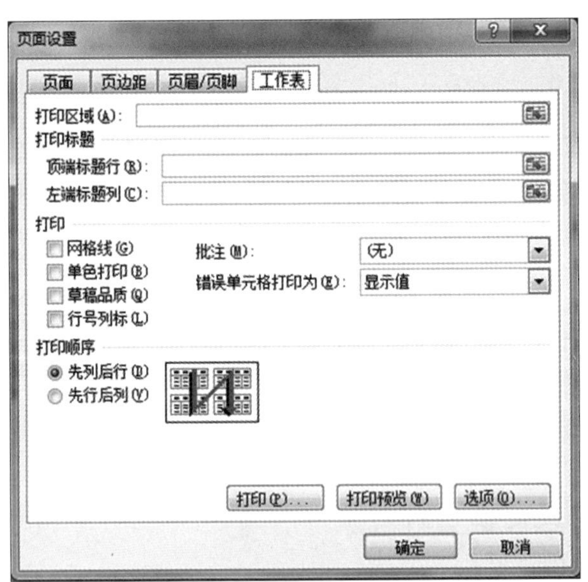

图 4-82　“工作表”选项卡

4.9.2　分页设置

当一个工作表较大时，系统会根据所选的打印纸张自动将工作表分页，但有时为了调整表格内容,需采用人工分页的方法。

1. 插入人工分页符

对工作表进行人工分页,一般是在工作表中插入分页符,插入的分页符包括垂直的人工分页符和水平的人工分页符。

【操作实例】 在“学生成绩统计表”工作簿的“软件1班”工作表中插入分页符。

选定要开始新页的单元格,然后单击“页面布局”选项卡的“页面设置”组中的“分隔符”按钮,在弹出的下拉列表中选择“插入分页符”,进行人工分页,如图4-83所示。

	A	B	C	D	E	F	G
1	学生成绩统计表						
2	学号	姓名	性别	数学	英语	计算机	总分
3	1	王红	男	90	88	89	267
4	2	刘佳	男	88	64	73	225
5	3	赵刚	男	84	96	92	272
6	4	李立	男	82	89	90	261
7	5	刘伟	男	69	76	94	239
8	6	张文	女	73	95	86	254
9	7	杨柳	女	91	89	87	267
10	8	孙岩	女	80	77	87	244

图4-83 插入分页符

2. 删除人工分页符

选定人工分页符下面的第一行单元格(垂直分页符)或右边的第一列单元格(水平分页符),单击“页面布局”选项卡的“页面设置”组中的“分隔符”按钮,在弹出的下拉列表中单击“删除分页符”就可删除这个人工分页符。

如果要删除全部人工分页符,应选中整个工作表,单击“页面布局”选项卡的“页面设置”组中的“分隔符”按钮,在弹出的下拉列表中单击“重设所有分页符”。

4.9.3 打印预览和打印

1. 打印预览

完成页面设置和打印机设置后,可以用打印预览模拟显示打印结果,观察各种设置是否恰当,若有误,再修改,最后进行打印。

执行“页面设置”对话框中的“工作表”下的“打印预览”命令,或直接单击“文件”选项卡中的“打印”按钮,页面右侧会出现打印预览的结果。

2. 打印

安装和设置好打印机之后,先完成“页面设置”并进行“打印预览”,然后就可以开始打印了。

单击“文件”选项卡下的“打印”,或执行“页面设置”对话框中“工作表”中的“打印”命令,即可完成打印。

本 章 小 结

本章介绍 Excel 2010 的基本操作，包括数据输入、单元格的编辑等；函数和公式是 Excel 的核心，如何使用公式与函数是本章重点介绍的内容；Excel 具有强大的工作表管理功能，能够根据用户的需要方便地添加、删除和重命名工作表。本章还介绍了工作表的格式设置的操作方法；工作表中数据的排序、筛选和分类汇总等操作；图表的创建和编辑以及工作表和图表的打印设置方法等。

习 题 4

一、判断题

1. Excel 2010 工作表行号和列标交叉处的框的作用是选中整个工作表。 （ ）

2. Excel 2010 中，一个工作簿可以只含一个工作表。 （ ）

3. 在公式=F＄2＋E6 中，F＄2 是绝对引用，而 E6 是相对引用。 （ ）

4. Excel 2010 中，每个工作簿中最多可以有 18 张工作表。 （ ）

5. Excel 2010 中，表格的边框可以是双线。 （ ）

6. Excel 2010 中，利用 Tab 键能结束单元格数据的输入。 （ ）

7. Excel 2010 中，SUM 函数只能对列信息实现求和。 （ ）

8. 在 Excel 2010 中排序时，无论是递增排序还是递减排序，空白单元格总是排在最后。 （ ）

二、选择题

1. Excel 2010 工作表编辑栏中的名称框显示的是（ ）。

A. 当前单元格的内容　　B. 单元格区域的地址名字
C. 单元格区域的内容　　D. 当前单元格的地址名字

2. 单元格地址 R6C5 表示的是（ ）。

A. G7　　B. E6　　C. G6　　D. F6

3. Excel 文件的扩展名是（ ）。

A. .txt　　B. .xlsx　　C. .doc　　D. .wps

4. 在 Excel 中，公式必须以（ ）开头。

A. 文字　　B. 字母　　C. =　　D. 数字

5. 在 Excel 2010 数据列表的降序排列中，若要排序的一列中有空白单元，则会（ ）。

A. 放置在排序的数据清单最前　　B. 放置在排序的数据清单最后
C. 不排序　　D. 保持原始次序

6. 一个新工作簿默认有（ ）工作表。

A. 多个　　　　　B. 3 个　　　　　C. 2 个　　　　　D. 16 个

7. 在 Excel 2010 中，函数 SUM(TRUE,2,1)返回的结果是(　　)。

A. 1　　　　　B. 2　　　　　C. 3　　　　　D. 4

8. 在工作表中，如果在某一单元格中输入内容 3/5，Excel 认为是(　　)。

A. 文字型　　　　　B. 日期型　　　　　C. 数值型　　　　　D. 逻辑型

9. Excel 中，图表是数据的一种视觉表示形式，图表是动态的，改变了图表中(　　)后，Excel 会自动更改图表。

A. X 轴的数据　　　　　B. Y 轴的数据

C. 相依赖的工作表的数据　　　　　D. 标题

三、操作题

1. 制作如图 4-84 所示的成绩单，利用函数求总分及总评成绩。

成绩单							
学号	姓名	数学	政治	英语	计算机	总分	总评成绩
20100431001	占海涛	83	92	95	73		
20100431002	王云	68	88	87	76		
20100431003	李畅	70	74	89	88		
20100431004	周丰	95	95	87	90		
20100431005	刘立华	72	91	78	64		
20100431006	吴小仪	84	76	87	73		
20100431007	左万强	88	88	72	90		

图 4-84　成绩单 1

2. 对图 4-85 所示的数据清单以“商品”作为分类字段进行分类汇总。

商场	商品	一月	二月	三月
春雨电器	空调	11550	8590	5690
林风商厦	冰箱	8960	17656	4230
北仑电器	彩电	5572	5634	20060
春雨电器	彩电	26080	13805	86590
林风商厦	冰箱	7866	7755	38765
北仑电器	空调	20010	4320	9870
春雨电器	冰箱	5650	9980	10060
北仑电器	彩电	12980	6785	47560
林风商厦	空调	6990	10500	9850

图 4-85　数据清单

3. 对图 4-86 所示的成绩单以“总评成绩”为第一关键字，“学号”为次要关键字，降序排序。

成绩单							
学号	姓名	数学	政治	英语	计算机	总分	总评成绩
20100431001	占海涛	83	92	95	73	343	137.2
20100431002	王云	68	88	87	76	319	127.6
20100431003	李畅	70	74	89	88	321	128.4
20100431004	周丰	95	95	87	90	367	146.8
20100431005	刘立华	72	91	78	64	305	122
20100431006	吴小仪	84	76	87	73	320	128
20100431007	左万强	88	88	72	90	338	135.2

图 4-86　成绩单 2

4. 将图 4-87 所示的成绩单制成图表，效果如图 4-8 所示。

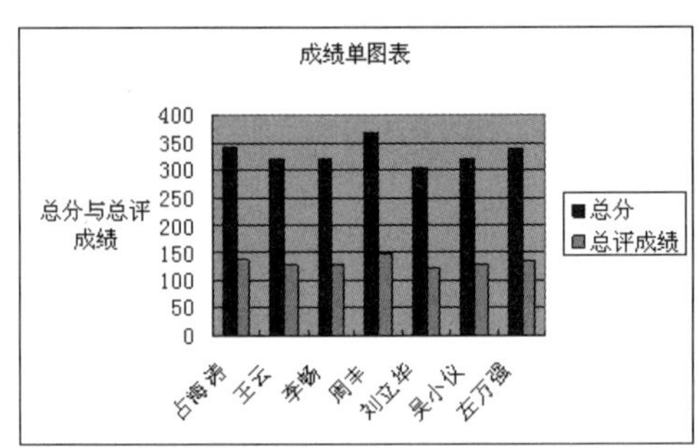

图 4-87　成绩单图表

第5章 PowerPoint 2010 应用基础

知识目标	能力目标
1. PowerPoint 2010 的新增功能 2. 演示文稿与幻灯片的概念 3. 幻灯片放映的概念	1. 演示文稿与幻灯片的创建及编辑、美化的操作能力 2. 幻灯片的格式化操作能力 3. 幻灯片动画的操作能力 4. 幻灯片放映效果的操作能力 5. 幻灯片打印输出的操作能力

PowerPoint 2010 是 Microsoft 公司推出的 Office 2010 的重要组件之一。PowerPoint 2010 是用于制作、维护和播放幻灯片的应用软件，它以幻灯片的格式输入和编辑文本、表格、组织结构图、剪贴画、图片、艺术字和公式对象等。为了加强演示效果，可以在幻灯片中插入声音或视频剪辑等。使用 PowerPoint 2010 可以方便地创建出形象生动、图文并茂、层次分明、多姿多彩的幻灯片，并且能设置许多特殊的播放效果。使用 PowerPoint 2010 既可以在计算机屏幕或投影仪上播放，也可以用打印机打印出幻灯片。新增的视频和图片编辑功能以及增强功能是 PowerPoint 2010 的新亮点。切换效果和动画运行起来比以往更平滑和丰富，新增许多 SmartArt 图形版式（包括一些基于照片的版式）。

5.1 PowerPoint 2010 基础

5.1.1 PowerPoint 2010 的启动和退出

1. 启动 PowerPoint 2010

可以从 Windows 7 的开始菜单启动：单击任务栏中的"开始"按钮，执行"开始"→"所有程序"→Microsoft Office →Microsoft PowerPoint 2010 命令，如图 5-1 所示。也可以通过打开已存在的演示文稿（其扩展名为.pptx）启动 PowerPoint 2010。

2. 退出 PowerPoint 2010

单击 PowerPoint 2010 窗口中的"文件"选项卡，执行"文件"→"退出"命令。也可以

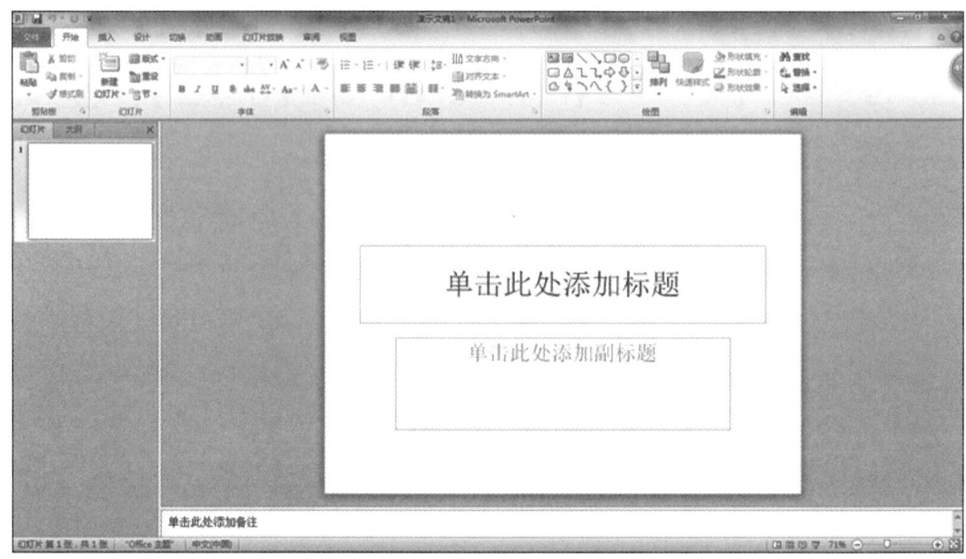

图 5-1　PowerPoint 2010 启动窗口

单击窗口右上角的关闭按钮 ☒。还可以按 Alt+F4 组合键。另外，双击窗口左上角的控制菜单图标按钮也可以退出 PowerPoint 2010。

5.1.2　PowerPoint 2010 的工作界面

PowerPoint 2010 的窗口包括标题栏、快速访问工具栏、选项卡、功能区、幻灯片/大纲浏览窗格、幻灯片窗格、备注窗格、视图按钮、显示比例按钮以及状态栏等部分，如图 5-2 所示。

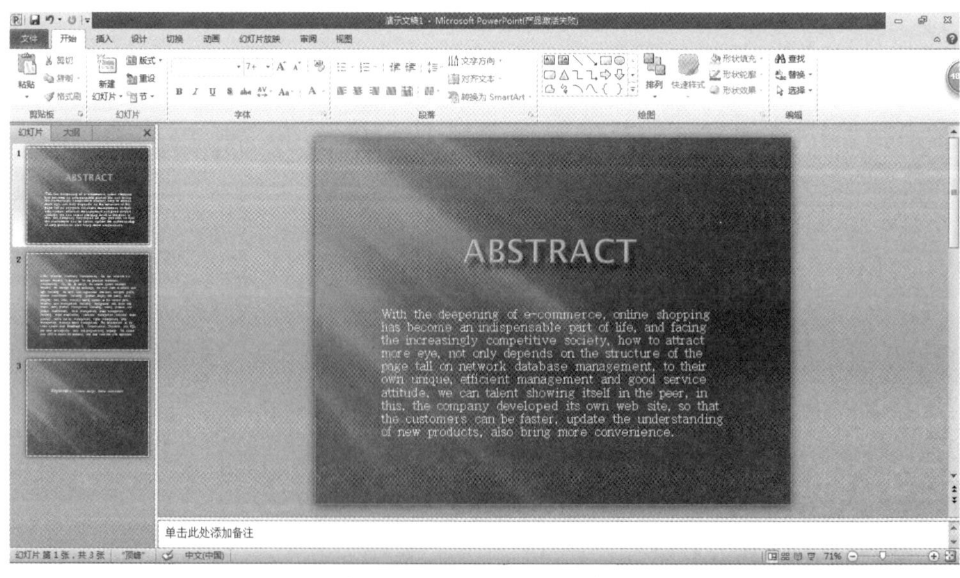

图 5-2　PowerPoint 2010 窗口

5.1.3　演示文稿编辑区

演示文稿编辑区位于功能区下方，由 3 部分组成：左侧的幻灯片/大纲浏览窗格、右侧的幻灯片窗格和右下方的备注窗格。拖动窗格之间的分隔条可以调整各窗口的大小。幻灯片窗格用来编辑幻灯片，备注窗格可以为幻灯片添加相关的注释。

PowerPoint 2010 窗口左侧的幻灯片/大纲浏览窗格上方有两个选项卡，选择“幻灯片”选项卡时，在列表区列出当前演示文稿的所有幻灯片缩略图，单击某张幻灯片，在幻灯片编辑区中将放大显示，并可对其进行编辑处理，从而呈现演示文稿的总体效果，如图 5-3 所示。

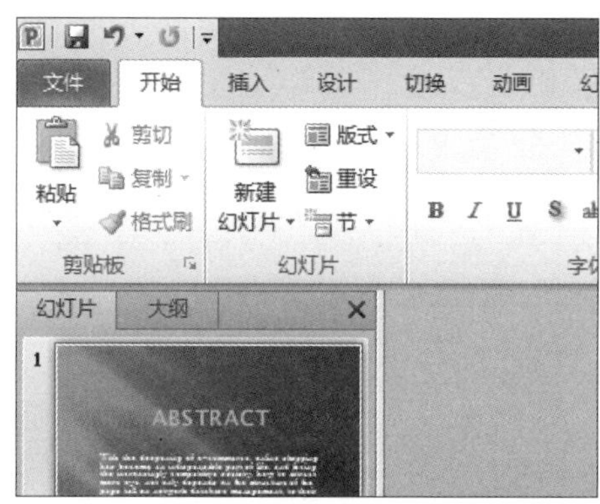

图 5-3　幻灯片列表

选择“大纲”选项卡时，该窗格列出当前演示文稿的文本大纲，如图 5-4 所示。在“大纲”选项卡中编辑文本有助于编辑演示文稿的内容和移动项目符号点或幻灯片。使用该选项卡书写时，可以增加或减少文本的缩进、折叠和展开，这样可以在工作时查看幻灯片的标题，并显示或隐藏文本格式。

5.1.4　PowerPoint 2010 的视图方式

视图是 PowerPoint 文档在计算机屏幕上的显示方式。PowerPoint 2010 提供了 6 种视图模式：“普通视图”“幻灯片浏览视图”“幻灯片放映视图”“阅读视图”“备注页视图”“母版”视图。

窗口的右下角有 4 个视图按钮，分别为“普通视图”按钮、“幻灯片浏览视图”按钮、“阅读视图”按钮和“幻灯片放映视图”按钮，如图 5-5 所示。单击某个视图按钮，或执行“视图”选项卡中的视图方式命令，可切换到相应的视图方式。

1. 普通视图

“普通视图”包含 3 个窗格：左边窗格显示幻灯片的大纲；右边的上半部分显示当前幻灯片；下半部分窗格显示幻灯片的备注。这些窗格使得用户可以在同一位置使用演示文稿的各种特征。拖动窗格边框可以调整不同的窗格大小，如图 5-6 所示。

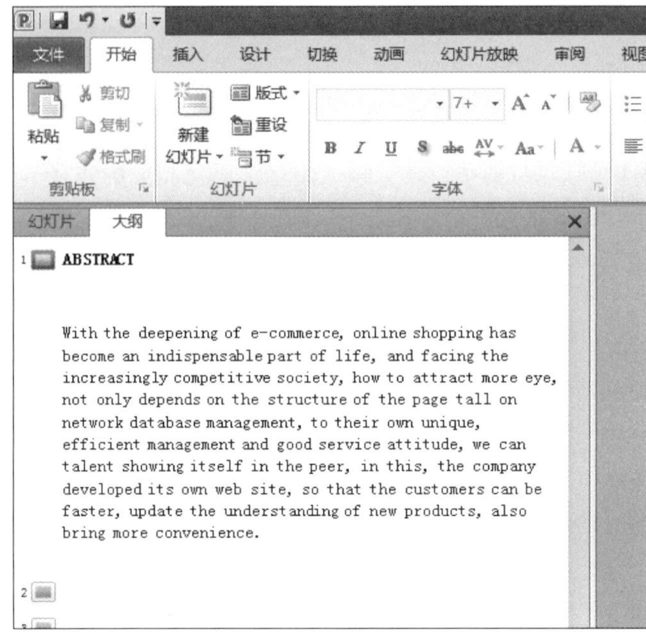

图 5-4　大纲编辑区

图 5-5　幻灯片“视图”按钮

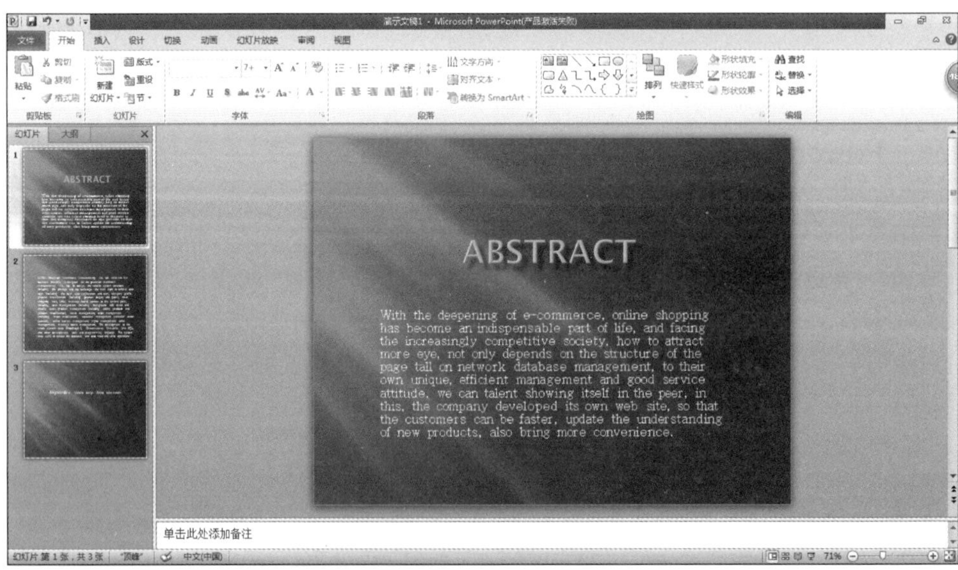

图 5-6　普通视图

2. 幻灯片浏览视图

单击“幻灯片浏览视图”按钮，切换到幻灯片浏览视图方式，如图 5-7 所示。演示文稿中的所有幻灯片都按顺序以缩略图的形式排列在屏幕上，用户可通过窗口右下角的“视图”按钮右侧的“显示比例”按钮改变幻灯片的大小以及每行显示的幻灯片数目。用户可以调整幻灯片的次序或对幻灯片进行插入、移动、复制、删除等操作，但在幻灯片浏览视图中不能编辑幻灯片中的具体内容。

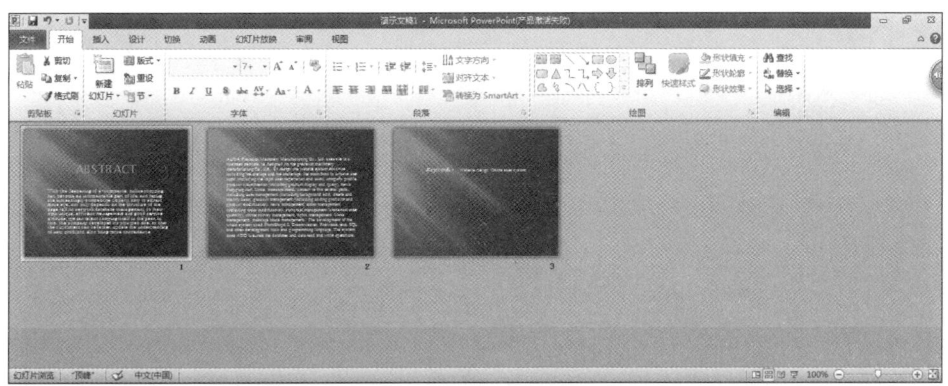

图 5-7　幻灯片浏览视图

3. 幻灯片放映视图

通过幻灯片放映视图，可以预览演示文稿的工作状况，从中体验到演示文稿中的动画和声音效果，还能观察到切换的效果。单击“幻灯片放映视图”按钮，幻灯片将从当前幻灯片开始按设计顺序放映，如图 5-8 所示。在幻灯片放映视图中单击或按 Enter 键显示下一张，放映完所有幻灯片后恢复到原视图。任何时候都可以通过按 Esc 键退出幻灯片放映视图，并返回到以前的视图中。

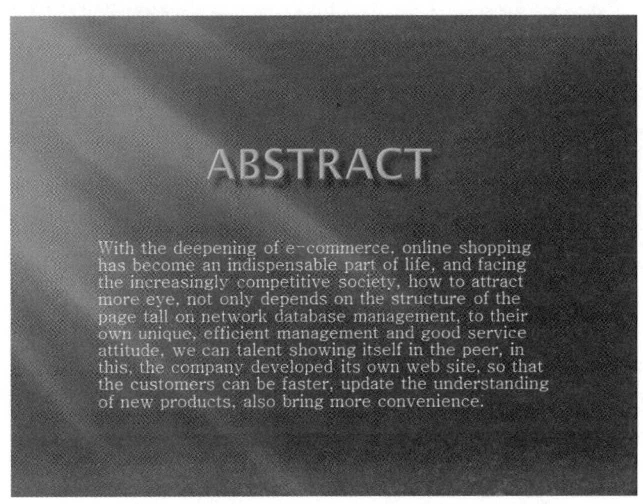

图 5-8　幻灯片放映视图

4. 阅读视图

阅读视图用于演示文稿制作者查看演示文稿，而非受众（如通过大屏幕）放映演示文稿。如果希望在一个设有简单控件以方便审阅的窗口中查看演示文稿，而不想使用全屏的幻灯片放映视图，则可以在自己的计算机上使用阅读视图。如果要更改演示文稿，可随时从阅读视图切换至某个其他视图，如图 5-9 所示。

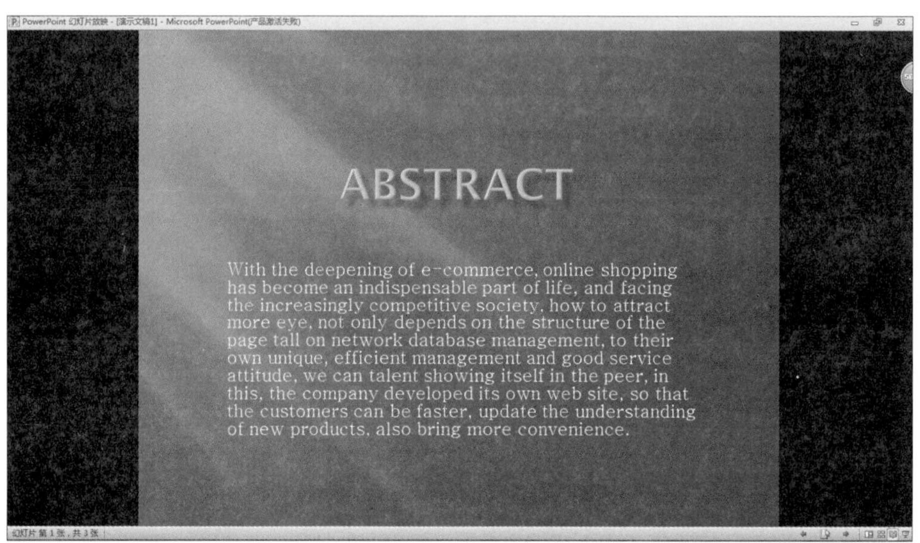

图 5-9　阅读视图

5. 备注页视图

备注页将作为提供的演示文稿的备注，每个备注页中都显示了小尺寸的幻灯片及其备注。单击“视图”选项卡中的“演示文稿视图”组中的“备注页视图”按钮，出现如图 5-10

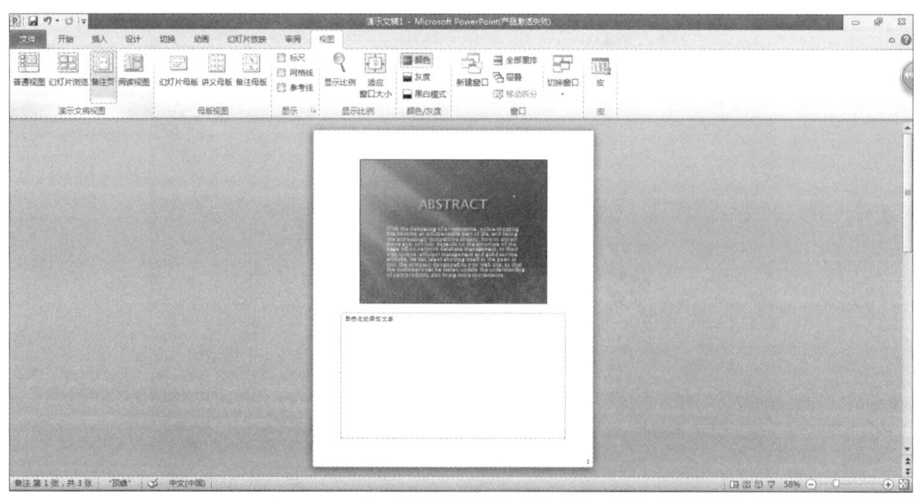

图 5-10　备注页视图

所示的界面。此时可以在备注页中输入内容。备注是演示者对每张幻灯片的注释或提示。制作演示文稿时,可以使用这些备注,但它不会在演示文稿放映时出现在幻灯片上。

6. 母版视图

母版视图包括幻灯片母版视图、讲义母版视图和备注母版视图。它们是存储有关演示文稿的信息的主要幻灯片,其中包括背景、颜色、字体、效果、占位符大小和位置。使用母版视图的一个主要优点在于,在幻灯片母版、备注母版或讲义母版上,可以对与演示文稿关联的每个幻灯片、备注页或讲义的样式进行全局更改,如图 5-11 所示。

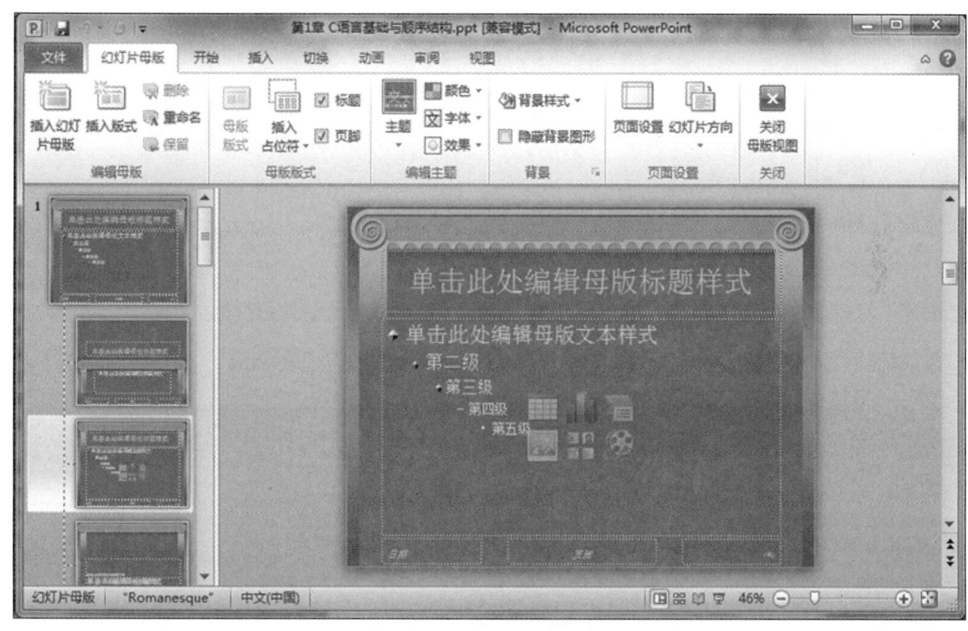

图 5-11　母版视图

5.2　创建和编辑演示文稿

可以通过创建空白演示文稿、使用模板、使用主题、使用现有演示文稿创建演示文稿。

5.2.1　创建演示文稿

启动 PowerPoint 后,系统自动新建一个默认文件名为"演示文稿 1"的空白演示文稿,如图 5-12 所示。

1. 创建空白演示文稿

单击"文件"选项卡,在打开的下窗口左侧的列表中单击"新建",在窗口中的"可用的模板和主题"列表中单击"空白演示文稿",单击窗口右侧的"创建"按钮,如图 5-13 所示。

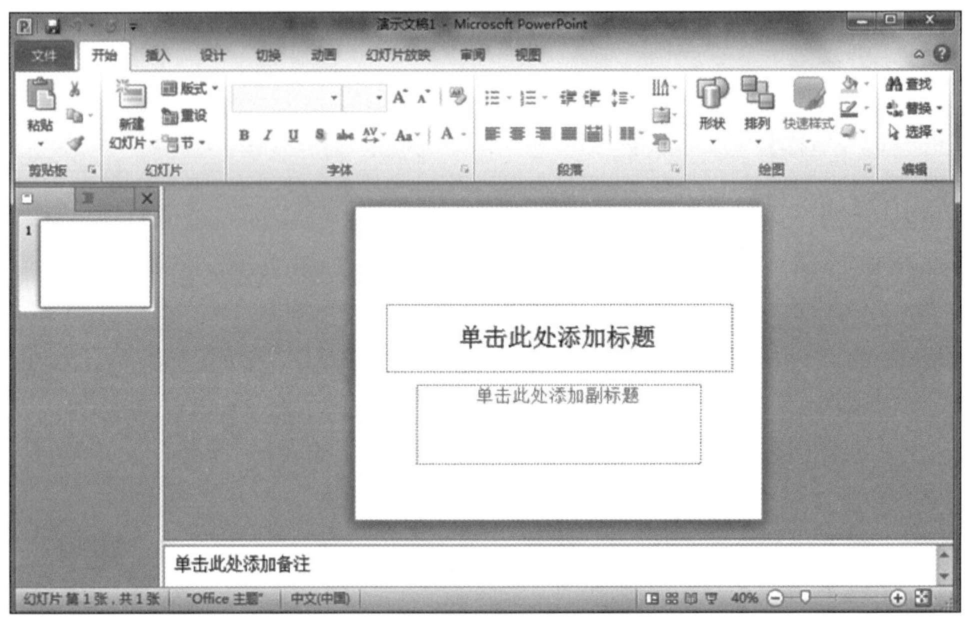

图 5-12 "新建演示文稿"窗口

图 5-13 创建空白演示文稿

2. 使用模板创建演示文稿

模板是预先设计好的演示文稿样本。PowerPoint 2010 提供了各种模板。因为模板已经提供了设置好的演示文稿效果,用户只输入内容即可创建演示文稿。如果预置的模板不能满足需要,可以在 Office.com 模板项通过搜索栏下载。

单击“文件”选项卡,在出现的窗口右侧的列表中选择“新建”,在窗口中部的“可用的模板和主题”项中选择“样本模板”。在弹出的模板列表中选择一个模板,单击右侧的“创建”按钮。

【操作实例】 创建“毕业论文”演示文稿。

单击“文件”选项卡,在出现的窗口右侧的列表中选择“新建”,在窗口中部的“可用的模板和主题”项中选择“样本模板”。在弹出的模板列表中没有预置的“论文”模板,因此,单击“Office.com 模板”项的搜索栏输入“论文”二字,单击搜索栏后的“搜索”按钮,出现搜索到的“论文”模板的预览图,单击“下载”按钮,即可创建如图 5-14 所示的“论文”模板框架结构的演示文稿。该模板包括 19 张幻灯片,只将有关文字替换后即可快速创建一个规范的“论文”演示文稿。

图 5-14 “论文”模板结构

3. 使用主题创建演示文稿

主题规定了演示文稿的母版、配色、文字格式和效果等设置。使用预置的主题创建演示文稿,可以简化演示文稿风格设计等工作。

单击“文件”选项卡,在出现的窗口右侧的列表中选择“新建”,在窗口中部的“可用的模板和主题”项中选择“主题”,在弹出的列表中选择需要的一个主题,单击右侧的“创建”按钮即可创建该主题的演示文稿,如图 5-15 所示。

4. 使用现有演示文稿创建演示文稿

单击“文件”选项卡,在出现的窗口右侧的列表中选择“新建”,在窗口中部的“可用的模

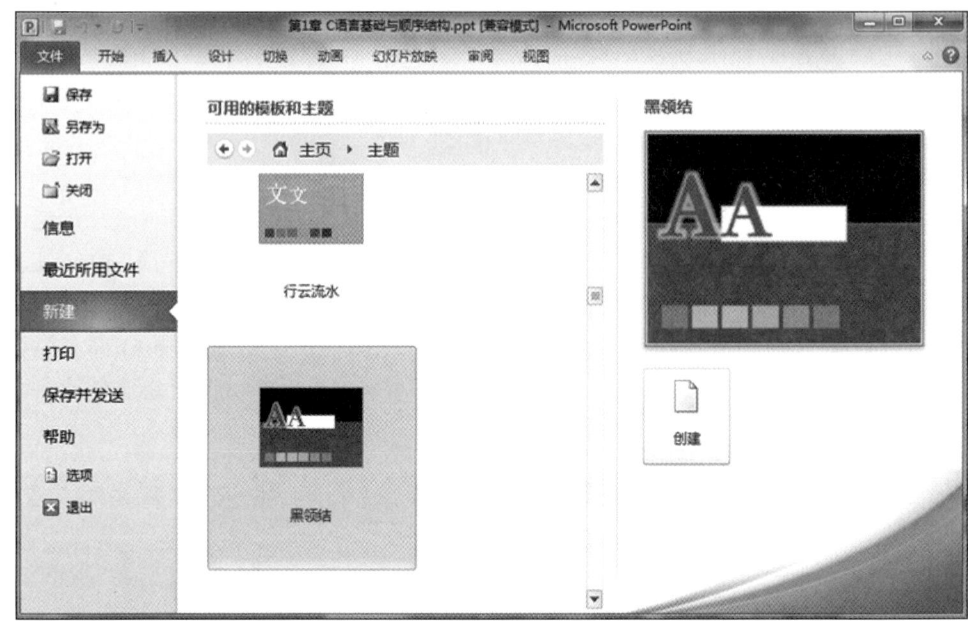

图 5-15　创建主题演示文稿

板和主题”项中选择“根据现有内容新建”。在出现的“根据现有演示文稿新建”对话框中选择目标演示文稿文件，单击“新建”按钮，创建一个与目标演示文稿样式和内容完全一致的新演示文稿，适当修改内容后保存即可。PowerPoint 2010 的文件保存类型默认为.pptx。

5.2.2　输入文本和格式设置

在新建的空白幻灯片上可以看到一些带有提示信息的虚线框，这是为标题、文本、图表、剪贴画等内容预留的位置，称为占位符。在文本占位符的内部单击将选定的文本块激活，可以输入、删除、编辑文本或将其变为项目编号列表，可以通过使用“插入”选项卡的“文本”组的“文本框”按钮，添加新的文本框以添加文字。

在幻灯片中不仅可以输入和编辑文本，而且可以插入和编辑表格、图表、图片、组织结构图、文本框、影片和声音等对象。

1. 输入和编辑文本

【操作实例】　向“毕业论文”演示文稿输入文字。

在输入区域单击，将出现一个文本框并且光标的插入点定位于该文本框中，如图 5-16 所示；把该文本框原有的文字选中或删除后，直接输入“奥达精密机械制造有限公司钢材销售网站设计”，该内容将替换原来的默认内容。在副标题添加

学生姓名：杨子豪
指导教师：王静
天津职业大学电子信息工程学院

文本输入完毕后，单击文本框外的任意地方，关闭文本框，如图 5-17 所示；如果对文本框的大小或位置不满意，可以拖动鼠标改变文本框的大小或位置，方法与在 Word 中改变文本框的大小和位置一样；如果对输入的文字内容或格式不满意，可以对文字进行删改、复制、移动等操作；也可以选中文字后，利用“开始”选项卡的“字体”组中的相关命令进行格式的设置。

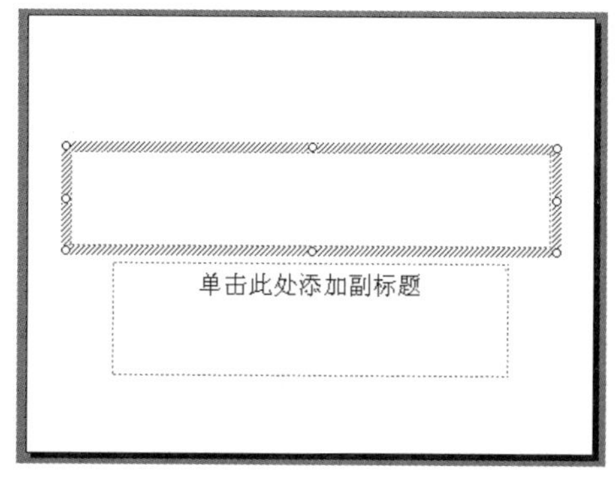

图 5-16　毕业论文幻灯片(一)

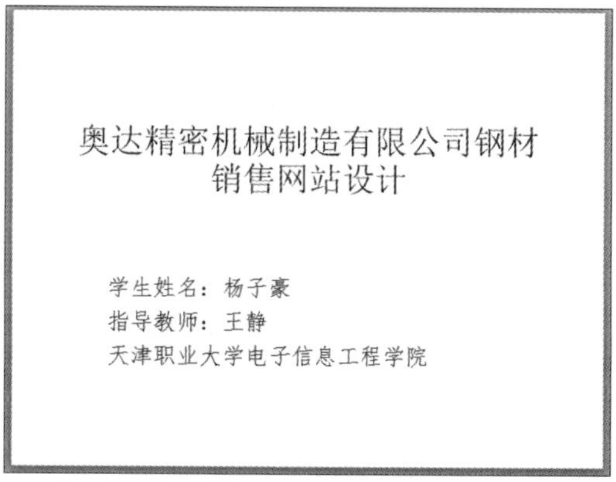

奥达精密机械制造有限公司钢材
销售网站设计

学生姓名：杨子豪
指导教师：王静
天津职业大学电子信息工程学院

图 5-17　毕业论文幻灯片(二)

2. 输入备注和插入批注

1）输入备注

备注窗格在编辑窗口的右下部。单击备注窗格，出现闪烁的光标时，可以输入备注信息。备注信息出现在单独的备注页上，演示文稿的每张幻灯片都有一张相应的备注页。

2）插入批注

执行“审阅”选项卡的“批注”组中的“新建批注”命令，在幻灯片窗格中出现批注文本框，可以移动它的位置。双击出现输入文本框，单击则出现批注内容。PowerPoint 2010 默认的批注为系统安装时的用户名。用户可以在备注文本框内输入自己的内容。

5.2.3 插入对象

1. 插入图片

1）将剪贴画插入幻灯片中。

【操作实例】 为“毕业论文”演示文稿插入图片，如图 5-18 所示。

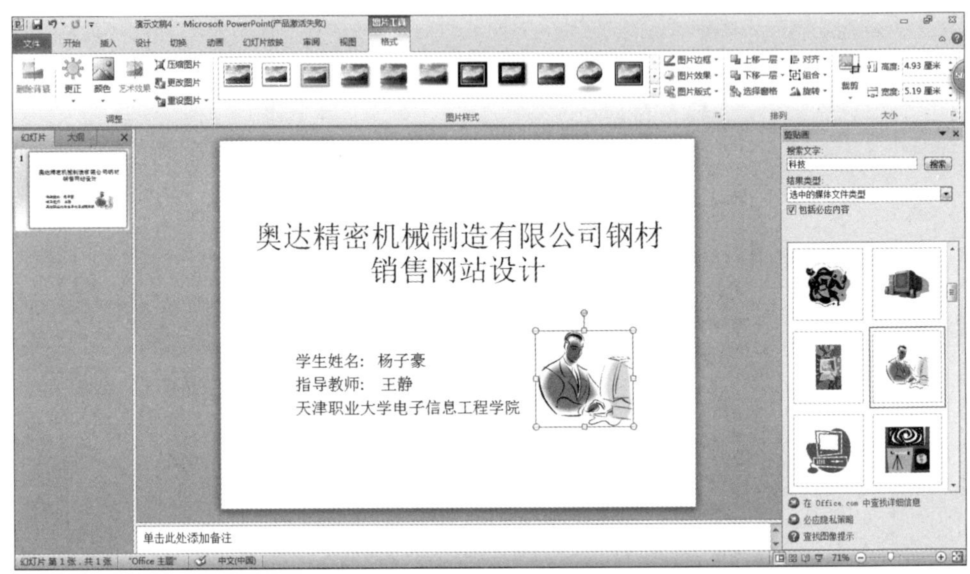

图 5-18　插入“科技”类剪贴画

操作步骤：在普通视图中，显示要插入剪贴画的幻灯片。执行“插入”选项卡的“图像”组中的“剪贴画”命令，右侧弹出“剪贴画”任务窗格。在任务窗格上的“搜索文字”文本框中输入图片的关键字，如“植物”“动物”等（本例输入“科技”）。单击“搜索”按钮，“结果”下拉列表框中将显示包含关键字的剪贴画或图片。插入“科技”类剪贴画如图 5-18 所示；单击选中要插入的剪贴画，即将剪贴画插入幻灯片中。

2）将来自文件的图片插入幻灯片中

插入来自文件的图片，即将准备好的图片（可以在本地硬盘上，也可以在网络驱动器上）从已有的图像文件中插入演示文稿中。

方法：在幻灯片普通视图中显示要插入图片的幻灯片。执行“插入”选项卡中的“图片”命令，打开“插入图片”对话框，如图 5-19 所示。在左侧列表中选择图片存放的位置，在右侧选择该文件夹中需要的图片，单击“插入”命令按钮。该图片即插入幻灯片中。

3）插入幻灯片中的图片的调整

对插入幻灯片中的图片可以进行大小、位置、旋转、美化等调整。

调整图片大小：选中图片后，用鼠标左键拖动图片四周的控点即可。

改变图片位置：选中图片后，鼠标指向图片中，此时鼠标指针变为上、下、左、右 4 个方向的箭头，按下鼠标左键拖动图片到目的位置即可。

图 5-19 “插入图片”对话框

如需精确调整图片的位置和大小，可以通过“图片工具”的“格式”选项卡中的“大小”组中右下角的小按钮打开“设置图片格式”对话框，如图 5-20 所示。在该对话框中可以精确调整图片位置和大小。

图 5-20 “设置图片格式”对话框

旋转图片：图片如需旋转一定角度，可以使用手动旋转或精确旋转两种方法实现。

手动旋转时，选中图片后，用鼠标左键拖动图片四周控点上的绿色控点并旋转拖动即可。

精确旋转可单击“图片工具”的“格式”选项卡的“排列”组中的“旋转”按钮，在打开的下拉列表中选择“向左旋转 90°”“向右旋转 90°”“垂直翻转”“水平翻转”调整图片。也可以选择“其他旋转选项”，在弹出的“设置图片格式”对话框（见图 5-20）的“旋转”栏输入需要的旋转角度（正数为顺时针，负数为逆时针）即可。

美化图片：PowerPoint 2010 预置了 28 种图片样式供用户美化图片。

选中要美化的图片，“图片工具”的“格式”选项卡的“图片样式”组中显示了部分预置图片样式列表，单击此列表右下角的下拉按钮，打开图片样式下拉列表，此时预置的 28 种图片样式全部显示出来，选中需要的图片样式，幻灯片中的图片效果随之改变。

2. 插入图表

PowerPoint 2010 中包含了 Microsoft Graph 提供的 14 种标准图表类型和 20 种用户自定义的图表类型。

【操作实例】 向“毕业论文”演示文稿插入图表。

打开演示文稿“毕业论文”，新建一张幻灯片，执行“插入”选项卡的“插图”组中的“图表”命令，打开“插入图表”对话框，如图 5-21 所示。选择需要的图表类型后，单击“确定”按钮，此时屏幕出现左、右两个窗口，左侧为 PowerPoint 窗口，右侧为生成图表的 Excel 窗口（见图 5-22）。在右侧的 Excel 窗口中编辑图表的数据源，选定数据源，关闭 Excel 窗口即可把与当前幻灯片相关的图表插入幻灯片。插入图表的幻灯片如图 5-23 所示。

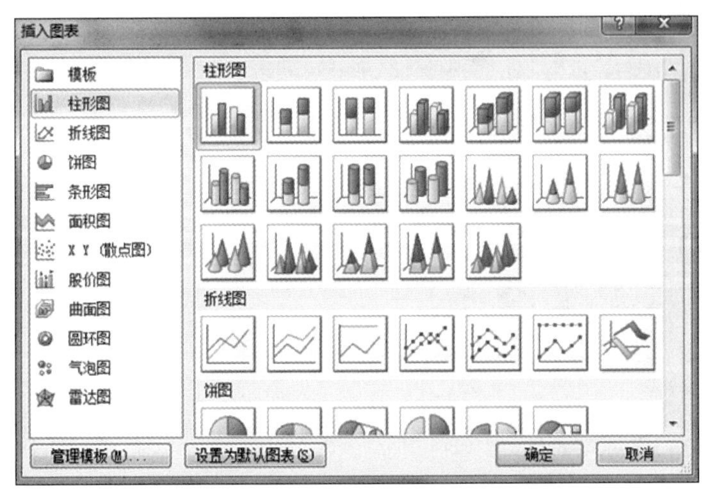

图 5-21 “插入图表”对话框

用户可以对该图表进行编辑，利用鼠标拖动的方法改变图表的大小，移动图表的位置。大小和位置均调整好后，单击图表框以外的区域，图表框消失，出现调整后的新幻灯片。

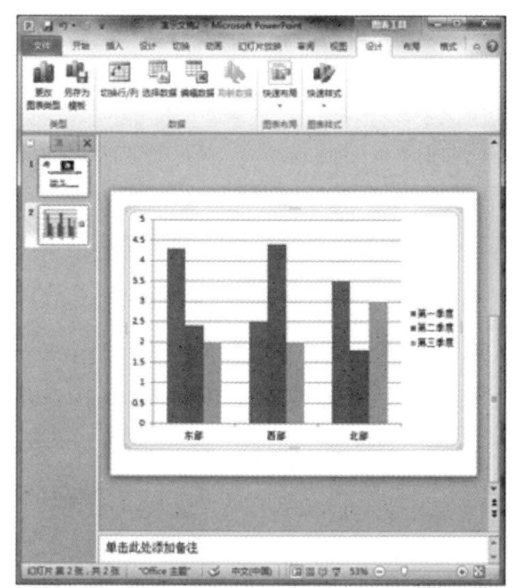

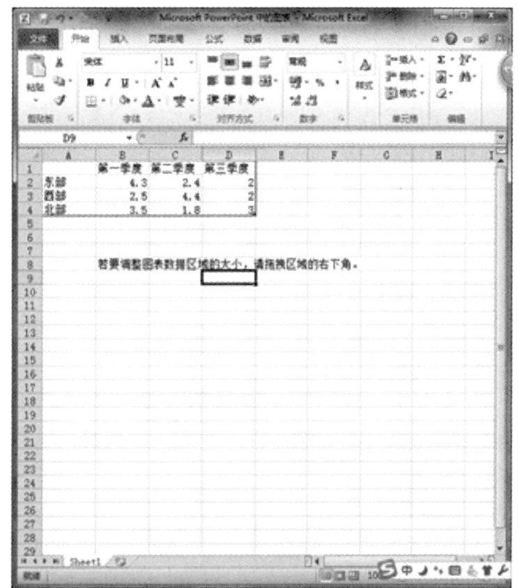

图 5-22　插入图表的屏幕显示

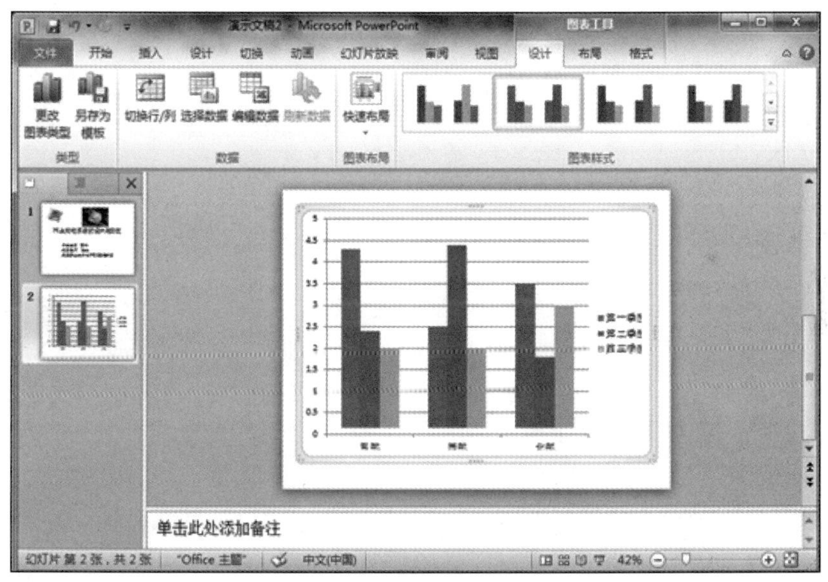

图 5-23　插入图表的幻灯片

3. 插入表格

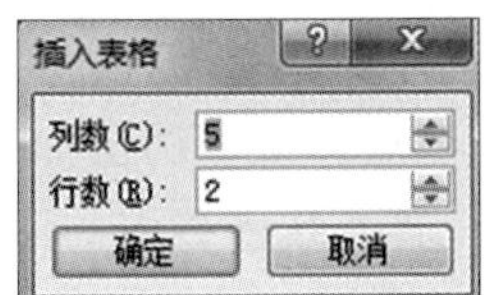

图 5-24　“插入表格”对话框

PowerPoint 2010 有自己的表格制作功能，不必依靠 Word 制作表格，而且其方法与 Word 表格的制作方法一样。具体方法为：执行“插入”选项卡的“表格”组中的“表格”按钮，在弹出的下拉列表中单击“插入表格”，弹出“插入表格”对话框，如图 5-24 所示。在对话框中输入表格的行数、列数，单击“确定”按钮，即插入了表格，如图 5-25 所示。在表格中输入内容即可。拖动表格四周的控点可改变表格大小。拖动表格边框可移动表格位置。

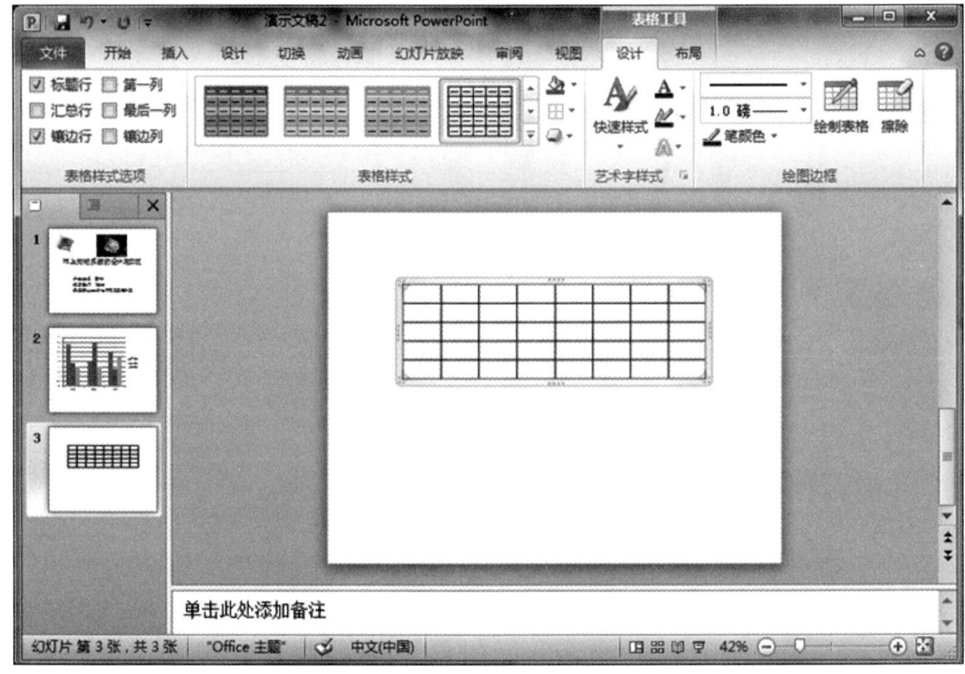

图 5-25　插入表格的幻灯片

4. 插入图形

在幻灯片中加入自己绘制的图形，与插入图片类似。首先在幻灯片普通视图中打开要加入图形的幻灯片，然后利用“插入”选项卡的“插图”组中的“形状”按钮，在打开的列表框(见图 5-26)中选中所需图形，在幻灯片上绘图即可；或者选择“开始”选项卡的“绘图”组中的“形状”列表的小按钮，在出现的列表中选择所需图形，在幻灯片上绘图即可。

【操作实例】 在“毕业论文”演示文稿的幻灯片中插入一个圆角矩形标注。

单击“插入”选项卡的“插图”组中的“形状”按钮，在打开的列表框(见图 5-26)中选择“标注”下的“圆角矩形标注”或者选择“开始”选项卡的“绘图”组中的“形状”列表的小按钮，在出现的列表中选择所需“圆角矩形标注”；当鼠标指针变成“＋”字形后，在幻灯片上拖动鼠标使之出现一个方框，松开鼠标后在幻灯片上即可出现指定的图形，选中该图形，输入“网络用户增长图”即可。插入自选图形效果如图 5-27 所示。

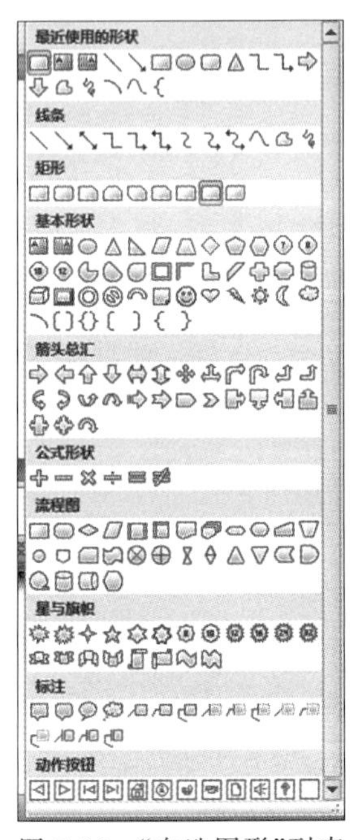

图 5-26　“自选图形”列表

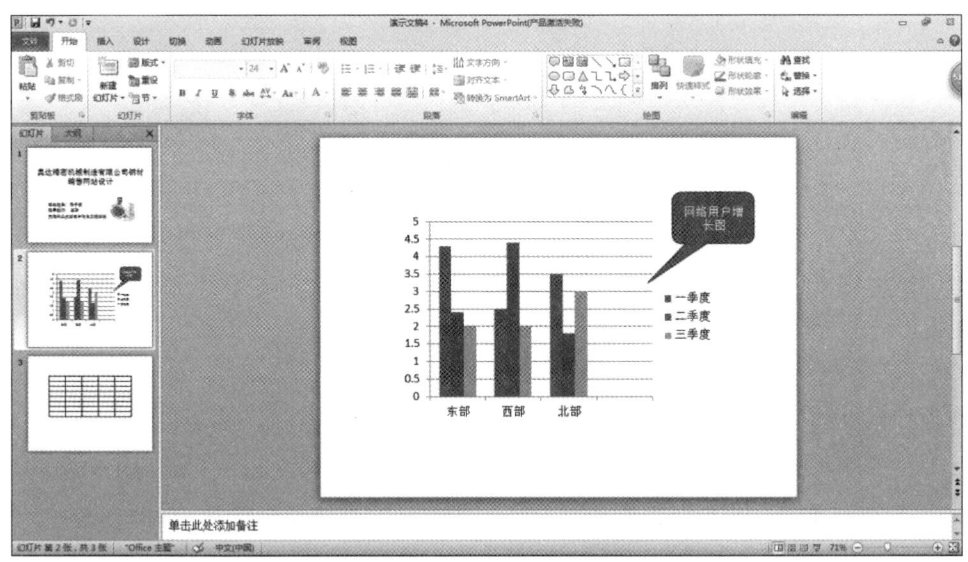

图 5-27 插入自选图形效果

5. 插入艺术字

首先选中要插入艺术字的幻灯片，单击“插入”选项卡的“文本”组中的“艺术字”按钮，在出现的艺术字样式列表中选择一种艺术字样式，此时幻灯片中出现艺术字编辑框，输入艺术字内容即可。

对已创建好的艺术字，可进行进一步的修饰。选择艺术字，单击“绘图工具”的“格式”选项卡的“艺术字样式”组中的“文本填充”按钮，在出现的下拉列表中选择所需颜色，艺术字内部即填充该颜色。

也可以用渐变、图片、纹理填充艺术字，还可以通过“绘图工具”的“格式”选项卡的“艺术字样式”组中的“文本轮廓”按钮的下拉列表调整艺术字轮廓线的颜色；通过该列表的“粗细”命令调整艺术字轮廓线的粗细。

还可以通过“绘图工具”的“格式”选项卡的“艺术字样式”组中的“文本效果”按钮的下拉列表中的各种效果设置艺术字。

5.2.4 其他媒体信息的插入和格式设置

幻灯片图文并茂能使整个演示文稿美观、生动，更具说服力。可以加入图片、声音、影片、自己绘制的图形、艺术字等多媒体对象，增加幻灯片的可视性和生动性。

1. 插入音频

在幻灯片中可插入音频。

【操作实例】 在上例“毕业论文”演示文稿中的最后一张幻灯片中添加一首歌曲。

选取最后一张幻灯片，单击“插入”选项卡的“媒体”组中的“音频”按钮，打开“插入音频”对话框，选取所需声音文件并单击“插入”按钮，如图 5-28 所示，此时幻灯片中出现播放按钮图标。幻灯片播放时，单击该图标按钮即可同时播放该音频。

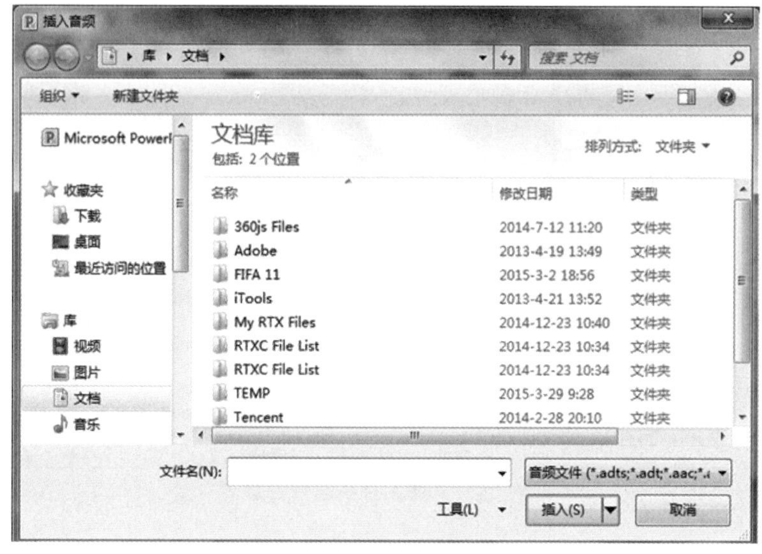

图 5-28 “插入音频”对话框

2. 插入视频

1）插入剪贴画视频

选取要插入影片的幻灯片，单击“插入”选项卡的“媒体”组中的“视频”按钮下的下拉按钮，打开下拉列表框，单击“剪贴画视频…”，在随后出现的任务窗格中选取所需剪贴画视频并插入。

2）插入文件中的视频

单击“插入”选项卡的“媒体”组中的“视频”按钮，打开“插入视频”对话框，选取所需视频文件并单击“插入”按钮。

5.2.5 处理幻灯片

1. 改变幻灯片的顺序

要改变幻灯片的顺序，可以切换到“幻灯片浏览视图”，单击选定的幻灯片将其拖动到新的位置即可。也可以在“普通视图”或者“大纲视图”中将选定幻灯片的图标拖动到新的位置。

2. 删除幻灯片

选定需要删除的幻灯片后，右击该幻灯片，在出现的快捷菜单中单击“删除幻灯片”，或者直接按下 Delete 键。

3. 复制幻灯片

选定幻灯片，右击该幻灯片，在出现的快捷菜单中单击“复制幻灯片”，在被复制的幻灯片的后边出现复制后的幻灯片。

4. 插入幻灯片

1）插入新幻灯片

在“幻灯片/大纲浏览”窗格选择目标幻灯片（新幻灯片将插入该幻灯片之后）。单击“开始”选项卡的“幻灯片”组中的“新建幻灯片”下拉按钮，在弹出的幻灯片版式列表中选择所需版式即可。

也可以右击“幻灯片/大纲浏览”窗格中的目标幻灯片，在弹出的快捷菜单中单击“新建幻灯片”。

2）插入当前幻灯片副本

在“幻灯片/大纲浏览”窗格选择目标幻灯片（复制的幻灯片将插入该幻灯片之后），单击“开始”选项卡的“幻灯片”组中的“新建幻灯片”下拉按钮，出现列表，单击“复制所选幻灯片”即可。

也可以右击“幻灯片/大纲浏览”窗格中的目标幻灯片，在弹出的快捷菜单中单击“复制幻灯片”。

5.3　幻灯片效果的处理

5.3.1　设置幻灯片的背景

用户可以通过对幻灯片的颜色、填充效果的更改，使幻灯片的背景获得不同的效果。此外，用户还可以使用自制的图片作为幻灯片背景。

PowerPoint 2010 的每个主题提供了 12 种背景样式，既可以改变所有幻灯片的背景，也可改变某一张幻灯片的背景。

在幻灯片普通视图下，单击“设计”选项卡的“背景”组中的“背景样式”命令，显示当前主题的 12 种“背景样式”列表，如图 5-29 所示。在该列表中选择一种所需的背景样式，此时演示文稿中的所有幻灯片均改变为所选背景样式。若只应用于部分幻灯片，则先选中这些幻灯片，右击列表中选中的背景样式，在出现的快捷菜单中单击“应用于所选幻灯片”即可。

还可以通过单击“设计”选项卡的“背景”组中的“背景样式”，在出现的快捷菜单中选择“设置背景格式”，在“设置背景格式”对话框中进行自定义背景格式设定。

5.3.2　幻灯片版式

幻灯片版式包含要在幻灯片上显示的全部内容的格式设置、位置和占位符。占位符

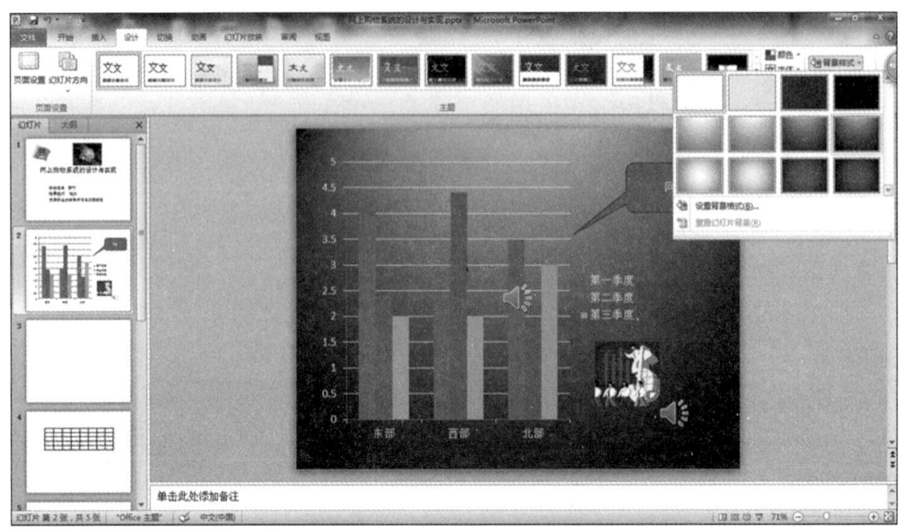

图 5-29 “背景样式”列表

是版式中的容器，可容纳如文本（包括正文文本、项目符号列表和标题）、表格、图表、SmartArt 图形、影片、声音、图片及剪贴画（剪贴画：一张现成的图片，经常以位图或绘图图形的组合形式出现）等内容。PowerPoint 中包含 11 种内置幻灯片版式，也可以创建满足特定需求的自定义版式。

可以通过单击“开始”选项卡的“幻灯片”组中的“版式”按钮，在打开的列表（见图 5-30）中单击所需的幻灯片版式，该版式即应用到当前幻灯片中。

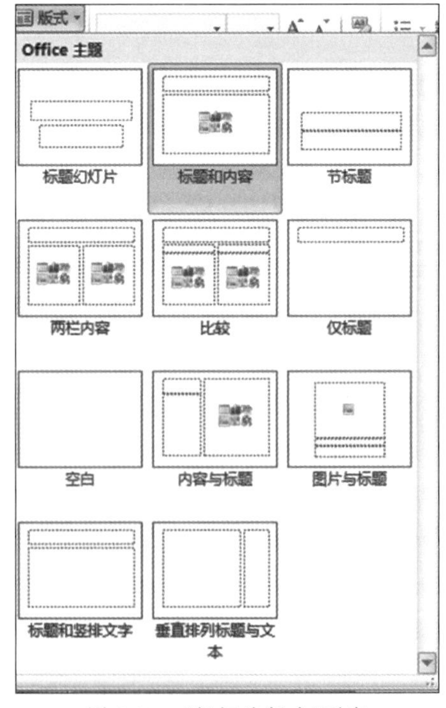

图 5-30 “幻灯片版式”列表

5.4 幻灯片设置

5.4.1 设置幻灯片切换效果

当向一张幻灯片中添加切换效果时，这种效果将在移走屏幕上已有的幻灯片并显示新幻灯片时出现。

【操作实例】 为“毕业论文”演示文稿设置幻灯片切换效果。

切换到幻灯片浏览视图中，选择要设置放映效果的幻灯片；在“切换”选项卡的“切换到此幻灯片”组中单击“切换效果”右下角的小按钮，弹出切换效果列表，如图 5-31 所示，选择所需的切换效果即可。如所有幻灯片均使用这种切换效果，则可单击“计时”组中的“全部应用”。

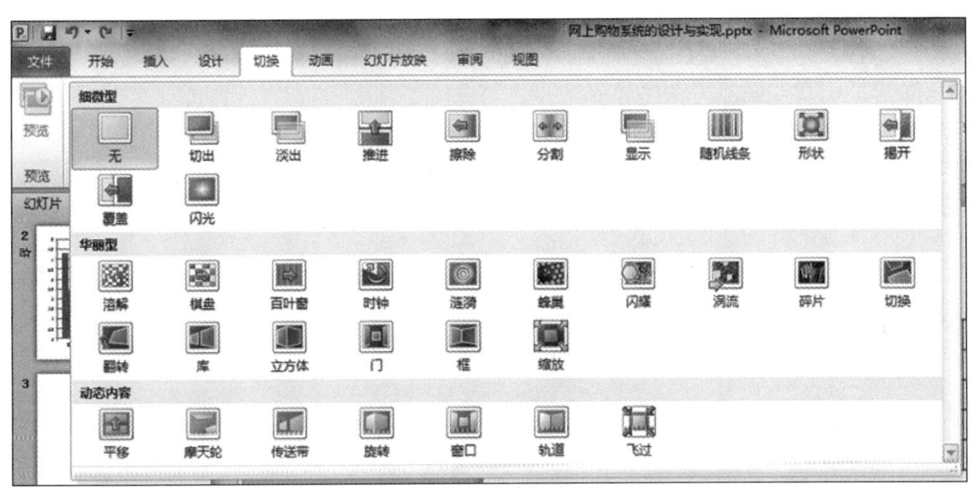

图 5-31 “切换效果”列表

5.4.2 设置动画效果

用户可以为幻灯片上的文本、图片、表格、图表等设置动画效果，将对象一个一个地引入幻灯片中，这样可以重点突出、控制信息流程、提高演示的趣味性。

动画包括 4 类：“进入”“强调”“退出”“动作路径”。

1. 预设动画

【操作实例】 为“毕业论文”演示文稿的第一张幻灯片中的“奥达精密机械制造有限公司钢材销售网站设计”文字进行预设动画“弹跳”效果。

选取“毕业论文”演示文稿中要设置动画的第一张幻灯片，单击“奥达精密机械制造有限公司钢材销售网站设计”文字，然后单击“动画”选项卡的“动画”组中的右下角小按钮，打开“动画效果”列表，如图 5-32 所示，从列表中选择“弹跳”动画效果即可。

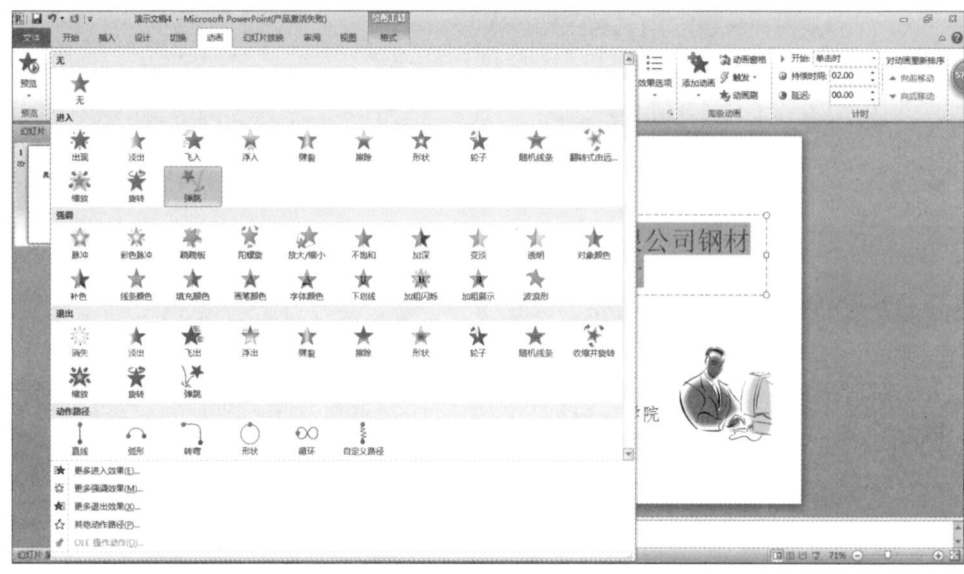

图 5-32　“动画效果”列表

2. 自定义动画

当幻灯片中插入的图片、表格、艺术字等难以区别层次的对象时，可以通过“高级动画”组中的按钮定义幻灯片中各对象的显示顺序和动画效果。

在普通视图中，显示要设计动画内容的幻灯片。选取要设计动画的对象，如图 5-33 所示。

图 5-33　选取要设计动画的对象

单击“动画”选项卡的“高级动画”组中的“动画窗格”按钮，打开“动画窗格”。单击“高级动画”组中的“添加动画”按钮，在打开的动画效果列表中选择要给选中对象添加的动画效果，此时“动画窗格”中会出现该对象并按应用的顺序从上到下排列编号，在幻灯片中设置动画效果的项目上也会出现与列表中对应的序号标记，如图 5-34 所示。

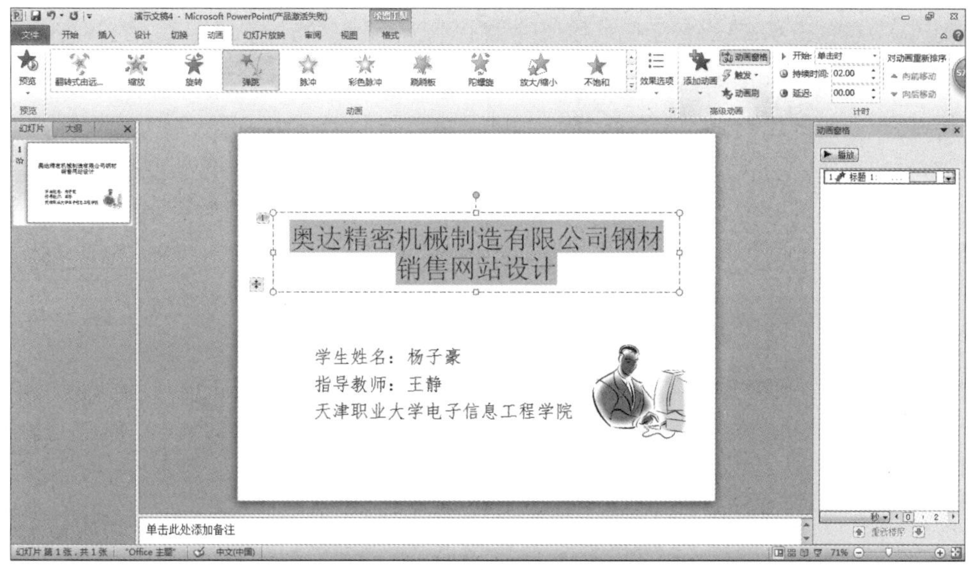

图 5-34 “动画”窗格

可以通过鼠标拖动“动画”窗格中的对象次序改变动画对象的播放顺序。

还可以通过单击“动画”窗格中的对象右侧的下拉按钮，打开下拉列表，在该列表中选择播放方式，如“单击开始”播放、“计时”播放等。

要在演示动画的同时播放声音，以及改变文本动画中的应用动画效果单位，如每次飞入一个字，并出现打字机的声音，可单击选中对象，在“动画窗格”中的下拉列表中选择“效果选项”，在打开的对话框中进行设置，如图 5-35 所示。

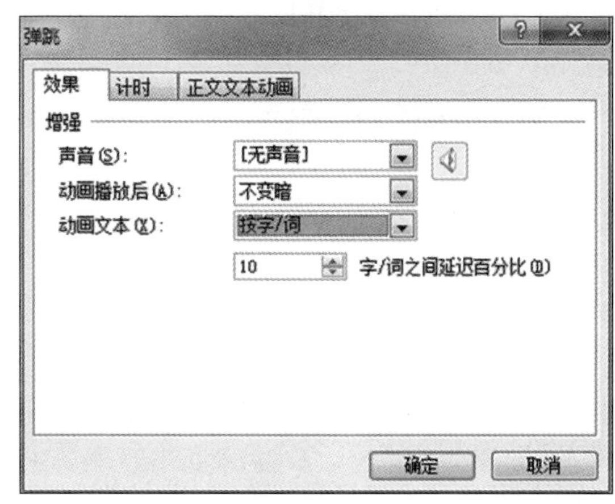

图 5-35 “效果”选项卡及打开的对话框

5.4.3 超链接

利用超链接可以实现与本演示文稿中的其他幻灯片、一个 Word 文档、另一个演示文稿或 Internet 的一个 URL 地址、一个电子邮件地址等之间的跳转。

超链接的建立：

【操作实例】 设置“毕业论文”演示文稿的超链接。

选取建立超链接的第一张幻灯片，选中“标题”文字；选择“插入”选项卡的“链接”组中的“超链接”按钮，出现“插入超链接”对话框，如图 5-36 所示；在对话框中指定链接的目的位置为本文档中的位置，展开幻灯片标题，选择第 4 张幻灯片“致谢”；单击“确定”按钮完成操作。

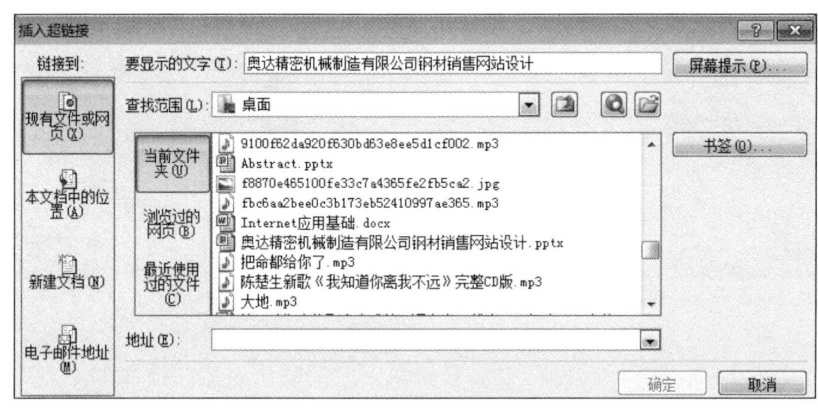

图 5-36 “插入超链接”对话框

删除超链接：

可以选中具有超链接的对象右击，在出现的快捷菜单中单击“取消超链接”。还可以选中具有超链接的对象，选择“插入”选项卡“链接”组中的“超链接”按钮，在出现的“插入超链接”对话框中单击“删除超链接”按钮。

5.4.4 动作按钮

PowerPoint 2010 提供了一组动作按钮，包含常见的形状。可以将动作按钮添加到演示文稿中，这些按钮都是预定义好的，如“开始”“结束”“下一张”等。

【操作实例】 为“毕业论文”演示文稿设置动作按钮。

选中“毕业论文”演示文稿的第二张幻灯片，单击“插入”选项卡的“插图”组中的“形状”按钮，在打开的列表最下方的“动作按钮”组选择所需的按钮图形（见图 5-37），其中包括 12 种已经定义好的按钮。单击“前进”或“下一项”按钮，鼠标指针变成“十”字形。在幻灯片的选定位置上单击，所选的动作按钮将出现在指定位置，同时弹出“动作设置”对话框，如图 5-38 所示。“动作设置”对话框中已经预设了按钮的链接方式，如不需改变，单击

"确定"按钮即可。

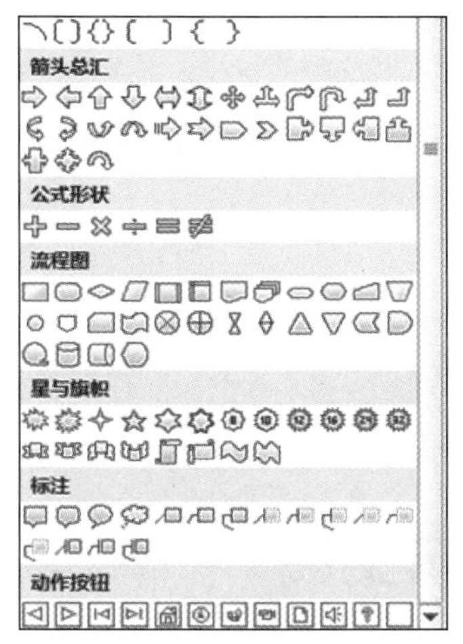

图 5-37 "动作按钮"列表

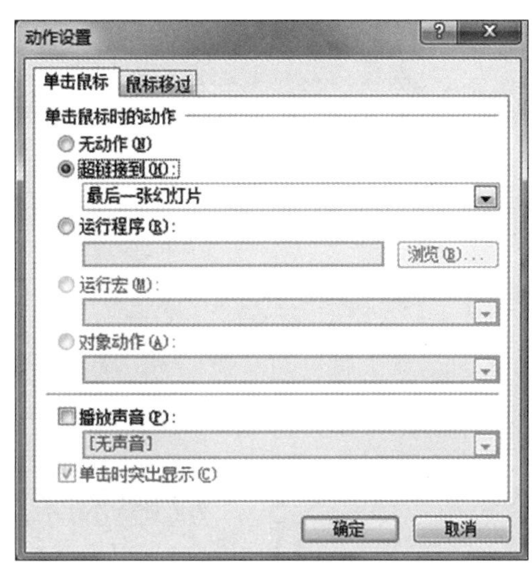

图 5-38 "动作设置"对话框

5.4.5 创建自定义放映

自定义放映功能是建立一个临时放映组合,即将不同的幻灯片组合起来并加以命名,形成一个自定义放映。也就是根据已经做好的演示文稿,自己定义放映哪些幻灯片,放映的顺序怎样。

【操作实例】 设置"毕业论文"演示文稿的自定义放映。

操作步骤:

选择"幻灯片放映"选项卡"开始放映幻灯片"组中的"自定义放映幻灯片"按钮;在随后出现的"自定义放映"对话框中(见图 5-39)单击"新建"按钮,出现"定义自定义放映"对话框,如图 5-40 所示;在"幻灯片放映名称"文本框中输入"毕业论文";从"在演示文稿中的幻灯片"列表框中选取需要放映的幻灯片 1、2、4 添加到右侧的列表中;单击"确定"按钮。

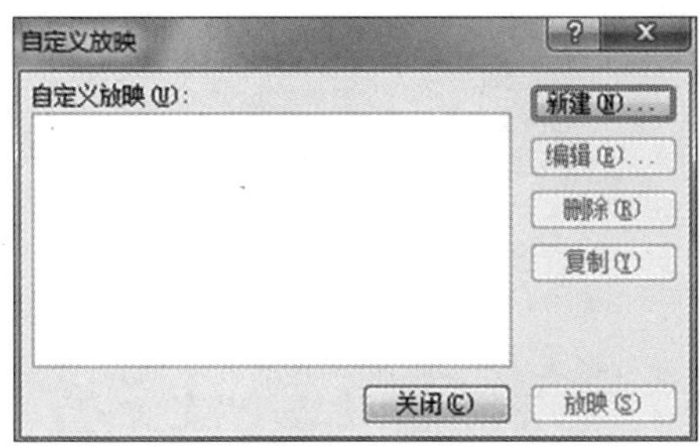

图 5-39 "自定义放映"对话框

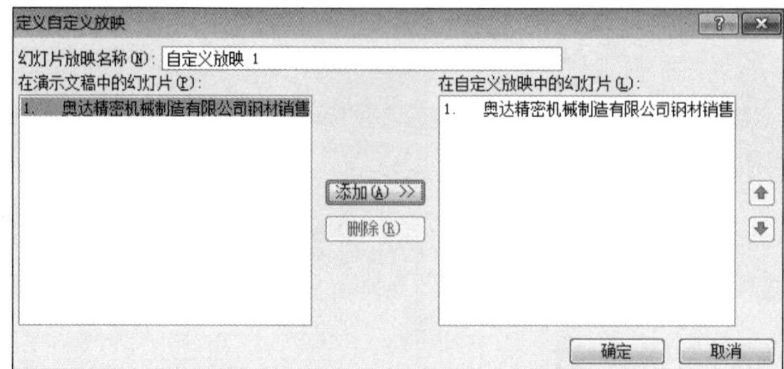

图 5-40 “定义自定义放映”对话框

5.5 放映和打印演示文稿

5.5.1 演示文稿的播放演示

1. 设置放映方式

在幻灯片放映前可以通过“设置放映方式”满足文稿演示者的不同要求。

单击“幻灯片放映”选项卡的“设置”组中的“设置幻灯片放映”按钮，弹出如图 5-41 所示的“设置放映方式”对话框。在该对话框中选择放映类型和需要放映的幻灯片。

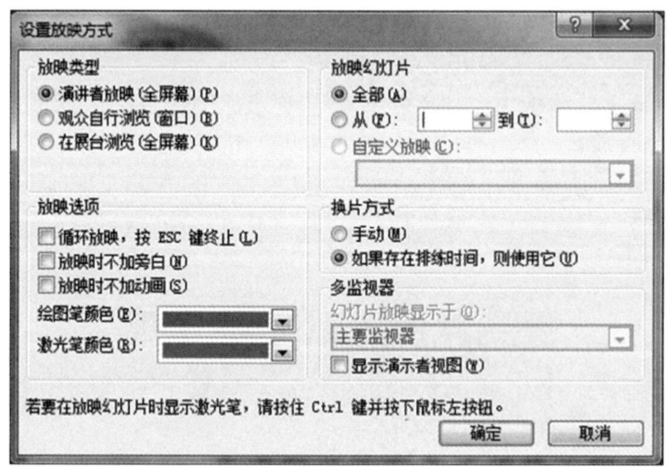

图 5-41 “设置放映方式”对话框

PowerPoint 2010 提供了 3 种不同的放映幻灯片的方式。

1）演讲者放映

以全屏幕方式显示，用此方式放映时，演讲者可以用 PowerPoint 提供的绘图笔在演示时对幻灯片做现场勾画。通过图 5-41 所示对话框下方的“绘图笔颜色”下拉列表框可以设置绘图笔的颜色。

2）观众自行浏览

以窗口形式显示，可利用窗口命令控制放映进程。可通过单击窗口右下方的左、右箭头切换幻灯片到前一张或后一张。单击两箭头之间的“菜单”按钮，弹出放映控制菜单，可利用菜单的“定位至幻灯片”命令快速切换到指定的幻灯片。

3）在展台浏览

以全屏幕形式放映，适用于无人看管的场合。在放映过程中，除保存鼠标指针用于选择屏幕对象外，其余功能全部失效（终止要按 Esc 键）。因为展出不需要现场修改，也不需要提供额外功能，以免破坏演示画面。

2. 启动幻灯片放映

可以执行“幻灯片放映”选项卡的“开始放映幻灯片”组中的“从头开始”按钮，也可以单击屏幕右下方的“幻灯片放映”按钮，还可以按 F5 键。不论采用哪种放映方法，都会从第一张幻灯片开始播放。在幻灯片播放过程中把鼠标移到幻灯片的左下角时，会出现播放控制按钮。在任何位置右击都可弹出控制菜单。

5.5.2 打印输出

除可以演示外，演示文稿还可以打印成教材或资料。可用彩色、灰度或黑白方式打印整个或部分演示文稿的幻灯片、讲义、备注页或大纲视图，并可以为打印的每页讲义、备注页或大纲视图添加页眉和页脚。

1. 页面设置

页面设置是设置幻灯片大小、摆放方向、编码等信息，这些信息在打印时起重要的作用。其操作步骤为

单击“设计”选项卡的“页面设置”组中的“页面设置”按钮，在“页面设置”对话框（见图 5-42）中对以下几项进行设置。

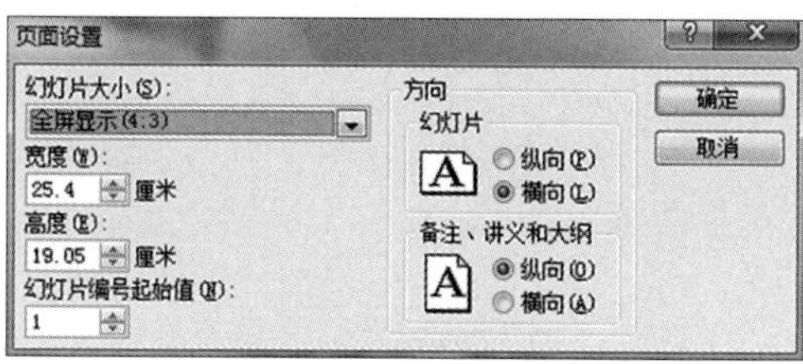

图 5-42 “页面设置”对话框

（1）设置幻灯片大小。在此项设置中可以选择幻灯片大小。

（2）设置幻灯片编号起始值。在此项中可以重新设置幻灯片的起始值。幻灯片默认

的编号起始值是“1”。

(3) 设置打印方向。可以设置幻灯片的打印方向和备注、讲义、大纲的打印方向。

2. 打印页面

单击“文件”选项卡，在左侧的列表中单击“打印”，在窗口中间的“打印”设置项中可以设置打印机、打印范围、打印内容、打印份数等参数，如图 5-43 所示。

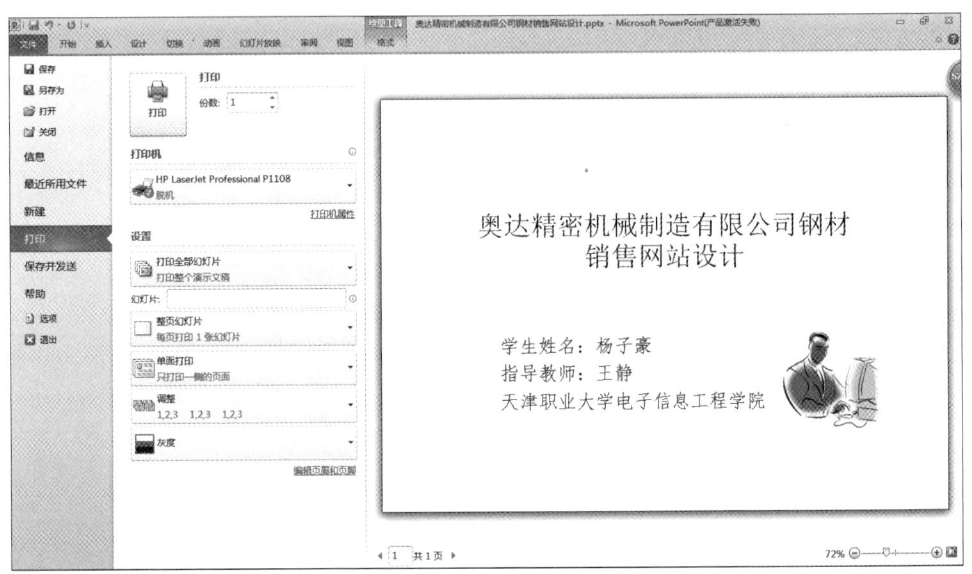

图 5-43 “打印”界面

打印讲义、备注页或大纲的方法如下：

在“页面设置”对话框中设置讲义、备注页和大纲的打印方向；单击“文件”选项卡的“打印”命令，在“打印”页面单击“整页幻灯片”后的下拉按钮，打开列表框，从中选择打印“讲义”“备注页”或“大纲”。如果选择打印“讲义”，那么还可以设置每页幻灯片数；如果幻灯片设置了颜色、图案，为了打印清晰，应勾选“纯黑白”复选框；单击“打印”按钮开始打印。

5.5.3 打包及解包

许多情况下，用户需要外出演示自己的幻灯片，有时会遇到对方的计算机内没有安装 PowerPoint 2010 软件或安装的版本低，而造成无法播放的情况。针对这种情况，可以将演示文稿“打包”解决。使用 PowerPoint“打包”操作可以将演示文稿所需的所有文件和字体以及 PowerPoint 播放器打包到其他外存储器或其他位置，然后到另一台计算机上进行解包，即使这台计算机上没有安装 PowerPoint 2010，也能够进行幻灯片放映。

1. 打包演示文稿

PowerPoint 2010 提供了“打包”工具，它可以将演示文稿和它所链接的声音、影片、文件等组合在一起，成为一个包。经过打包后的 PowerPoint 文稿可由 U 盘或光盘携带，演示时在任何一台 Windows 操作系统的机器中简单安装一下就可以正常放映，不必在乎对方的计算机里是否安装了 PowerPoint 2010 应用程序。

打包演示文稿的操作步骤如下。

打开要打包的演示文稿，执行“文件”选项卡的“保存并发送”命令。单击“将演示文稿打包成 CD”，之后单击“打包成 CD”按钮，弹出一个如图 5-44 所示的“打包成 CD”对话框，在该对话框中单击“选项”按钮，弹出如图 5-45 所示的“选项”对话框。勾选需要的复选项后单击“确定”按钮，返回图 5-44 所示的对话框。如果计算机配有刻录机，则单击“复制到 CD”按钮，否则单击“复制到文件夹”按钮，弹出如图 5-46 所示的“复制到文件夹”对话框。单击“浏览”按钮，弹出如图 5-47 所示的“选择位置”对话框。选择存放位置，单击“选择”按钮，程序开始打包，打包完成后返回图 5-44 所示的对话框。单击“关闭”按钮，退出打包程序。

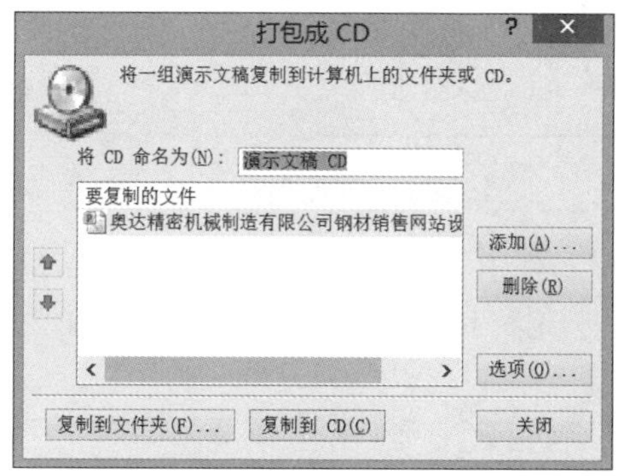

图 5-44 “打包成 CD”对话框

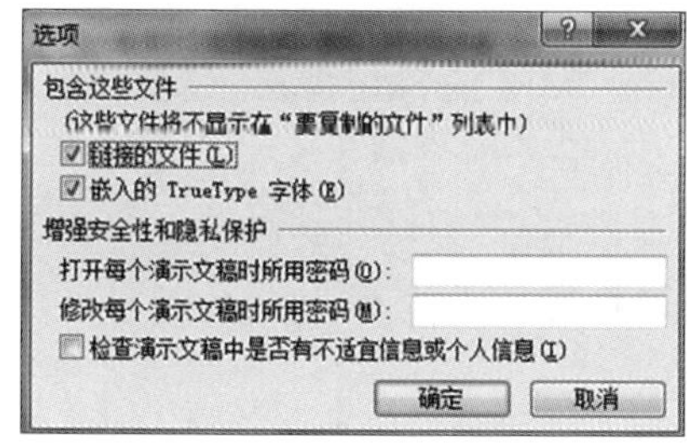

图 5-45 “选项”对话框

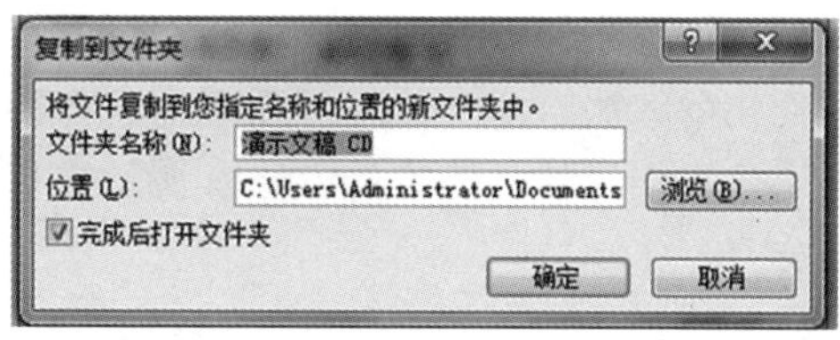

图 5-46 “复制到文件夹”对话框

2. 解开演示文稿包

已经打包的演示文稿在异地计算机上必须解开压缩(解包)，才能进行演示放映。在另一台计算机上解开已打包的演示文稿，可进行下述操作。

将打包文件复制到该计算机硬盘的某个文件夹中。在打包文件夹中打开 PresentationPackage 子文件夹，在联网情况下双击该文件夹中的 PresentationPackage.html 文件，在打开的网页上单击 Download Viewer 按钮。下载 PowerPoint 播放器

图 5-47 “选择位置”对话框

PowerPoint Viewer.exe 文件并安装。运行 PowerPoint 播放器，弹出 Microsoft PowerPoint Viewer 对话框，定位到打包文件夹，选择演示文稿文件，单击“打开”按钮即可播放。

本章小结

本章介绍了演示文稿和幻灯片的概念，PowerPoint 2010 的常用操作，包括主要的视图，即普通视图、幻灯片浏览视图和幻灯片放映视图；介绍了创建演示文稿以及幻灯片修饰和美化的方法，设计模板、母版和配色方案的使用方法，设置幻灯片动画效果的方法；还介绍了建立多媒体幻灯片的方法及演示文稿的打包等操作方法。

习　题　5

一、判断题

1. 背景用于设置每张幻灯片的预设内容和格式。（　　）
2. 在幻灯片中出现的虚线框称为占位符。（　　）
3. 在 PowerPoint 的各种视图模式中，能够以全屏幕方式显示幻灯片的是“幻灯片视图”。（　　）
4. 在 PowerPoint 的备注页视图可以为幻灯片添加备注信息。（　　）

5. 要删除多张不连续的幻灯片,可以按住 Ctrl 键的同时单击要删除的幻灯片。
( )

6. 设置好演示文稿放映效果后,演示文稿就可以自动播放演示了。 ( )

二、选择题

1. 为所有幻灯片设置统一的、特有的外观风格,应使用( )。
   A. 母版 B. 配色方案 C. 自动版式 D. 幻灯片切换
2. 在 PowerPoint 中,若想设置幻灯片中对象的动画效果,应选择( )。
   A. 普通幻灯片视图 B. 幻灯片浏览视图
   C. 幻灯片放映视图 D. 以上均可
3. 在大纲视图中,只是显示文稿的( )内容。
   A. 备注幻灯片 B. 图片
   C. 幻灯片 D. 文本
4. PowerPoint 2010 演示文稿的默认文件扩展名是( )。
   A. .pptx B. .dbf C. .dotx D. .ppz
5. 编辑幻灯片内容时,首先应( )。
   A. 选择编辑对象 B. 选择"幻灯片浏览视图"
   C. 选择工具栏按钮 D. 选择"编辑"菜单
6. 在"空白幻灯片"中不可以直接插入( )对象。
   A. 文本框 B. 图片 C. 文本 D. 艺术字
7. 在幻灯片"动作设置"对话框中设置的超链接,其对象不可以是( )。
   A. 下一张幻灯片 B. 上一张幻灯片
   C. 其他演示文稿 D. 幻灯片中的某一对象

三、操作题

制作一个精美的演示文稿,介绍一下你自己。

要求:(1) 至少 5 张幻灯片。

(2) 需要用到的知识点如下:

- 艺术字;
- 图片;
- 在演示文稿中插入超链接;
- 背景音乐;
- 动画效果和幻灯片切换效果。

第6章 Internet应用基础

知识目标	能力目标
1. 计算机网络的相关概念 2. Internet的概念及发展状况 3. TCP/IP 4. IE浏览器的功能 5. 电子邮件的相关协议	1. Internet的接入 2. IE浏览器的使用 3. 电子邮件的收发 4. 电子邮箱的使用管理

6.1 计算机网络概述

计算机网络技术是通信技术和计算机技术相结合的产物，通信技术的进步和计算机技术的进步都推动了网络技术的进一步发展。

6.1.1 计算机网络的概念

从用户的角度，计算机网络是指分布在不同地理位置上的具有独立功能的多个计算机系统，通过通信设备和通信线路相互连接起来，在网络软件的管理下实现资源共享的系统。

从计算机网络技术的角度，计算机网络是指把地理位置上分散的计算机应用系统连接在一起，组成功能强大的计算机网络，从而达到资源共享、分布处理和相互通信等目的。

计算机网络可以理解为一种信息处理系统，是一种使分布于不同地理位置的计算机系统、终端设备以及各种数字通信渠道互联在一起，形成彼此协作的综合信息处理系统。数据共享和信息交换（通信）是计算机网络的主要功能和特点。

计算机网络是计算机应用的最高形式，充分体现了信息传输与分配手段和信息处理手段的有机联系。从系统功能角度看，计算机网络主要由资源子网和通信子网两部分组成。资源子网主要包括联网的计算机、终端、外部设备、网络协议及网络软件等。它的主要任务是收集、存储和处理信息，为用户提供网络服务和资源共享功能等。通信子网就是把各站点互相连接起来的数据通信系统，主要包括通信线路（即传输介质）、网络连接设备（如通信控制处理器）、网络协议和通信控制软件等。它的主要任务是连接网上的计算机，完成数据的传输、交换和通信。

6.1.2 计算机网络的演变与发展

计算机网络的发展大致经历了 4 个阶段。

第一阶段：具有通信功能的单机系统。

20 世纪 50 年代初期，计算机网络概念还没有出现。20 世纪 50 年代后期，分时系统的产生和出现，使得主机系统资源可能通过远程终端进行访问，代表是美国在 20 世纪 50 年代末使用的半自动地面防空系统(SAGE)。工作原理：将一台计算机经通信线路与若干终端直接相连。它把远距离的雷达和其他测量控制设备的信息通过线路送到一台旋风型计算机进行处理和控制，首次实现了计算机技术与通信技术的结合。

这一时期的计算机网络结构是：计算机——通信线路——终端。计算机网络是面向终端的计算机网络，用户端不具备数据存储和处理能力。

第二阶段：具有通信功能的多机系统。

20 世纪 60 年代初，面向终端的多机互连系统得到很大的发展。美国建成的全国性航空公司飞机订票系统(TYMNET)在 60 个城市设有终端，除商用外，还可在所有终端检索医药图书馆的资料。1968 年投入运行的美国通用电气公司的信息服务网络(GE 网)，其主计算机与 7 个中心集中器连接(16 个中央集中器)，每个集中器又分别与分布在 23 个地区的 75 个远程集中器相连，形成当时世界最大的商业数据处理网。工作原理：由于单机系统的主机负担过重，所以在主机和通信线路之间设置了通信控制处理机(CCP)或前端处理机(FEP)。

这一时期的计算机网络结构是：主计算机——前端机——高速通信线路——集中器——低速通信线路——终端。计算机网络主要强调了网络的整体性，用户不仅可以共享主机的资源，而且还可以共享其他用户的软、硬件资源。

第三阶段：计算机—计算机网络(通信—计算机网络)。

20 世纪 60 年代中期发展起来的美国国防部高级研究计划局，1969 年建成的 ARPANET(阿帕网)是计算机—计算机网络的典型代表。起初只由 4 台计算机连接而成，1971 年发展到 15 台计算机，1975 年已将 100 台不同型号的大型计算机连于网内，ARPANET 成为第一个完善实现分布式资源共享的网络，为计算机网络的发展奠定了基础。

这一时期的计算机网络结构是：主机——公共网——主机。计算机网络是若干台计算机互连的系统，即利用通信线路将多台计算机连接起来，在计算机之间进行通信。

第四阶段：局域网的兴起和分布式计算机的发展。

局域网是继远程网之后发展起来的，它继承了远程网的分组交换技术和计算机的 I/O 总线结构技术。很明显，远程网技术不能全部适用于局域网。于是，分布式计算对计算机网络的发展起到了决定性影响。20 世纪 80 年代至今，分布式计算大致经历了 3 个阶段：桌上计算、工作组计算、网络计算。进入 20 世纪 90 年代，随着数字通信的出现，计算机网络逐渐具有综合化和高速化的特点。

从计算机网络应用看，网络应用系统将向更宽和更广的方向发展。Internet 信息服务将会得到更大的发展。网上信息浏览、信息交换、资源共享等技术将进一步提高速度、容量及信息安全性。远程会议、远程教学、远程医疗、远程购物等应用将越来越多地融入人们的生活。

6.1.3 计算机网络的体系结构

计算机之间要进行通信,必须采用相同的信息交换规则。在计算机网络中,用于规定信息的格式以及如何发送和接收信息的一套规则称为网络协议或通信协议。

为了减少网络协议设计的复杂性,网络设计者并不是设计一个单一、巨大的协议为所有形式的通信规定完整的细节,而是采用把通信问题划分为许多个小问题,然后为每个小问题设计一个单独的协议的方法。这样做使得每个协议的设计、分析、编码和测试都比较容易。分层模型(layering model)是一种用于开发网络协议的设计方法。

1977 年,国际标准化组织(ISO)提出的"开放系统互联参考模型"(简称 OSI 参考模型)将计算机网络的体系结构分成 7 层,从低到高依次为物理层、数据链路层、网络层、运输层、会话层、表示层和应用层。其中 1～3 层直接与通信子网连接,称为低层,4～7 层称为高层,即用户应用层为最高层,物理层为最低层,如图 6-1 所示。OSI 参考模型规定了相邻层之间互相传递信息的接口关系——层间服务;同层内,通信双方要遵守约定和规则——层内协议。

应用层
表示层
会话层
运输层
网络层
数据链路层
物理层

图 6-1 OSI 参考模型

1. 物理层

物理层(physical layer)的任务是提供网络连接的物理特性以及负责物理连接的激活、维持和去除,完成无结构数据流传输(在不同的物理设备上传输数据流),进行物理层的管理。

2. 数据链路层

数据链路层(data link layer)的任务是提供网络层实体间传送数据的功能(建立和释放数据链路),监测和校正物理链接的差错(链路管理、帧同步、流量控制、差错检测)。

3. 网络层

网络层(network layer)的任务是选择合适的路由和交互结点,以透明地向目的站交付发送站发送的分组或包;负责网络连接的建立、维护、多路复用、释放等。

4. 传输层

传输层(transport layer)的任务是提供传送连接的建立、维护和拆除功能,完成系统间可靠的数据传输。它是计算机通信体系结构中的关键一层。信息传送的单位是报文。报文较长时由网络层进行分组。

5. 会话层

会话层(session layer)提供与面向通信的各层的逻辑用户的接口,提供会话的建立、维护和约束功能,完成交互式会话管理。

6. 表示层

表示层(presentation layer)的主要任务是解决用户信息的语法表示问题。用户借助表示层不必考虑对方的某些特性,只注重与交流信息的本身,完成数据转换、格式化和文本压缩。表示层还承担对传递信息的加密、解密任务。

7. 应用层

应用层(application layer)的任务是确定进程之间通信的性质,以满足用户的需求,并提供网络用户服务,如网络管理、事件处理等。

6.1.4 计算机网络的分类

计算机网络的种类繁多,性能各异,根据不同的分类原则,可以有各种不同的分类方法。

- 按网络的覆盖范围分类:局域网、城域网、广域网。
- 按网络结构分类:以太网和令牌环网。
- 按传输介质分类:有线网、光纤网、无线网。
- 按信息交换方式分类:电路交换网、分组交换网、综合交换网。
- 按网络拓扑结构分类:星形网、树形网、环形网和总线网。
- 按传输宽带分类:基带网和宽带网。

1. 按网络的覆盖范围分类

1) 局域网

局域网(Local Area Network,LAN),一般限定在较小的区域内,如一个学校、工厂和机关内(小于10km的范围),通常采用有线的方式连接起来。将外部设备和数据库等互相连接起来组成的计算机通信网可以通过数据通信网或专用数据电路,与远方的局域网、数据库或处理中心连接,构成一个大范围的信息处理系统。

2) 城域网

城域网(Metropolis Area Network,MAN),规模局限在一座城市的范围内,10~100km的区域,是一种介于局域网与广域网之间,覆盖一个城市的地理范围,用来将同一区域内的多个局域网互连起来的中等范围的计算机网络。城域网属宽带局域网,一个重要用途是用作骨干网,通过它将位于同一城市内不同地点的主机、数据库,以及LAN等互相连接起来。

3) 广域网

广域网(Wide Area Network,WAN)也称远程网,通常跨接很大的物理范围,覆盖的范围从几十千米到几千千米，它能连接多个城市或国家（地区），或横跨几个洲，并能提供远距离通信，形成国际性的远程网络。网络跨越国界、洲界，甚至全球范围。广域网的典型代表是 Internet。

目前，局域网和广域网是网络的热点。局域网是组成其他两种类型网络的基础。城域网一般都加入了广域网。

2. 按网络结构分类

1）以太网

以太网（ethernet）是目前使用最广泛的局域网，采用共享总线型传输媒体方式。以太网对计算机网络的发展起着重要的作用，它以使用方便、价格低廉、高性能成为现有局域网采用的最通用的通信协议标准。

2）令牌环网

令牌环网（token ring）主要用于大型局域网和广域网的主干部分。它使用的操作系统大多为 UNIX。令牌环网的组建和管理非常麻烦，只有专业人员才能胜任。

3. 按传输介质分类

1）有线网

有线网是同轴电缆和双绞线连接的计算机网络。同轴电缆网是常见的一种连网方式。它比较经济，安装较便利，传输率和抗干扰能力一般，传输距离较短。双绞线网是目前最常见的连网方式。它价格便宜，安装方便，但易受干扰，传输率较低，传输距离比同轴电缆要短。

2）光纤网

光纤网也是有线网的一种，但由于其特殊性而单独列出。光纤网采用光导纤维作传输介质。光纤传输距离长，传输率高，可达数千兆位每秒，抗干扰性强。因为光纤的基本成分是石英，只传光，不导电，不受电磁场的作用，在其中传输的光信号不受电磁场的影响，故光纤传输对电磁干扰、工业干扰有很强的抵御能力。也正因为如此，在光纤中传输的信号不易被窃听，因而利于保密。不过，其价格较高，且需要高水平的安装技术。

3）无线网

无线网采用空气作传输介质，用电磁波作为载体传输数据。

6.1.5 计算机网络的拓扑结构

计算机网络的拓扑（topology）结构是指网络中通信线路和站点（计算机或设备）的几何排列形式。它是解释一个网络物理布局的形式图，主要用来反映各个模块之间的结构关系。它影响整个网络的设计、功能、可靠性和通信费用等方面，是研究计算机网络的主要环节之一。主要的拓扑结构有星形拓扑、总线型拓扑、环形拓扑、树形拓扑、混合型。

1. 星形结构

星形结构是一种以中央结点为中心，结点到结点之间以双绞线或同轴电缆作连接线路，如图 6-2 所示。这种结构适用于局域网。

优点：结构简单、易于实现、便于管理，通常以集线器(hub)作为中央结点，便于维护和管理。

缺点：中心结点是全网络的可靠瓶颈。中心结点出现故障，会导致网络瘫痪。

2. 总线型结构

总线型结构是用一条电缆作为公共总线，将网络中的所有设备通过相应的硬件接口直接连接到公共总线上，结点之间按广播方式通信，一个结点发出的信息，总线上的其他结点均可接收。总线型结构是局域网常采用的拓扑结构，如图 6-3 所示。

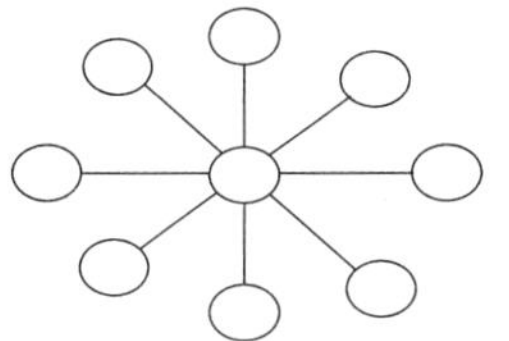

图 6-2　星形拓扑结构

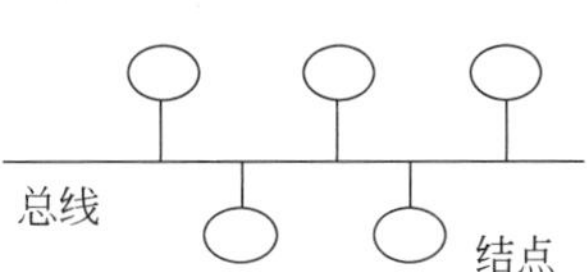

图 6-3　总线型拓扑结构

优点：结构简单，布线容易，可靠性较高，易于扩充或拆卸。

缺点：所有数据都需经过总线传送，总线任务重，易产生瓶颈问题。出现故障诊断较困难，总线自身发生故障时可以导致系统崩溃。最著名的总线型拓扑结构是以太网。

3. 环形结构

环形结构是结点通过点到点通信线路连接成闭合回路，环中数据只能单向传输，信息在每台设备上的延时时间是固定的，特别适合实时控制的局域网系统，如图 6-4 所示。

优点：结构简单，控制简便，结构对称性好，传输效率高，适合使用光纤。

缺点：环网中的每个结点均成为网络可靠性的瓶颈，环中任何一个结点出现线路故障，都有可能造成网络瘫痪。另外，环形结构故障诊断也较困难。令牌环网是最著名的环形拓扑结构网络。

4. 树形结构

树形结构是一种层次结构，结点按层次连接，信息交换主要在上、下结点之间进行，同层结点之间一般不进行数据交换，如图 6-5 所示。

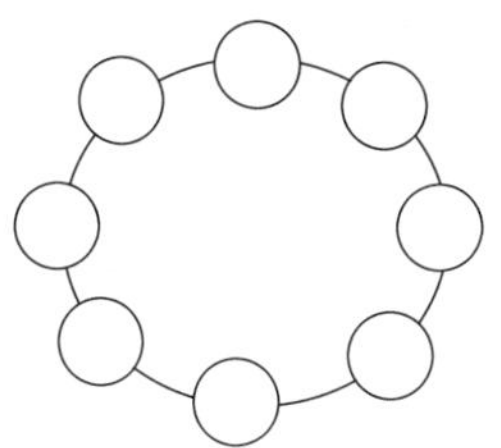

图 6-4　环形拓扑结构

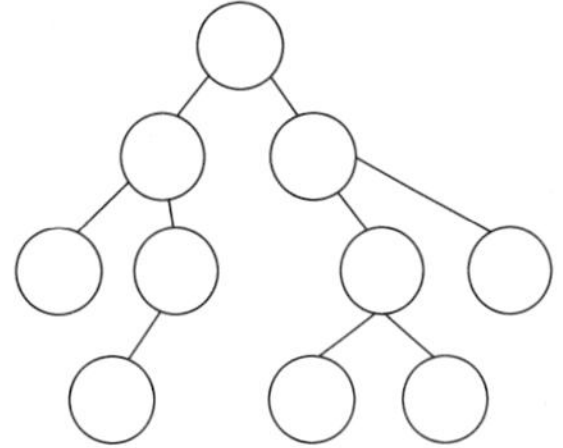

图 6-5　树形拓扑结构

优点：容易扩展，故障容易分离处理。

缺点：对根的依赖性很大，根发生故障时整个系统会崩溃。

5. 混合型结构

混合型结构是两种或两种以上的拓扑结构同时使用。

优点：可以对网络的基本拓扑取长补短。

缺点：网络配置挂包那里难度大。

6.1.6 计算机网络的组成

计算机网络是由多台计算机（或其他计算机网络设备）通过传输介质和软件物理（或逻辑）连接在一起组成的。构建一个网络不仅需要计算机硬件和通信设备，还需要计算机网络软件进行配置和管理。

1. 网络的硬件

计算机网络系统的硬件主要由计算机（服务器、工作站）、互连设备（接入、互连）和传输介质构成。

1）网卡

网卡又称为通信适配器或网络适配器，是局域网中连接计算机和传输介质的接口。计算机局域网中，如果计算机没有网卡，将不能和其他计算机通信。

网卡插在计算机主板插槽中，负责将用户要传递的数据转换为网络上其他设备能够识别的格式，然后通过网络介质传输。它的主要技术参数为带宽、总线方式、电气接口方式等。它的基本功能为：从并行到串行的数据转换、包的装配和拆装、网络存取控制、数据缓存和网络信号。目前主要是 8 位和 16 位网卡。日常使用的网卡都是以太网网卡。按其传输速度分，网卡可分为 10M 网卡、10/100M 自适应网卡以及千兆（1000M）网卡。如果只是作为一般用途，比较适合使用 10M 网卡和 10/100M 自适应网卡。如果应用于服务器等产品领域，就要选择千兆级网卡。

2）传输介质

传输介质是在网络中传输信息的载体。常用的传输介质分为有线传输介质和无线传输介质两大类。有线传输介质是指在两个通信设备之间实现的物理连接部分，它能将信号从一方传输到另一方。有线传输介质主要有双绞线、同轴电缆和光纤。无线传输介质是指在两个通信设备之间不使用任何物理连接，而是通过空间传输的一种技术。无线传输介质主要有红外线、激光微波通信、卫星通信等。不同的传输介质，其不同的特性对网络中的数据通信质量和通信速度有较大影响。

3）服务器

服务器（Server）是指一个管理资源并为用户提供服务的计算机软件，通常分为文件服务器、数据库服务器和应用程序服务器。运行以上软件的计算机或计算机系统也被称为服务器。相对普通计算机来说，服务器在稳定性、安全性、性能等方面都要求更高，因此

CPU、芯片组、内存、磁盘系统、网络等硬件和普通计算机有所不同。

4）客户机

客户机(Client)是连接服务器的独立计算机，一般是微机担任。客户机使用服务器共享的文件、打印机和其他资源，每个客户机都运行在它自己的、并为服务器所认可的操作系统环境中。

5）中继器

中继器(Repeater)是 OSI 模型网络物理层上的连接设备，适用于完全相同的两类网络的互联，主要功能是通过对数据信号的重新发送或者转发，扩大网络传输的距离。中继器是对信号进行再生和还原的网络设备。

6）集线器

集线器的英文为 Hub，即“中心”的意思，如图 6-6 所示。集线器的主要功能是：对接收到的信号进行再生整形放大，以扩大网络的传输距离，同时把所有结点集中在以它为中心的结点上。它工作于 OSI 模型第一层——物理层。集线器与网卡、网线等传输介质一样，属于局域网中的基础设备，采用广播方式发送。当它向某结点发送数据时，不是直接把数据发送到目的结点，而是把数据包发送到与集线器相连的所有结点。

7）交换机

交换机(Switch)最主要的功能是数据交换，是一种用于电信号转发的网络设备，如图 6-7 所示。它可以为接入交换机的任意两个网络结点提供独享的电信号通路，即采用全双工的传输方式，用于多对多的连接，和集线器一对多的连接方式相比，增加了通信的保密性，在两点之间通信时，对第三方完全屏蔽。它工作在 OSI 模型的第 2 层——数据链路层。最常见的交换机是以太网交换机。

图 6-6　集线器

图 6-7　交换机

8）网络互连设备

(1) 调制解调器。

调制解调器 MODEM 是调制器和解调器的合称，提供网络设备与电信通路的接口。调制是把计算机输出的数字信号转换为模拟信号。经过调制后的信号可通过电话线路进行传输；解调是把模拟信号转换为数字信号的过程，经过解调后的信号可从电话线路传输到计算机中。当通过电话线路拨号上网时，需要使用调制解调器。目前常用的 MODEM 速率是 56kb/s，如图 6-8 所示。

图 6-8　调制解调器

(2) 网桥。

网桥是用于连接两个或更多个局域网的网络互连设备。网桥将同种类型的局域网连接，将一个网的帧格式转换为另一个网的帧格式，并对网络数据的流通进行管理。它工作于数据链路层，不但能扩展网络的距离或范围，而且可提高网络的性能、可靠性和安全性。网桥可分为本地网桥和远程网桥，如图 6-9 所示。

（3）路由器。

路由器是互联网络的枢纽，实现多个网络设备互连，如图 6-10 所示。它具有判断网络地址、选择路径、数据转发和数据过滤的功能。路由器实现网络层上数据包的存储转发，它具有路径选择功能。可依据网络当前的拓扑结构，选择“最佳”路径，把接收到的数据包转发出去，从而实现网络负载平衡，减少网络拥塞。一个路由器可以连接两个局域网、一个局域网和一个广域网，或两个局域网。路由器的功能可以由硬件实现，也可以由软件实现。

图 6-9　网桥

图 6-10　路由器

（4）网关。

网关具有路由器的全部功能，可连接两个不同协议或结构的网络，在使用不同的通信协议、数据格式或语言，甚至体系结构完全不同的两种系统之间，网关是一个翻译器。与网桥只是简单传达信息不同，网关要对收到的信息重新打包，以满足目的系统的需求。同时，网关也可以提供过滤和安全功能。网关实质上是一个网络通向其他网络的 IP 地址。

2. 网络系统的配置

在整个计算机网络中，网络操作系统能够完成任务管理、资源管理与任务分配。通过主机界面，网络操作系统能够帮助用户对网络中的资源进行有效利用和开发，对网络中的设备进行存取访问。与此同时，网络操作系统还支持多个用户间的通信。

1）网络操作系统

网络操作系统（Network Operating System，NOS）是网络用户与计算机之间的接口，其任务是支持网络的通信及资源共享。网络用户则通过网络操作系统请求网络服务。

（1）UNIX 网络操作系统。

UNIX 网络操作系统是主流操作系统。一般采用 UNIX 系统，主要是必须运行相应的软件，如客户/服务器模式的数据库银行系统等。

（2）Novell 网络操作系统。

Novell 网络操作系统（Netware）：其目录服务功能是以单一逻辑方式访问所有网络服务和资源的技术，用户只登录一次即可访问全部服务和资源，其主要缺点是在其上运行的软件均须设计成可加载模块方式，编程困难，同时，价格相对较高。

（3）Microsoft 网络操作系统。

Microsoft 网络操作系统（Windows NT）：价格低、应用服务功能强、安全性好、内含软件丰富，但其文件服务功能不如 Netware 强大，占用服务器资源多。

2）网络的组建

网络的组建方式有对等网和非对等网。

（1）对等网。

对等网采用分散管理的方式，网络中的每台计算机既能作为客户机，又可作为服务器工作，每个用户都管理自己机器上的资源。“对等网”也称“工作组网”，是通过域控制的，没有“域”，只有“工作组”。对等网络中的各台计算机有相同的功能，无主从之分，网上任意结点计算机既可以作为网络服务器，为其他计算机提供资源；也可以作为工作站，以分享其他服务器的资源。任一台计算机均可同时兼作服务器和工作站，也可只作其中之一。同时，对等网除可以共享文件外，还可以共享打印机。对等网上的打印机可被网络上的任一结点使用，如同使用本地打印机一样方便。因为对等网不需要专门的服务器做网络支持，也不需要其他组件提高网络的性能。

（2）非对等网。

非对等网由服务器和工作站组成。服务器的基本任务是处理各个网络工作站提交的请求，同时为共享外部设备提供服务。工作站是网络中具有独立运行功能，能够接收网络服务器控制和管理，共享网络资源的计算机。

6.2 Internet 概述

Internet 是全球最大的、开放的、由众多网络互联而成的计算机互联网，它连接各种各样的计算机系统和计算机网络，不论是微型计算机，还是大/中型计算机，不论是局域网，还是广域网，不管它们在世界上什么地方，只要都遵循 TCP/IP，就可以连入 Internet。

6.2.1 Internet 的基本概念

Internet 是英文 International（国际的）与 Network（网络）的派生词，中文译为“因特网”，也称为“国际互联网”或“互联网”。

Internet 没有一个严格的定义，它的发展基本上是自由的，国外专家认为 Internet 是一个没有国家、没有警察、没有领袖的网络空间，并称为“赛柏空间”（cyberspace），即受计算机控制的空间。

简单地说，Internet 是计算机网络的网络，又称为网间网。

从网络通信的角度看，Internet 是一个以 TCP/IP 协议簇连接各国和各地区的计算机网络的数据通信网。从信息资源的角度看，Internet 是一个含有社会各部门、各领域的多种信息资源，可供全球各地区用户使用的信息资源网。可从以下 3 个方面给 Internet 下定义。

（1）Internet 是一个基于 TCP/IP 协议簇的国际计算机互联网络。

（2）Internet 是所有可访问和可利用的信息资源的集合。

（3）Internet 是一个世界各地网络用户的团体，用户使用网络资源，同时也为网络提供新的信息资源。

Internet是全球最大的、开放的、由众多网络互联而成的计算机互联网，意味着全世界采用开放系统协议的计算机构能互相通信。狭义地说，Internet是指上述网中所有采用IP的网络互联的集合，TCP/IP的分组可通过路由选择实现相互传输，它也可称为IP Internet。目前该网已注册有近百万个采用IP的网络。广义地说，Internet指IP，Internet加上所有能通过路由选择至目的站的网络，包括使用电子邮件等应用层网关的网络、各种存储转发的网络以及采用非IP的网络互联的集合。

6.2.2 Internet的发展

Internet的发展史大致可以分为3个阶段。

第一个阶段：Internet的起源——ARPANET（“阿帕网”）

从某种意义上说，Internet是美苏冷战的产物，它的来源可以追溯到1962年。当时，美国国防部为了保证美国本土防卫力量和海外防御武装在受到苏联第一次核打击以后仍然具有一定的生存和反击能力，认为有必要设计出一种分散的指挥系统：它由多个分散的指挥点组成，当部分指挥点被摧毁后，其他指挥点仍能正常工作，并且在这些点之间，能够绕过被摧毁的指挥点而继续保持联系。为了对这一构思进行验证，1969年，美国国防部高级研究计划署（DARPA）资助建立了一个名为ARPANET（即“阿帕网”）的网络，这个网络把位于洛杉矶的加利福尼亚大学，位于芭芭拉的加利福尼亚大学、斯坦福大学，以及位于盐湖城的犹他州州立大学的计算机主机连接起来，位于各个结点的大型计算机采用分组交换技术，通过专门的通信交换机（IMP）和专门的通信线路连接。这个阿帕网主要用于军事目的，它具有以下特点：

（1）采用分组交换技术；

（2）采用分层的网络通信技术；

（3）采用通信控制处理机；

（4）支持资源共享；

（5）采用分布式控制技术。

1971年9月，ARPANET已初具规模。ARPANET在技术上的另一个重要贡献是TCP/IP协议簇的开发和使用。

第二个阶段：TCP/IP对Internet的发展起的作用

因为Internet是由不同类型的计算机网络组成的，而在不同的网络间传输或连接（这里指的是软件或程序，“虚拟”的连接），要依靠协议完成，所以TCP/IP的变迁对Internet的发展起着至关重要的作用。

1972年，全世界的计算机业和通信业的专家在美国华盛顿举行了第一届国际计算机通信会议，就不同计算机网络之间进行通信达成协议，会议成立了Internet工作小组，负责建立一种能保证不同类型的计算机之间进行通信的标准规范，即“计算机通信协议”。

1973年，美国国防部开始研究如何实现各种不同网络之间互相通信的问题。

1974 年，TCP/IP 面世，随后不久，美国国防部向全世界无条件地免费提供 TCP/IP，即向全世界公布解决计算机网络之间通信的核心技术。TCP/IP 和新技术的公布导致 Internet 的发展。

1980 年，为了将使用 TCP/IP 之外的各种类型的网络联结起来，美国人温顿·瑟夫(Vinton Cerf)提出一个设想：在每个网络内部各自使用自己的通信协议，在和其他不同类型的网络通信时使用 TCP/IP。这个建议最终导致 Internet 的诞生，并确立了 TCP/IP 在网络互连方面不可动摇的权威地位。

1980 年，ARPA 投资把 TCP/IP 加进 UNIX(BSD 4.1 版本)的内核中，在 BSD 4.2 版本以后，TCP/IP 成为 UNIX 操作系统的标准通信模块。

1982 年，Internet 由 ARPANET、MILNET 等几个计算机网络合并而成。ARPANET 作为 Internet 的早期骨干网，为 Internet 的存在和发展奠定了基础，较好地解决了异种机网络互联的一系列理论和技术问题。

1983 年，ARPANET 分裂为两部分：ARPANET 和纯军事用的 MILNET。当年 1 月，ARPA 把 TCP/IP 作为 ARPANET 的标准协议，其后人们称呼这个以 ARPANET 为主干网的国际互联网为 Internet。

第三个阶段：Internet 主干网的形成——NSFNET 的形成

20 世纪 70 年代末，美国一大批科学家呼吁实现全美的计算机和网络资源的共享，以改进教育和科研领域的基础设施建设，抵御欧洲和日本先进教育和科技进步的挑战和竞争。

20 世纪 80 年代中期，美国国家科学基金会鼓励各大学和研究机构共享他们非常昂贵的 4 台计算机主机，希望各大学、研究所的计算机与这 4 台巨型计算机连接起来。最初，NSF 曾试图使用 DARPANET 作 NSF 的通信干线，但由于 DARPANETD 的军用性质，并且受控于政府机构，最终 NSF 计划受挫。之后，他们决定自己出资，利用 ARPANET 发展出的 TCP/IP 通信协议建立名为 NSFNET 的广域网。

1985 年，NSF 启动 NSFNET 计划，投资在美国普林斯顿大学、匹兹堡大学、加州大学圣地亚哥分校、伊利诺斯大学和康奈尔大学建立 5 个超级计算中心，并通过 56kb/s 的通信线路连接形成 NSFNET 的雏形。经过一年的努力，NSF 在全国建立了按地区划分的计算机广域网，并将这些地区网络和超级计算中心相连，连接各地区网上主通信结点计算机的高速数据专线构成了 NSFNET 主干网。

1987 年，NSF 公开招标，对于 NSFNET 的升级、运营和管理，结果 IBM、MCI 和由多家大学组成的非营利性机构 Merit 获得 NSF 的合同。

1989 年 9 月，NSFNET 升级为 T1，主干网络通信线路速度提高到 1.544Mb/s，并且负责连接了 3 个骨干点，采用 MCI 提供的通信线路和 IBM 提供的路由设备，Merit 则负责 NSFNET 的运营和管理。

1991 年，NSFNET 再次升级为 T3，网络通信线路速度达 44.736Mb/s。在 NSF 的鼓励和资助下，很多大学、政府资助，甚至私营的研究机构纷纷把自己的局域网并入 NSFNET 中。1986—1991 年，NSFNET 的子网从 100 个迅速增加到 3000 多个，NSFNET 开始取代 ARPANET 成为 Internet 的主干网。

6.2.3 Internet 的组成

Internet 是计算机网络的网络，由许多计算机网互相连接而成。由于目前计算机网络的类型不同，网络之间的连接方式也不同，所以要准确回答 Internet 的组成是困难的，而且 Internet 的组成是随着历史时期的变换而变换的。

早期 Internet 的网络都采用 TCP/IP，连接方式也一样，网络中的所有用户构成一个没有缝隙、没有区别的网络，这个时期 Internet 由加入它的计算机成员网络组成。

后来，由于 Internet 的成功，一些原来不采用 TCP/IP 的网络也开始为客户提供 Internet 服务。它们通过并发异型网络的连接技术把一些不执行 TCP/IP 的网络（如 DECnet 和 USERnet）也同 Internet 连接起来。这种连接设施后来发展成为两个网络之间的完全无转换器。如果转换器采用了从核心实现协议转换的方法，则可以把这些异型网络以及转换器看成 Internet 的组成部分。如果转换器采用的是异型网络外部加转换层的方法，这样的异型网络和转换器就不能算是 Internet 的组成部分。

6.2.4 Internet 归属和管理者

因为 Internet 是一个网络间的网络，所以没有哪个组织或个人拥有整个 Internet。对于 Internet 中每个政府、组织、公司、研究级机构和个人来说，他们仅拥有 Internet 中属于自己的那一部分。它们除了对属于自己的那部分负责外，还要负责它与 Internet 的连接，但对于此外的任何东西，则不需负责了。

Internet 的发展与控制（主要是关于在 Internet 上使用的软件协议和接口）涉及各种组织，下面列出一些代表性的组织。

1. Internet 协会

Internet 协会（Internet Society，ISOC）是由 Internet 专业人员和专家组成的协会，他们致力于调整 Internet 的生存能力和它的规模。ISOC 提供的主要服务之一是开发 Internet 标准与协议，这项工作是他们与其他组织共同合作完成的。ISOC 是一个志愿者组成的成员机构，其目的是利用 Internet 技术提供全世界的信息交换服务。ISOC 每年都要举行一个大型会议——INET 大会，专门对 Internet 的状况进行讨论，如西方发达国家如何帮助发展中国家连到 Internet 以及 Internet 的商业化问题等。

2. Internet 架构委员会

Internet 架构委员会（The Internet Architecture Board，IAB）的正式名称是“Internet 组织委员会”（Internet Activities Board，IAB），它是 ISOC 的技术咨询机构。IAB 是负责做出关于标准和其他重要管理决策的管理机构，并充当与其他 Internet 非技术组织交流的联系人。IAB 监督 Internet 协议的体系结构和发展，提供创建 Internet 标准的步骤，管理“Internet 标准（草案）”（Request for Comments，RFC）文档系列和管理各种已分配的

Internet 号码。IAB 也同其他与 Internet 有关的设计标准和技术发布的组织合作。IAB 有两个主要的附属机构："Internet 工程任务组"(Internet Engineering Task Force, IETF)和"Internet 研究任务委员会"(Internet Research Task Force, IRTF)。

3. Internet 网络信息中心(Internet Network Information Center, InterNIC)

InterNIC 负责 Internet 域名的注册并管理这些域名数据库。这一过程目前可能会有改变。将来可能会有不止一家注册机构。而且,一些有关注册是否需要收费以及由谁管理收费的法律诉讼有待解决。

4. Internet 地址授权机构(Internet Assigned Number Authority, IANA)

IANA 的工作是维护 Internet"网间协议"(Internet Protocol, IP)编号,确保每个域都是唯一的。除了 IP 地址外,IANA 也是一个用于其他的与 Internet 相关的编号和数据的注册中心。IANA 坐落于南加利福尼亚大学的"信息科学学会"(Information Sciences Institute)。

5. WWW 联盟(World Wide Web Consortium, W3C)

W3C 是由商业会员赞助的卖方中立的国际性工业联盟,它同卖方和其他标准机构一起开发与 Web 相关的 Internet 协议,如 HTTP、HTML 和 URL。

6. 标准化组织

一些标准化组织对 Internet 也很有影响,就像他们对计算机工业的其他方面产生的影响一样。它们是国际标准化组织(International Organization for Standardization, ISO)、美国国家标准学会(American National Standards Institute, ANSI)、欧洲计算机制造商协会(European Computer Manufacturers Association, ECMA)、电气和电子工程师协会(Institute of Electrical and Electronics Engineers, IEEE)等。

7. 商业公司

Internet 协议的不断发展除涉及一些标准化组织外,一些公司也很有影响,他们提高了 Internet 在商业上的生命力,如 Microsoft、Netscape、Sun Microsystems 在 Internet 上使用协议和接口方面做了很大的贡献。有时这些协议就是事实上的标准,有时它们保留专利权,有时它们提交给标准化组织。

6.2.5 Internet 在我国的发展状况

1. 我国互联网的发展

Internet 在中国的发展可以追溯到 1986 年。当时,中国科学院等一些科研单位通过国际长途电话拨号到欧洲一些国家,进行国际联机数据库检索。这可以说是我国使用

Internet 的开始。

互联网在中国的发展大致分为两个阶段。

1）第一阶段：1987—1993 年

当时，中国科学院高能所由于核物理研究的需要，与美国斯坦福大学的线性加速器中心一直有广泛的合作关系。随着合作的不断深入，由于数据交流的需要，在 1993 年 3 月，高能所通过卫星通信站租用了一条 64kb/s 的卫星线路与斯坦福大学联网，通过拨号（X.25 协议）实现了电子邮件服务。

2）第二阶段：1994 年开始实现 TCP/IP 连接

2. 我国的四大互联网络

1）中国科学院计算机互联网（CASNET）

中国科学院计算机网络信息中心作为 CASNET 的中心机构，设有中国最高级的域名 cn 服务器，负责二级域名的管理。

2）中国公用计算机互联网（CHINANET）

中国公用计算机互联网由邮电部组建，连接包括 8 个地区网络中心和 31 省市网络分中心的主干网覆盖全国。在北京、上海分别有两条专线作为国际出口接入国际 Internet。

3）中国教育与科研计算机网（CERNET）

CERNET 由国家计委、国家教委于 1994 年出资组建。目前 CERNET 已建成由全国主干网、地区网和校园网在内的三级层次结构网络，连接全国大部分的高校。CERNET 的网控中心在清华大学。

4）中国金桥信息网（CHINAGBN）

CHINAGBN 于 1996 年开始建设，由电子工业部归口管理，覆盖全国 24 个省、市、自治区，是建立金桥工程的业务网，是两个可在全国范围提供 Internet 商业服务的网络之一（另一个是 CHINANET）。其中包括金桥、金卡、金关、金税、金农、金企、金智力、金宏。

我国 Internet 的网络构成如图 6-11 所示。

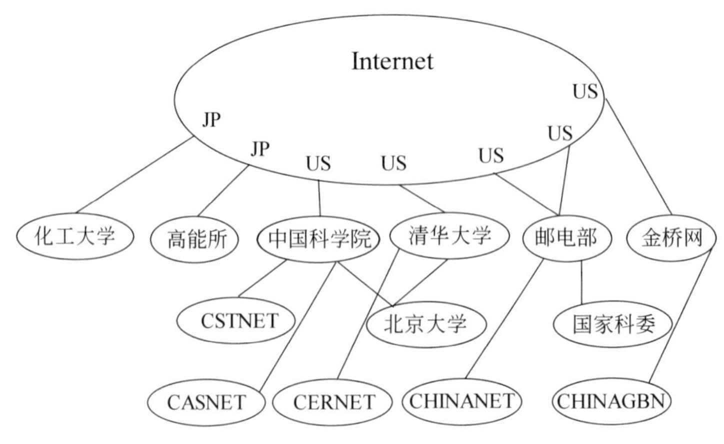

图 6-11　我国 Internet 的网络构成

6.3 Internet 的使用

Internet 专指一个跨越国界范围的世界上最大的互联网。它本身不是一种具体的物理网络技术。

6.3.1 Internet 的服务资源

因特网的迅猛发展为全世界构筑了一条资源共享的信息高速公路。为了充分享用这条公路给人们带来的益处,因特网提供了很多服务资源。

Internet 上有 4 类服务资源:电子邮件(E-mail)、远程登录(Telnet)、文件传输协议(FTP)、信息查找。信息查找中又包括万维网 WWW、专题讨论、菜单式信息查询服务(Gopher)、广域信息服务系统(WAIS)、网络新闻组(Netnews)和电子公告栏(BBS)等。

1. E-mail

E-mail 是 Internet 上使用最广泛的一种服务,是 Internet 最重要、最基本的应用。使用因特网提供的 E-mail 服务实际上不要求用户总是直接和因特网连接。只要找到一个与因特网真正联网并愿意为用户提供因特网信息服务的 Internet 供应商(ISP),用户就可以通过这个机构收发电子邮件。E-mail 具有方便、广泛、廉价与快捷的优点,改变了传统的信件邮寄方式。

2. Telnet

Telnet 是 Internet 上较早提供的服务。用户通过 Telnet 命令使自己的计算机暂时登录为远程计算机的终端,使用远程计算机对用户开放的资源。利用 Telnet,用户可以实时使用远程计算机上对外开放的全部资源,可以查询数据库、检索资料或利用远程计算机完成巨型机才能完成的工作。Telnet 可以使用 DOS 或 UNIX 命令实现,也可以在浏览器中实现,如在地址栏中输入 telnet://center.tjtc.edu.cn。

3. 文件传输协议(FTP)

FTP 是 Internet 文件传输的基础。FTP 使用户能在两台联网的计算机之间传输文件。使用匿名 FTP,用户可以免费获得 Internet 丰富的资源。FTP 由 TCP/IP 的文件传输协议支持,是一种实时联机服务。

4. WWW 服务

WWW 是万维网(World Wide Web)的简称,是基于 Internet 的信息服务系统。它通过超文本方式的信息查找工具,为用户提供具有一定格式的文本和图形,也称为 Web 页的集合。它通过 Internet 将全球的各种媒体信息有机地编制在一起,带来世界范围的超级文本服务。

6.3.2 TCP/IP、IP 地址与域名

1. TCP/IP

TCP/IP 是 TCP(Transmission Control Protocol,传输控制协议)和 IP(Internet Protocol,网间协议)的合称。它定义了一种在计算机网络间传送报文(命令或文件)的标准。

TCP/IP 最初称为"计算机通信协议",是为了保证在不同类型的计算机之间进行通信而制定的标准规范。1974 年,美国国防部向全世界无条件免费提供 TCP/IP,公布解决计算机网络之间通信的核心技术。1980 年,美国人温顿·瑟夫提出:在每个网络内部各自使用自己的通信协议,在和其他不同类型的网络通信时使用 TCP/IP,最终导致它的诞生,从而使 TCP/IP 成为保证在不同计算机网络之间进行通信的协议。

TCP/IP 是互联网络信息交换、规则、规范的集合体。

(1) TCP:规定了对传输信息怎样分层、分组和在线路上传输。

(2) IP:定义了 Internet 上计算机之间的路由选择,把各种不同网络的物理地址转换为 Internet 地址。

2. IP 地址

IP 地址是运行 TCP/IP 的唯一标识。

IP 地址为 4 字节长,也就是由 32 位的二进制数组成。其格式为 4 个用点号分隔的整数,形如 xxx.xxx.xxx.xxx。为了便于阅读,每个 8 位组用十进制数 0～255 表示。IP 地址由两部分组成:网络号+主机号,网络号标识一个网络,其中的某些信息还标识网络的种类;主机号标识这个网络中的一台主机。这种标识方法便于寻址,可先找到网络号,再在该网络中找到计算机的地址。

Internet 中使用的 IP 地址由 Internet 的网络信息中心负责分配网络号,主机号则由申请单位自己负责规划。

3. 域名系统

域名系统也叫域名服务系统,简称 DNS (Domain Name System)。引入 DNS,是为了解决 IP 数字地址难以记忆的问题。其功能有两个方面:一是定义了一套为机器取域名的规则;二是把域名高效率地转换成 IP 地址。DNS 是一个分布式数据库系统,由域名空间、域名服务器和地址转换请求程序组成。DNS 可以将域名空间中定义的域名有效地转换为对应的 IP 地址,而 IP 地址也可通过 DNS 转换为域名。

1) 域名命名规则

域名采用基于"域"的分层次结构命名方案,每层构成一个子域名。子域名之间用点号分隔,自右至左逐渐具体化。域名的表示形式为

主机名.网络名.机构名.最高层域名

在因特网上，域名和IP地址都是唯一的，但并非一一对应。每个域都有各自的域名服务器，它们管辖着注册到该域的所有主机。注册了域名的主机一定有IP地址，但不一定每个IP地址都在本域名服务器中注册域名。

2）域名的命名规定

通常，国家名（或地区）或领域名为最高层域名。由于因特网起源于美国，所以美国的域名没有国家部分。

国家域名：cn 中国　　jp 日本　　u k 英国

常用机构域名：com 商业网　　edu 教育网　　gov 政府机构

mil 军事网　　net 网络机构　　org 机构网

域名实例：

名称	域名	IP地址
清华大学	tsinghua.edu.cn	166.111.250.2
北京大学	pku.edu.cn	162.105.129.30

6.3.3 Internet的接入

将计算机连入Internet，首先要考虑计算机所处的位置。如果是家庭用户，就要向所属地的公共互联网服务提供商（ISP）申请，通过地区的宽带连入Internet；如果是单位或学校的一台计算机，通过局域网就可以连入Internet。

1. 网络服务供应商（Internet Service Provider，ISP）

ISP即向用户综合提供互联网接入业务、信息业务和增值业务的电信运营商。我国有3个ISP：中国电信提供拨号上网、ADSL、1X等；中国移动提供GPRS及EDGE无线上网等；中国联通提供GPRS、W-CDMA无线上网、拨号上网、ADSL等。

2. Internet的接入方式

目前，Internet的接入方式主要有9种。随着通信技术的发展和我国国民经济水平的提高，一些接入方式已逐渐被淘汰，更快、更高效的网络服务逐渐普及。

1）PSTN

PSTN（Published Switched Telephone Network，公共电话交换网）是利用PSTN通过调制解调器拨号实现用户接入的方式。实施的方法容易，费用低廉。只要一条可以连接ISP的电话线和一个账号就可以。但缺点是传输速度低，线路可靠性差。由于最高的速率为56kb/s，已不能满足宽带多媒体信息的传输需求；随着宽带的发展和普及，这种接入方式逐渐被淘汰。

2）ISDN

ISDN（Integrated Service Digital Network，综合业务数字网）接入技术俗称"一线通"，它采用数字传输和数字交换技术将电话、传真、数据、图像等多种业务综合在一个统一的数字网络中进行传输和处理。用户利用一条 ISDN 用户线路既可以上网，又可以使用电话。ISDN 在国内迅速普及，用户采用 ISDN 拨号方式接入，需要申请开户。ISDN 的极限带宽为 128kb/s，从发展趋势看，窄带 ISDN 也不能满足宽带应用。

3）ADSL

ADSL（Asymmetrical Digital Subscriber Line，非对称数字用户环路）是一种能够通过普通电话线提供宽带数据业务的技术。ADSL 方案的最大特点是：不需要改造信号传输线路，完全可以利用普通铜质电话线作为传输介质，配上专用的 Modem 即可实现数据高速传输。ADSL 具有下行速率高、频带宽、性能优、安装方便、不需交纳电话费等特点，是继 Modem、ISDN 之后的又一种高效接入方式。

4）DDN

DDN（Digital Data Network，数字数据网）是随着数据通信业务发展而迅速发展起来的一种新型网络。DDN 的主干网传输媒介有光纤、数字微波、卫星信道等，用户端多使用普通电缆和双绞线。DDN 将数字通信技术、计算机技术、光纤通信技术以及数字交叉连接技术有机地结合在一起，提供了高速度、高质量的通信环境，可以向用户提供点对点、点对多点透明传输的数据专线出租电路，为用户传输数据、图像、声音等信息。DDN 的收费一般采用包月制和计流量制，租用费较贵，不适合社区住户，主要面向集团公司等需要综合运用的单位。

5）VDSL

VDSL 是比 ADSL 更高速的宽带接入技术。有一种基于以太网方式的 VDSL，接入技术使用 QAM（正交振幅调制）方式，它的传输介质也是一对铜线，在 1.5km 范围内能够达到双向对称的 10Mb/s 传输，即达到以太网的速率。这种技术用于宽带运营商社区的接入，可以降低成本。

6）卫星接入

卫星接入适合偏远地方需要较高带宽的用户。卫星用户一般需要安装一个甚小口径终端（VSAT），包括天线和其他接收设备，终端设备和通信费用都比较低。国内一些 Internet 服务提供商已开展了卫星接入 Internet 的业务。

7）光纤接入

光纤接入适用于高速城域网，是一种点对多点的光纤传输和接入技术。光纤可以铺设到用户的路边或者大楼，下行采用广播方式，上行采用时分多址方式，可以灵活地组成树形、星形、总线型等拓扑结构，在光分支点不需要结点设备，只安装一个简单的光分支器即可，具有节省光缆资源、带宽资源共享、节省机房投资、设备安全性高、建网速度快、综合建网成本低等优点。

8）无线接入

由于铺设光纤的费用很高，对于需要宽带接入的用户，一些城市提供无线接入。用户通过高频天线和 ISP 连接。目前，国内大中城市的一些商家向顾客提供免费无线上网服务。

9）Cable-Modem 接入

Cable-Modem（线缆调制解调器）利用有线电视（CATV）网进行数据传输。我国有线电视网遍布全国，很多城市都提供 Cable Modem 接入 Internet 方式。由于有线电视网采用的是模拟传输协议，因此网络需要用一个 Modem 协助完成数字数据的转化。Cable-Modem 的工作方式是共享带宽的，所以有可能在某个时间段出现速率下降的情况。

6.4 IE 浏览器的使用

IE(Internet Explorer)是一种灵活方便的网上浏览器，通过它可以浏览、获取 Internet 上的各种信息。

6.4.1 与网页相关的概念

启动 IE 浏览器后，会进入一个页面。浏览页面，需要了解与页面相关的概念：HTML、HTTP、URL、Homepage(主页)。

1. HTML

HTML(Hyper Text Mark-up Language，超文本标记语言)是用于描述网页文档的一种标记语言。HTML 是一种规范、一种标准，它通过标记符号标记网页中显示的文字、图形、动画、声音、表格、链接等。通过在文本文件中添加标记符，告诉浏览器如何显示这些内容。超文本(Hypertext)是用超链接的方法将各种不同空间的文字信息组织在一起的网状文本。通过这种链接，可以获取与之相连的信息，所以 HTML 被称为超文本标记语言。

2. HTTP

HTTP (HyperText Transfer Protocol，超文本传输协议)是用于客户端和服务器间请求和应答的协议，也是因特网上应用最广泛的一种网络传输协议。最初设计 HTTP 的目的是为了提供一种发布和接收 HTML 页面的方法。所有的 WWW 文件都必须遵守这个协议。

3. URL

URL(Uniform Resource Locator，统一资源定位符)也被称为网页地址。在 WWW 上，每个信息资源都有统一的且在网上唯一的地址，该地址即 URL。

URL 由 3 部分组成：资源类型+存放资源的主机域名+资源文件名。需要指出的是，WWW 上的服务器区分大小写字母，所以要注意正确的 URL 大小写表达形式。

例如，http://www.ccb.com/cn/home/index.html 就是一个 URL 地址。http 表示资源的类型，www.ccb.com 是站点地址，home 表示是该站点的主页，最后是超文本文件 index.html。

URL 地址表示的资源类型：

http　　多媒体资源，由 Web 访问；

FTP　　提供与 Anonymous 文件服务器连接；

Telnet　　与主机建立远程登录连接；

mailto　　提供 E-mail 功能；

WAIS　　广域信息服务；

News　　新闻阅读与专题讨论；

Gopher　　通过 Gopher 访问

4. Homepage 主页

Homepage 页也称首页、主页，是用户打开浏览器时自动打开的一个或多个网页。首页是指一个网站的入口网页，即打开网站后看到的第一个页面。大多数作为首页的文件名是 index、default、main 或 portal 加上扩展名。确切地说，Homepage 是一种用超文本标记语言（描述性语言）将信息组织好，再经过相应的解释器或浏览器翻译出的文字、图像、声音、动画等多种信息的组织方式。在 URL 的地址栏中输入网站的域名时，浏览器会打开网站的首页。

6.4.2　IE 浏览器的使用

1. 启动 IE 浏览器

在 Windows 下，双击桌面上的 IE 图标就可以打开 IE 浏览器窗口，如图 6-12 所示。

图 6-12　IE 浏览器窗口

IE 9 的地址栏和搜索栏是合二为一的，因此既可在此栏中输入网址，也可以输入与网址相关的关键词进行搜索。当在“地址”栏输入要进入的网页的 URL 地址时，会看到该网页，通常是主页，显示在浏览器的窗口中。IE 9 浏览器是选项卡浏览器，其窗口右侧有 3 个按钮，分别是：“主页”按钮、“收藏夹”按钮和“工具”按钮。地址栏左侧有“后退”和“前进”按钮。地址栏右侧有“搜索”按钮、“下拉列表”按钮、“刷新”按钮和“停止”按钮。单击地址栏左侧的“后退”和“前进”按钮，可以返回前一页或进入下一页。单击地址栏右侧的下拉列表按钮，可以看到收藏夹和历史记录。单击“刷新”按钮，可以更新当前显示的网页。在网页上，通常某些文字和图形是有链接的，单击它们可以进入下一级页面。单击“停止”按钮可关闭 IE 浏览器。

2. 用 URL 链接主页

已知某种资源的 URL 地址，在“地址”栏中输入地址，IE 会直接打开该页面。当在“地址”栏输入 URL 地址时，IE 会帮助用户完成该地址的输入。如果输入或单击了错误的地址，IE 会立即搜索相似的 Web 地址，以查找匹配的项目。

3. 保存网页信息

查看 Web 上的网页时，会发现很多有用的信息，这时可以保存整个网页，也可以只保存其中的部分内容。信息保存后，可以在其他文档中使用或作为计算机墙纸在桌面显示。

方法：按 Alt 键打开菜单栏，单击“文件”→“另存为”，在打开的“保存网页”对话框中选择用于保存网页的文件夹，在“文件名”框中输入文件名，在“保存类型”框中选择需要保存的文件类型，单击“保存”按钮即可。

如果要保存网页上的部分信息，可以选定要保存的内容，然后进行复制；启动要保存的程序，通常是一个 Word 文档，在打开的文档中进行粘贴就可以了。

4. 将 Web 页图片作为桌面背景

右击网页上的图片，在弹出的菜单上选择“设置为背景”，也可以选择“设为桌面项”，将图片添加到桌面上。

5. 将网页添加到收藏夹

在“收藏夹”菜单上单击“添加到收藏夹”，出现“添加到收藏夹”对话框，单击“创建到”按钮，会将当前显示的网页存储在制定的文件夹中。单击“确定”按钮，会将该网页的地址保存到“收藏夹”中。这样，一旦忘记了该网页的地址也无妨，下次看此页面，直接单击“收藏”的下拉菜单或打开“收藏夹”即可。

6.4.3 Internet 的资源搜索

Internet 蕴藏着丰富的信息资源，你可以“网上冲浪”，也可以通过搜索引擎找到需要的信息。

1. 搜索引擎

搜索引擎是指收集 Internet 上无数个网页，并对网页中的每个词——关键词进行索引，建立索引数据库的全文搜索引擎。当用户通过关键词查找某项信息时，所有的页面内容中包含了该关键词的网页都将作为搜索结果被索引。经过复杂的算法进行排列后，这些结果将按照与搜索关键词的相关程度由高到低依次排列。搜索引擎并不是搜索互联网，它搜索的是预先整理好的网页索引数据库。常用的搜索引擎有

http://www.baidu.com　　百度搜索引擎
http://www.google.com　　谷歌搜索引擎
http://search.sina.com.cn　　新浪网搜索引擎

2. 搜索引擎的使用

使用搜索引擎通常采用“关键词查询”查找方法，即先打开搜索引擎主页，然后在检索栏内输入关键子串，单击“搜索”按钮。

例如：用百度搜索“计算机”一词，打开如图 6-13 所示的窗口。

图 6-13　百度搜索引擎主页

从图 6-13 中可以看到，现在的搜索引擎很“智慧”，忘记了切换输入法，它会自动翻译，并显示与搜索关键词相关的搜索条目。

现在，“百度”“谷歌”搜索引擎也作为插件，在其他主页上，即使不进入它的网站首页，也可以使用它们，如图 6-14 所示。

图 6-14 使用百度搜索引擎

6.5 电子邮件

电子邮件(E-mail)是因特网中最流行的一种通信方式。它可以通过存储转发的非定时通信方式提供发送邮件、接收邮件、阅读和处理邮件的基本功能。它是通过计算机网络实现与其他用户通信、交流信息的高效、廉价的现代通信手段。

6.5.1 电子邮件及相关概念

1. 电子邮件的概念

电子邮件(Electronic mail,E-mail)又称电子信箱、电子邮政,它是一种用电子手段提供信息交换的通信方式,是 Internet 应用最广的服务。

电子邮件系统又称基于计算机的邮件报文系统,是通信技术和计算机技术结合的产物。电子邮件综合了电话通信和邮政信件的特点,即可以进行一对多的邮件传递,同一邮件可以一次发送给多人。电子邮件的基本原理是:在通信网上设立"电子信箱系统",它实际上是一个计算机系统。用户的计算机上运行电子邮件的客户程序,如 Outlook、Internet 服务提供商的邮件服务器上运行 SMTP(简单邮件传输协议)服务程序和 POP3(邮局协议)服务程序,用户通过建立客户程序与服务程序之间的连接收发电子邮件。用户通过 SMTP 服务器发送电子邮件,通过 POP3 服务器接收邮件。通常,Internet 上的个人用户不能直接接收电子邮件,而是通过申请 ISP 主机的一个电子信箱,由 ISP 主机负责电子邮件的接收。一旦有用户的电子邮件到来,ISP主机就将邮件移到用户的电子信箱内,并通知用户有新邮件。因此,当发送一封电子邮件给另一个客户时,电子邮件首先从用户计算机发送到ISP主机,再到Internet,再到收件人的ISP主机,最后到收件人的个人计算机。

2. 电子邮件的协议

1) SMTP

SMTP采用客户机/服务器模式,由传送代理程序(服务方)和用户代理程序(客户方)两个基本程序协同工作完成ASCII类型的邮件传递。

2) POP

POP是把邮件从电子邮箱中传输到本地计算机的协议。

3) 交互邮件访问协议

交互邮件访问协议(Internet Mail Access Protocol,IMAP)是POP3的一种替代协议。用户不下载邮件正文,就可以看到邮件的标题摘要,从邮件客户端软件就可以对服务器上的邮件和文件夹目录等进行操作。IMAP增强了电子邮件的灵活性,同时也减少了垃圾邮件对本地系统的直接危害,相对节省了用户查看电子邮件的时间。除此之外,IMAP可以记忆用户在脱机状态下对邮件的操作(如移动邮件、删除邮件等)在下一次打开网络连接时会自动执行。

3. E-mail 地址

在Internet上,每个电子邮件用户拥有的电子邮件地址称为E-mail地址,也就是用户为收发电子邮件而建立的电子邮箱的地址,它是提供电子邮件服务的机构为用户建立的。实际上,该机构是在与Internet联网的计算机上为用户分配的一个专门用于存放往来邮件的磁盘存储区域,这个区域由电子邮件系统管理。

E-mail的格式:用户名@主机域名

用户名是用户在主机上使用的用户名,也就是用户账户;@是分隔符;主机域名是邮件服务器的Internet主机名,它包括两部分:用户邮箱所在的电子邮件服务器的主机名和电子邮件服务器所在的域名,如as_21@hotmail.com。如果只是简单地收发收件,而且不需要太大的存储空间,用户可以从网上查找提供免费邮箱的网站,申请即可。

6.5.2 Microsoft Outlook 2010 的使用

Microsoft Outlook 2010是微软公司开发的一个用于收发和管理电子邮件的工具,是应用最广泛的电子邮件软件之一。

1. Microsoft Outlook 2010 的设置

使用Microsoft Outlook 2010前,先对它进行设置,即进行Microsoft Outlook 2010账户设置。设置的内容是注册的网站电子邮箱服务器及账户名和密码等信息。

通过单击桌面任务栏上的“开始”按钮，打开快捷菜单，单击“所有程序”，在打开的下一级子菜单中单击 Microsoft Office，单击列出的组件中的 Microsoft Outlook 2010，启动 Microsoft Outlook 2010。在“文件”选项卡窗口左侧的列表栏中选择“信息”项，窗口中出现“添加账户”按钮，如图 6-15 所示。

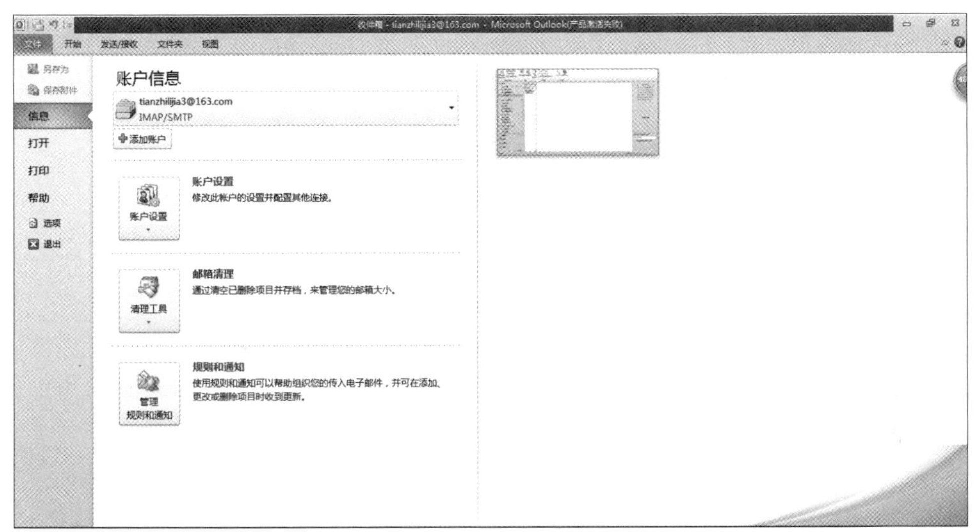

图 6-15　Outlook 账户信息

单击该按钮，打开如图 6-16 所示的“添加新账户”窗口，选中“电子邮件账户”，单击“下一步”按钮。在打开的对话框（见图 6-17）中填写 E-mail 地址和密码等信息后，单击“下一步”按钮，Microsoft Outlook 开始自动连接邮箱服务器，以配置账户，完成配置后显示如图 6-18 所示的窗口信息，单击“完成”按钮即完成账户配置。

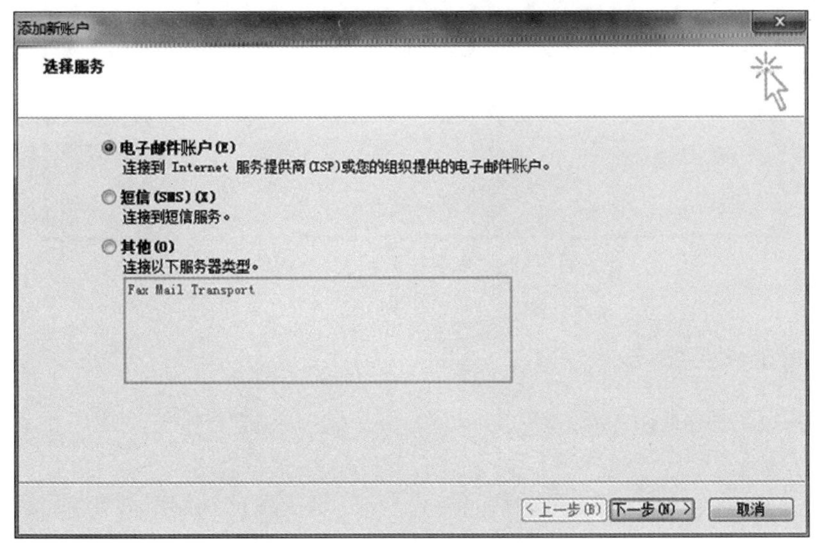

图 6-16　“添加新账户”对话框

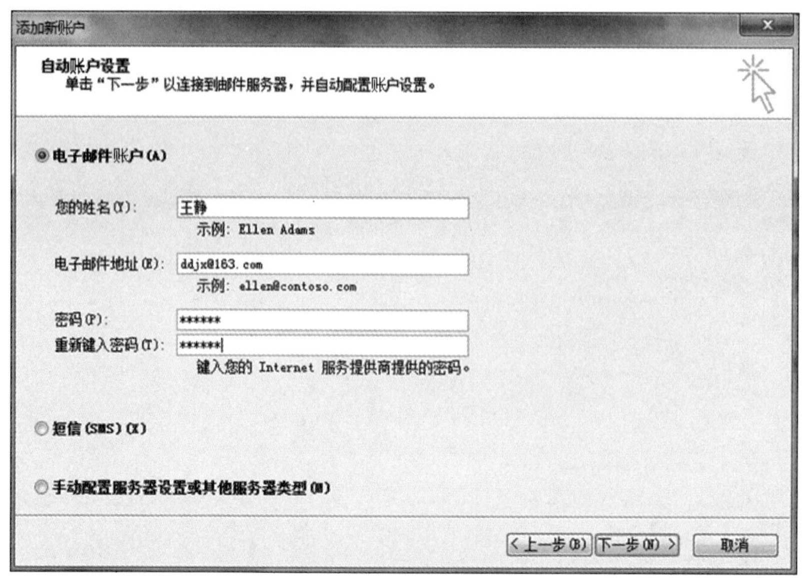

图 6-17 "设置账户信息"对话框

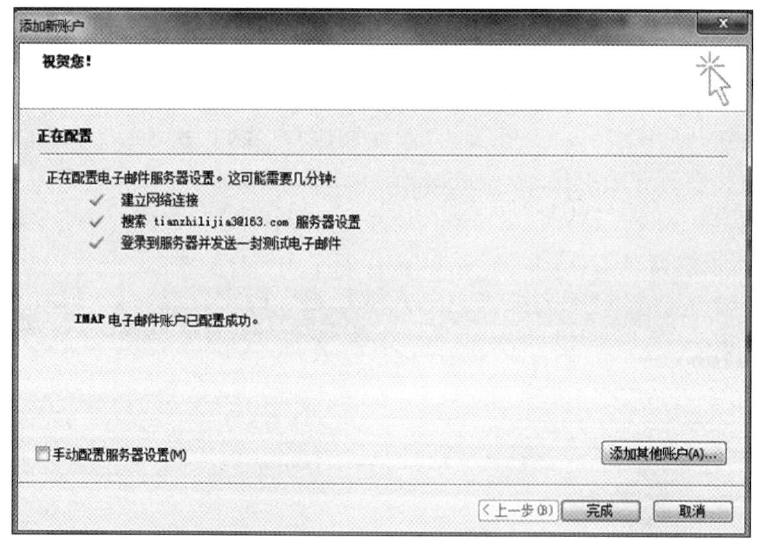

图 6-18 "配置账户成功"对话框

2. 创建邮件与发送

【操作实例】 给王同(ab_12@hotmail.com)发一封电子邮件。邮件标题：开会通知。内容："9:00 开会，准时参加。"

(1) 启动 Microsoft Outlook 2010，单击"开始"选项卡的"新建"组中的"新建电子邮件"按钮，出现"撰写新邮件窗口"，如图 6-19 所示。在"收件人"文本框、"抄送"文本框中输入收件人的电子邮件地址，如有多个收件人，中间可用逗号或分号隔开，或者从地址簿中单击该邮件地址的人名。

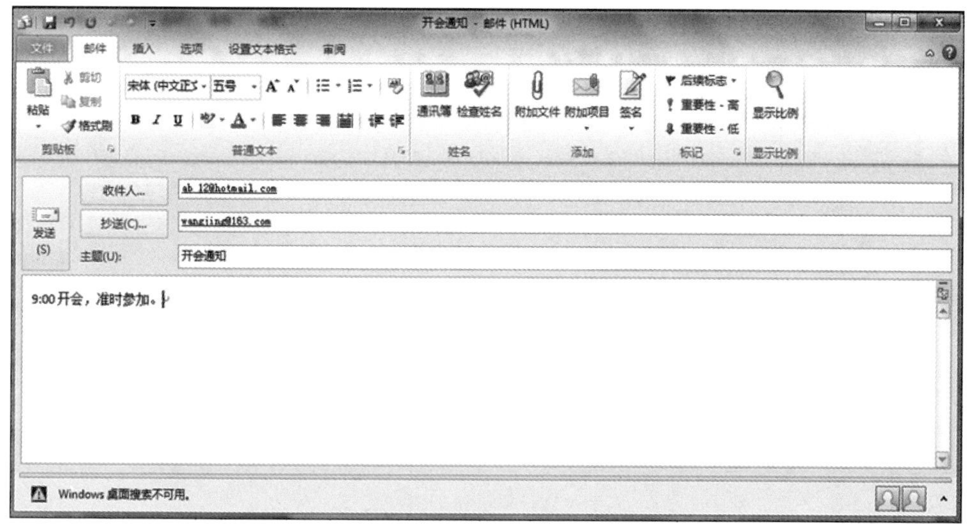

图 6-19　撰写新邮件窗口

(2) 在“主题”文本框中输入该邮件的主题。

(3) 在正文编辑窗格输入邮件正文,用户可以使用“邮件”选项卡的各组中的按钮设置邮件内容的格式,如字号、字体、颜色等(如脱机撰写邮件,则邮件会保存在“发件箱”中,下次连接网络时会自动发出)。

(4) 单击“发送”按钮,即可发送邮件到收件人。

3. 插入附件

如需发送其他文件(如 Word 文档、照片、程序等),可以使用电子邮件的附件一起发送。单击“插入”选项卡的“添加”组中的“附件文件”按钮,在打开的“插入文件”对话框(见图 6-20)中选择要插入的文件,然后单击“插入”按钮,将该文件当作附件插入当前编辑的电子邮件中。插入附件后,在撰写新邮件窗口的邮件头中将会增加一行“附件”文本框,该文本框中列出了当前附加的附件名称及大小,如图 6-21 所示。

4. 阅读邮件

接收到新邮件后,单击 Microsoft Outlook 2010 窗口中的“收件箱”文件夹,在邮件列表窗格中单击想要阅读的邮件,就可以在下面的邮件预览窗格中阅读该邮件。在邮件列表窗格中双击想要阅读的邮件,将打开单独的窗口浏览该邮件。

5. 邮件的管理

1) 分拣邮件

分拣邮件可以帮助用户更有效地处理邮件。根据邮件分拣规则,Microsoft Outlook 2010 接收到的邮件自动分类并放入不同的文件夹中,创建邮件分拣规则,选择“开始”选项卡的“移动”组中的“规则”按钮的下拉菜单中的“创建规则”命令。

图 6-20 “插入文件”对话框

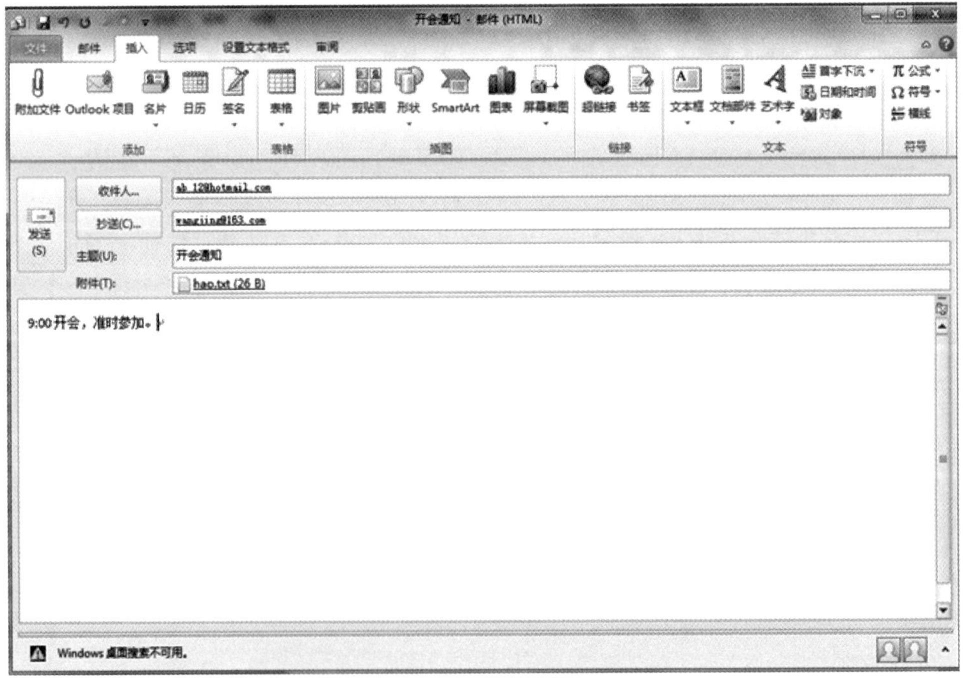

图 6-21 添加附件后的撰写新邮件窗口

2）删除邮件

在邮件列表中，选择要删除的邮件，单击“开始”选项卡的“删除”组中的的“删除”按钮，这时邮件并没有真正被删除，而是被转移到“已删除邮件”文件夹。要彻底删除邮件，还要将“已删除邮件”文件夹里的邮件再次删除，在出现的询问框中单击“是”按钮，才能永久删除。此时删除后的邮件不可恢复。

3）恢复邮件

从“已删除邮件”文件夹中将邮件复制或拖放到收件箱或其他文件夹中。

4）将邮件复制或移动到文件夹

用鼠标左键按住要移动的文件，直接将邮件拖放到目的文件夹里。或者在邮件列表窗口中右击要移动或复制的邮件，单击“移动”或者“复制”选项，然后在弹出的“移动”或“复制”下拉菜单中选择“其他文件夹”或“复制到文件夹”命令，选择要移动或复制到的文件夹即可。

6. 邮件的回复与转发

回复邮件时，要使用与原邮件相同的字符集发送。在邮件列表选中需要回复的邮件，单击“开始”选项卡的“响应”组中的“答复”按钮即可。

转发电子邮件与发送电子邮件类似。选择要转发的邮件，单击“开始”选项卡的“响应”组中的“转发”按钮，此时邮件处在编辑状态，可以修改邮件内容。在出现的转发窗口中输入每位收件人的电子邮件地址，输入邮件内容，然后单击邮件头左侧的“发送”按钮即可。

本章小结

本章主要介绍了两部分内容：计算机网络和 Internet 的基本概念及应用。计算机网络是计算机应用的最高形式，其核心是资源共享。Internet 是全球最大的、开放的、由众多网络互联而成的计算机互联网，它连接各种各样的计算机系统和计算机网络。

习　题　6

一、判断题

1. 计算机网络通常分为广域计算机网络和局域计算机网络两种。（　　）
2. 网络的连接可以采用总线连接、星形连接或环形连接。（　　）
3. 网络上的计算机系统的机型、型号必须一致。（　　）
4. 工作站上的计算机可以单独运行程序。（　　）
5. Internet 主要采用 TCP/IP。（　　）
6. 电子邮件使网络用户能够发送和接收文字、图像和语音等多媒体信息。（　　）

7. 计算机连网的主要目的是资源共享和相互通信。（　）

8. 任何用户的计算机都与 Internet 连接，都必须从 ISP(网络服务商)取得一个固定的 IP 地址。（　）

9. 在 WWW 中，Web 站点由一组 Web 网页组成，其中起始页称为主页。（　）

10. 对等网络不需要专门的服务器管理网络的共享资源。（　）

11. 局域网中，各计算机的名字(标识)既可以相同，也可以不同。（　）

12. 本机不需安装打印机驱动程序，便可使用网络打印机打印文档。（　）

13. 在 Internet 上的计算机必须拥有一个唯一的 IP 地址。（　）

14. 只有当对方的计算机连接到 Internet 时，才能向对方发送电子邮件。（　）

15. 如果要接收别人的电子邮件，自己必须有一个电子邮件地址。（　）

二、选择题

1. 超文本的基本含义是(　　)。
   A. 该文本中包含有图像
   B. 该文本中包含有声音
   C. 该文本中包含有二进制字符
   D. 该文本中包含链接到其他文本的链接点

2. IP 地址是由一组(　　)的二进制数字组成。
   A. 8 位　　B. 16 位　　C. 32 位　　D. 64 位

3. 微机局域网中，为网络提供资源，并对其管理的计算机是网络的(　　)。
   A. 工作站　　B. 用户终端　　C. 通信设备　　D. 服务器

4. 在 Internet 电子邮件中，控制信件中转方式的协议称为(　　)协议。
   A. POP3　　B. SMTP　　C. HTTP　　D. TCP/IP

5. 客户/服务器的特点是客户机和服务器(　　)。
   A. 必须运行在同一台计算机上　　B. 必须运行在同一个网络中
   C. 不必运行在同一台计算机上　　D. 必须运行在不同的计算机上

6. Internet 上直接用于文件传输的软件是(　　)。
   A. BBS　　B. HTTP
   C. FTP　　D. Telnet(远程登录)

7. 在计算网络中，数据传输速度常用的单位是(　　)。
   A. bps(二进制位/秒)　　B. kHz
   C. MHz　　D. 字符/秒

8. 用户标识符是用户的(　　)。
   A. 真名　　B. 入网账号
   C. 入网口令　　D. 用户服务商的主机名

9. 调制解调器的作用是(　　)。
   A. 把计算机的数字信号和模拟的音频信号互相转换
   B. 把计算机的数字信号转换为模拟的音频信号
   C. 把模拟的音频信号转换成为计算机的数字信号

D. 防止外部病毒进入计算机中

10. (　　)为 Internet 域名的最高层。

A. CN　　B. EDU　　C. SCUT　　D. ZSU

11. 在 Internet 中传输的每个分组必须符合(　　)定义的格式。

A. DOS　　B. Windows　　C. TCP　　D. IP

12. 万维网(全球信息网)是(　　)。

A. EMAIL　　B. BBS　　C. WWW　　D. HTML

13. 以下统一资源定位器的写法中,(　　)完全正确。

A. http://www.mcp.com\que\que.html

B. http//www.mcp.com\que\que.html

C. http://www.mcp.com/que/que.html

D. http//www.mcp.com/que/que.html

14. TCP 的主要功能是(　　)。

A. 进行数据分组　　B. 保证可靠传输

C. 确定数据传输路径　　D. 提高传输速度

15. HTML 的正式名称是(　　)。

A. 主页制作语言　　B. 超文本标记语言

C. WWW 编程语言　　D. Internet 编程语言

三、上机操作题

1. 用"网络"图标查看当前局域网上的共享资源。

2. 将 D 盘某些文件夹分别设置为共享资源,对不同的文件夹设置不同的"访问类型"及"密码",并在另一台计算机中访问这些共享文件夹,检验其访问情况是否与设置情况一致。

3. 使用 Internet Explorer 浏览以下 WWW 站点的主页:

中国教育和科研网 CERNet(http://www.edu.cn/)

北京大学(http://www.pku.edu.cn/)

清华大学(http://www.tsinghua.edu.cn/)

人民日报(http://www.peopledaily.com.cn/)

163 网站(http://www.163.net/)

广东省人民政府公众网(http://www.gd.gov.cn/)

美国白宫(http://www.whitehouse.gov/)

美国微软公司(http://www.microsoft.com/)

4. 在"收藏夹"中新建文件夹"高校",并将北京大学、清华大学的主页地址放入"高校"文件夹,然后使用"收藏夹"浏览北京大学、清华大学的主页。

5. 发送两个 E-mail 给你的同学,其中一个 E-mail 带有附件,同时接收同学发给你的邮件。

6. 启动 Internet Explorer,在地址栏中输入个人主页的域名,如能正常浏览,则将该页面设为 IE 的起始页。同时,将该页面作为电子邮件的内容发送给自己的所有同学。

图书资源支持

感谢您一直以来对清华版图书的支持和爱护。为了配合本书的使用，本书提供配套的资源，有需求的读者请扫描下方的“书圈”微信公众号二维码，在图书专区下载，也可以拨打电话或发送电子邮件咨询。

如果您在使用本书的过程中遇到了什么问题，或者有相关图书出版计划，也请您发邮件告诉我们，以便我们更好地为您服务。